```python
rom selenium import webdriver
om random import randint
nport time
rom pyquery import PyQuery as pq

ef get_movie_info(movie_url):
    """
    Get movie info from certain IMDB url
    """

    rating_css = "strong span"
    genre_css = ".subtext a"
    poster_css = ".poster img"
    cast_css = ".primary_photo+ td a"

    movie_doc = pq(movie_url)
    rating_elem = movie_doc(rating_css)
    movie_rating = float(rating_elem.text())
    genre_elem = movie_doc(genre_css)
    movie_genre = [x.text.replace("\n", "").strip() for x in genre_ele
    movie_genre.pop()
    movie_poster_elem = movie_doc(poster_css)
    movie_poster = movie_poster_elem.attr('src')
    movie_cast_elem = movie_doc(cast_css)
    movie_cast = [x.text.replace("\n", "").strip() for x in movie_cast_elem]

    movie_info = {
        "rating": movie_rating,
        "genre": movie_genre,
        "poster": movie_poster,
        "cast":
    }
```

Data Science in Action

進擊的資料科學

```
                          movie titles

                          db.com/"

                          )  # Use Firefox


                          ctor("#navbar-query")

                          ctor(


    firs                          _by_css_selector(
                          :nth-child(1) .result_text a")
    first_result_elem.click(
    current_url = driver.cur    url
    movie_info = get_movie_info(current_url)
    movies[movie_title] = movie_info
    time.sleep(randint(3, 8))
driver.close()
return movies


ovies = get_movies("Avengers: Infinity War", "Black Panther")
rint(movies["Avengers: Infinity War"])
rint(movies["Black Panther"])
```

關於本書

「進擊的資料科學」將教您從如何獲取、掌控、探索、預測與溝通資料認識現代資料科學應用，並且以 Python 和 R 語言作為程式語言主軸。

您將學習載入常見檔案格式、像資料庫查詢、擷取網頁內容、認識常見資料結構、資料框的操作技巧、關於文字、基礎視覺化、視覺化中的元件、其他視覺化類型、尋找迴歸模型的係數、迴歸模型的評估、尋找羅吉斯迴歸的係數、分類模型的評估、互動式圖表及 R 語言與互動式圖表及 Python。

在這裡您將找到用 Python 和 R 語言實踐前述這些迷人資料科學應用場景的實作範例，若您是已經具備 Python 或 R 語言基礎程式設計能力的讀者，這是為您們量身打造的一本進階應用書。

誰是本書的目標讀者

1. 已經能嫻熟使用 Python 或 R 語言基本程式設計的使用者
2. 想學習 Python 或 R 語言資料科學應用的使用者

能嫻熟使用 Python 或 R 語言的定義因人而異，以書中的應用範例來說，能掌握下列幾個主題就適合閱讀這本書：變數型別、流程控制、資料結構、迴圈、函數、模組或套件。

除了程式設計基礎以外，具備高中以上的數學及英文能力更好，但並不是必要的條件。

誰可能不是本書的目標讀者

這是一本資料科學進階應用書，它可能不適合這些人閱讀：

1. 從未接觸過 Python 或 R 語言的初學者
2. 已經嫻熟資料科學應用領域實作的高階使用者

程式區塊

本書內容所附的程式區塊具有兩種特性：自我包含（Self-contained）與自我解釋（Self-explanatory），這裡所謂的自我包含所指的是每一個程式區塊都可以**獨立執行**，不需要倚賴其他的程式區塊，這也是為什麼您可能會看到很多相同的程式一直重複出現，因為我希望讓讀者能夠在任何地方中斷閱讀，也能夠在任何地方繼續閱讀。

而這裡所謂的自我解釋所指的是每一個程式區塊都是在解釋（或示範）前後文的描述，因為我相信在程式語言的學習上，千言萬語的文字敘述，往往不如一行程式與它所執行的結果還能夠清楚表達一個觀念。

環境與版本

這本書使用 Anaconda 撰寫 Python，詳細版本資訊為：

```
conda info

     active environment : None
       user config file : /Users/kuoyaojen/.condarc
 populated config files : /Users/kuoyaojen/.condarc
          conda version : 4.5.11
    conda-build version : not installed
         python version : 3.6.0.final.0
       base environment : /Users/kuoyaojen/anaconda3  (writable)
           channel URLs : https://repo.anaconda.com/pkgs/main/osx-64
                          https://repo.anaconda.com/pkgs/main/noarch
                          https://repo.anaconda.com/pkgs/free/osx-64
                          https://repo.anaconda.com/pkgs/free/noarch
                          https://repo.anaconda.com/pkgs/r/osx-64
                          https://repo.anaconda.com/pkgs/r/noarch
                          https://repo.anaconda.com/pkgs/pro/osx-64
                          https://repo.anaconda.com/pkgs/pro/noarch
          package cache : /Users/kuoyaojen/anaconda3/pkgs
                          /Users/kuoyaojen/.conda/pkgs
       envs directories : /Users/kuoyaojen/anaconda3/envs
                          /Users/kuoyaojen/.conda/envs
               platform : osx-64
```

```
        user-agent : conda/4.5.11 requests/2.18.4 CPython/3.6.0
Darwin/18.0.0 OSX/10.14
           UID:GID : 501:20
        netrc file : /Users/kuoyaojen/.netrc
      offline mode : False
```

使用 R/RStudio 撰寫 R，詳細版本資訊為：

```
sessionInfo()
R version 3.4.4 (2018-03-15)
Platform: x86_64-apple-darwin15.6.0 (64-bit)
Running under: macOS  10.14

Matrix products: default
BLAS: /System/Library/Frameworks/Accelerate.framework/Versions/A/
Frameworks/vecLib.framework/Versions/A/libBLAS.dylib
LAPACK: /Library/Frameworks/R.framework/Versions/3.4/Resources/lib/
libRlapack.dylib

locale:
[1] en_US.UTF-8/en_US.UTF-8/en_US.UTF-8/C/en_US.UTF-8/en_US.UTF-8

attached base packages:
[1] stats     graphics  grDevices utils     datasets  methods   base

loaded via a namespace (and not attached):
[1] compiler_3.4.4 tools_3.4.4    yaml_2.1.19
```

書籍資訊

這本書是用 Markdown 撰寫，並透過 pandoc 引擎輸出。

> ▌範例下載
>
> 本書範例請至 http://books.gotop.com.tw/download/AEL018600 下載。其內容僅供合法持有本書的讀者使用，未經授權不得抄襲、轉載或散佈。

目錄

Chapter 4　靜態擷取網頁內容

Chapter 5　動態擷取網頁內容

Part 2：如何掌控資料

Chapter 6　認識常見的資料結構

Chapter 7　基礎資料框操作技巧

Chapter 8　進階資料框操作技巧

Chapter 9　關於文字

Part 3：如何探索資料

Part 4：如何預測資料

Chapter 16　分類模型的評估

Part 5：如何溝通資料

Chapter 17　互動式圖表及 R 語言

Chapter 18　互動式圖表及 Python

## Chapter 1

資料科學的前世今生

The sexiest job in the 21st century is data scientist.

Harvard Business Review

從 2012 年哈佛商業評論拋出資料科學家（Data Scientist）是 21 世紀最性感的職業那刻起，資料科學（Data Science）從美國向世界捲起瘋狂的浪潮，一直延續到 2017 年 Deep Mind 團隊的 Alpha Go；資料科學、大數據、人工智慧、機器學習與深度學習等字彙從報章雜誌與社群媒體向我們大量放送。

從新創團隊、軟體公司、金融業、顧問業與製造業開始重新思索資料驅動（data-driven）的策略制定，進而期望招募更多同時具備軟體工程與統計學兩個領域專長的資料科學家，造成就業市場的需求量大增，進而驅動了資料科學家的年薪接近 14 萬美金，一躍而成矽谷最具吸引力的職缺。

1-1 橫空出世的職業

> 電視喜劇六人行（Friends）

資料科學家並不是一個橫空出世的職業，90 年代風靡全美的電視喜劇六人行（Friends），其中一個主角 Chandler Bing（由 Matthew Perry 飾演），在劇中有一個設定非常有趣，那就是他的好朋友們永遠都記不住他從事什麼樣的工作。在某一集，他告訴老婆 Monica Geller（由 Courtney Cox 飾演），為了家庭收入著想他要回去做他原本的工作，這時 Monica 跟他說：

I want you to do something you like, not statistical analysis and data reconfiguration.

Monica Geller

如果 Chandler 晚 20 年從事他原本的工作，那麼職稱多半就是資料科學家，頂著這個最性感職業的光環，也許這位有點膚淺又憤世嫉俗的傢伙就不會這麼討厭他的工作了吧？

1-2 資料科學家的日常

那麼究竟資料科學家的工作職責是什麼？資料科學家面對的專案可能會包含下列這些工作內容：使用者的需求發想、與使用者討論需求規格，取得測試資料、載入環境、整理資料、使用圖形探索資料、利用模型預測、部署專案到正式環境最後是將專案的內容以淺顯易懂的方式與組織內部其他的團隊溝通及分享。暸解資料科學家的職責後，接下來我們會分不同章節介紹資料科學家如何利用 Python 與 R 這兩個資料科學領域最火紅的程式語言完成這些工作內容。

首先是如何獲取資料系列，會將常見檔案格式、資料庫管理系統或網頁中的資料，透過各式模組、套件載入 Python 與 R 語言，完成資料科學的第一個里程碑；在順利取得資料之後，在如何掌控資料系列，透過對資料結構的認知將原型資料（raw data）清理整併為緊實乾淨的形式（tidy data），這樣一致且通用的資料樣式能夠讓資料科學團隊集中精力處理資料探索和資料預測相關的應用；一旦有了緊實整潔的資料，在如何探索資料系列，將透過利用視覺化模組和套件進行探索性資料分析，適當的探索性資料分析可以讓資料科學團隊挖掘潛藏的特徵，進而延展專案的範疇與洞見；在如何預測資料系列，簡介機器學習這個資料科學中最吸引人、加值程度最大的過程，在定義精確的問題下，演算法可以訓練已知資料來作為未知資料預測的依據；資料科學的最後一步是溝通，這是專案的關鍵部分，如果能夠有效地向合作部門（像是產品、行銷與管理團隊等）精準地傳達分析結果，將能顯著為資料科學專案的成果加值，提升資料科學團隊在組織內的價值。

 ### 小結

在這個章節中，我們透過描述資料科學家的工作內容，預告在本書後面內容，會如何將資料科學家的技能與知識跟讀者一起實作。

載入常見檔案格式

The world's most valuable resource is no longer oil, but data.

The Economist

獲取資料在資料科學專案中扮演發起點，如果這個資料科學專案目的是協助我們制定資料驅動的策略（data-driven strategy），而非倚賴直覺，那麼為專案細心盤點資料來源與整理獲取方法，可以為將來的決策奠基穩固的基礎。資料常見的來源包含三種：檔案、資料庫、網頁資料擷取。

這個小節我們關注常見的四種檔案格式：CSV、TXT、Excel 試算表與 JSON。

2-1 文字編輯器

在四種常見檔案格式中，除了 Excel 試算表，CSV、TXT 與 JSON 其實就是副檔名分別為 .csv、.txt 與 .json 的純文字檔案，在個人電腦中可以使用任意文字編輯器開啟以便檢視，通常系統內建的文字編輯器（例如筆記本）由於功能陽春不太推薦使用，較常被推薦適合一般使用者的文字編輯器有：

- ✦ VSCode
- ✦ Atom
- ✦ Brackets
- ✦ Sublime Text
- ✦ Notepad＋＋

通常我們會使用文字編輯器開啟檢視預計要載入的純文字檔案，觀察是否具有變數名稱（header）或是分隔符號（separator）等注意事項。

2-2 檔案：CSV

副檔名為 .csv 純文字檔案指的是逗號分隔資料（comma separated values），如果我們將 1995 至 1996 年的芝加哥公牛隊球員名單與一些基本資訊以 CSV 檔案儲存，外觀長得像這樣：

以文字編輯器檢視 CSV 檔案

因為 CSV 檔案是常見的檔案格式，因此像是 Excel 試算表、GitHub Gist 等服務都會直接將逗號識別出來，並根據逗號分隔不同變數；如果直接以 Excel 試算表開啟 CSV 檔案，是看不見逗號的。

	A	B	C	D	E	F	G	H	I
1	No.	Player	Pos	Ht	Wt	Birth Date	College		
2	0	Randy Brown	PG	6-2	190	May 22, 1968	University of Houston, New Mexico State University		
3	30	Jud Buechler	SF	6-6	220	June 19, 1968	University of Arizona		
4	35	Jason Caffey	PF	6-8	255	June 12, 1973	University of Alabama		
5	53	James Edwards	C	7-0	225	November 22, 19	University of Washington		
6	54	Jack Haley	C	6-10	240	January 27, 1964	University of California, Los Angeles		
7	9	Ron Harper	PG	6-6	185	January 20, 1964	Miami University		
8	23	Michael Jordan	SG	6-6	195	February 17, 196	University of North Carolina		
9	25	Steve Kerr	PG	6-3	175	September 27, 1	University of Arizona		
10	7	Toni Kukoc	SF	6-10	192	September 18, 1			
11	13	Luc Longley	C	7-2	265	January 19, 1969	University of New Mexico		
12	33	Scottie Pippen	SF	6-8	210	September 25, 1	University of Central Arkansas		
13	91	Dennis Rodman	PF	6-7	210	May 13, 1961	Southeastern Oklahoma State University		
14	22	John Salley	PF	6-11	230	May 16, 1964	Georgia Institute of Technology		
15	8	Dickey Simpkins	PF	6-9	248	April 6, 1972	Providence College		
16	34	Bill Wennington	C	7-0	245	April 26, 1963	St. John's University		

以 Excel 試算表檢視 CSV 檔案

2-3 如何載入 CSV 檔案

Python

在 Python 中我們使用 pandas 的 `read_csv()`。

```python
# pd.read_csv() 使用預設參數
import pandas as pd

csv_url = 
"https://storage.googleapis.com/ds_data_import/chicago_bulls_1995_1996.csv"
csv_df = pd.read_csv(csv_url)
csv_df
```

	No.	Player	Pos	Ht	Wt	Birth Date	College
0	0	Randy Brown	PG	6-2	190	May 22, 1968	University of Houston, New Mexico State Univer...
1	30	Jud Buechler	SF	6-6	220	June 19, 1968	University of Arizona
2	35	Jason Caffey	PF	6-8	255	June 12, 1973	University of Alabama
3	53	James Edwards	C	7-0	225	November 22, 1955	University of Washington
4	54	Jack Haley	C	6-10	240	January 27, 1964	University of California, Los Angeles
5	9	Ron Harper	PG	6-6	185	January 20, 1964	Miami University
6	23	Michael Jordan	SG	6-6	195	February 17, 1963	University of North Carolina
7	25	Steve Kerr	PG	6-3	175	September 27, 1965	University of Arizona
8	7	Toni Kukoc	SF	6-10	192	September 18, 1968	NaN
9	13	Luc Longley	C	7-2	265	January 19, 1969	University of New Mexico
10	33	Scottie Pippen	SF	6-8	210	September 25, 1965	University of Central Arkansas
11	91	Dennis Rodman	PF	6-7	210	May 13, 1961	Southeastern Oklahoma State University
12	22	John Salley	PF	6-11	230	May 16, 1964	Georgia Institute of Technology
13	8	Dickey Simpkins	PF	6-9	248	April 6, 1972	Providence College
14	34	Bill Wennington	C	7-0	245	April 26, 1963	St. John's University

▶ pd.read_csv() 使用預設參數

pd.read_csv() 方法中值得注意的參數有：

+ sep 參數：預設為 , 因為 CSV 檔案就是以逗號（comma）分隔的檔案格式

+ header 參數：預設會將 CSV 檔案最上方的一列作為變數名稱，如果 CSV 檔案中沒有變數名稱，需指派 header=None

+ names 參數：假如已經指派 header=None 則 names 參數就需要輸入一組變數名稱的 list

+ skiprows 參數：指定在讀取時要略過多少列檔案上方的觀測值

+ skipfooter 參數：指定在讀取時要略過多少列檔案下方的觀測值

+ nrows 參數：指定要讀入幾列觀測值

+ na_values 參數：除了內建的遺漏值種類，還有哪些額外的字元要被視為遺漏值

如果我們在 pd.read_csv() 中指定了 skiprows=1、header=None、names=['number', 'player', 'pos', 'ht', 'wt', 'birth_date', 'college'] 表示略過本來 CSV 中作為變數名稱的一列、資料中沒有變數名稱並且自行為資料的七個變數命名。

```python
# pd.read_csv() 自行指定變數的名稱
import pandas as pd

csv_url =
"https://storage.googleapis.com/ds_data_import/chicago_bulls_1995_1996.csv"
csv_df = pd.read_csv(csv_url, header=None, skiprows=1, names=['number',
'player', 'pos', 'ht', 'wt', 'birth_date', 'college'])
csv_df
```

	number	player	pos	ht	wt	birth_date	college
0	0	Randy Brown	PG	6-2	190	May 22, 1968	University of Houston, New Mexico State Univer...
1	30	Jud Buechler	SF	6-6	220	June 19, 1968	University of Arizona
2	35	Jason Caffey	PF	6-8	255	June 12, 1973	University of Alabama
3	53	James Edwards	C	7-0	225	November 22, 1955	University of Washington
4	54	Jack Haley	C	6-10	240	January 27, 1964	University of California, Los Angeles
5	9	Ron Harper	PG	6-6	185	January 20, 1964	Miami University
6	23	Michael Jordan	SG	6-6	195	February 17, 1963	University of North Carolina
7	25	Steve Kerr	PG	6-3	175	September 27, 1965	University of Arizona
8	7	Toni Kukoc	SF	6-10	192	September 18, 1968	NaN
9	13	Luc Longley	C	7-2	265	January 19, 1969	University of New Mexico
10	33	Scottie Pippen	SF	6-8	210	September 25, 1965	University of Central Arkansas
11	91	Dennis Rodman	PF	6-7	210	May 13, 1961	Southeastern Oklahoma State University
12	22	John Salley	PF	6-11	230	May 16, 1964	Georgia Institute of Technology
13	8	Dickey Simpkins	PF	6-9	248	April 6, 1972	Providence College
14	34	Bill Wennington	C	7-0	245	April 26, 1963	St. John's University

▶ pd.read_csv() 自行指定變數的名稱

R 語言

在 R 語言中我們使用內建函數 `read.csv()`。

```
# read.csv() 使用預設參數
csv_url <-
"https://storage.googleapis.com/ds_data_import/chicago_bulls_1995_1996.
csv"
csv_df <- read.csv(csv_url)
View(csv_df)
```

	No.	Player	Pos	Ht	Wt	Birth.Date	College
1	0	Randy Brown	PG	6-2	190	May 22, 1968	University of Houston, New Mexico State University
2	30	Jud Buechler	SF	6-6	220	June 19, 1968	University of Arizona
3	35	Jason Caffey	PF	6-8	255	June 12, 1973	University of Alabama
4	53	James Edwards	C	7-0	225	November 22, 1955	University of Washington
5	54	Jack Haley	C	6-10	240	January 27, 1964	University of California, Los Angeles
6	9	Ron Harper	PG	6-6	185	January 20, 1964	Miami University
7	23	Michael Jordan	SG	6-6	195	February 17, 1963	University of North Carolina
8	25	Steve Kerr	PG	6-3	175	September 27, 1965	University of Arizona
9	7	Toni Kukoc	SF	6-10	192	September 18, 1968	
10	13	Luc Longley	C	7-2	265	January 19, 1969	University of New Mexico
11	33	Scottie Pippen	SF	6-8	210	September 25, 1965	University of Central Arkansas
12	91	Dennis Rodman	PF	6-7	210	May 13, 1961	Southeastern Oklahoma State University
13	22	John Salley	PF	6-11	230	May 16, 1964	Georgia Institute of Technology
14	8	Dickey Simpkins	PF	6-9	248	April 6, 1972	Providence College
15	34	Bill Wennington	C	7-0	245	April 26, 1963	St. John's University

▶️ read.csv() 使用預設參數

read.csv() 函數中值得注意的參數有：

+ `header` 參數：預設會將 CSV 檔案最上方的一列作為變數名稱，如果 CSV 檔案中沒有變數名稱，需指派 header = FALSE

+ `sep` 參數：預設為 , 因為 CSV 檔案就是以逗號（comma）分隔的檔案格式

+ `col.names` 參數：假如已經指派 header = FALSE 則 col.names 參數就需要輸入一組變數名稱的向量

+ `na.strings` 參數：指定有哪些字元要被視為遺漏值

如果我們在 read.csv() 中指定了 skip = 1、header = FALSE、col.names = c('number', 'player', 'pos', 'ht', 'wt', 'birth_date', 'college') 表示略過本來 CSV 中作為變數名稱的一列、資料中沒有變數名稱並且自行為資料的七個變數命名。

```
# read.csv() 自行指定變數的名稱
csv_url <-
"https://storage.googleapis.com/ds_data_import/chicago_bulls_1995_1996.
csv"
csv_df <- read.csv(csv_url, skip = 1, header = FALSE, col.names =
```

```
c('number', 'player', 'pos', 'ht', 'wt', 'birth_date', 'college'))
View(csv_df)
```

	number	player	pos	ht	wt	birth_date	college
1	0	Randy Brown	PG	6-2	190	May 22, 1968	University of Houston, New Mexico State University
2	30	Jud Buechler	SF	6-6	220	June 19, 1968	University of Arizona
3	35	Jason Caffey	PF	6-8	255	June 12, 1973	University of Alabama
4	53	James Edwards	C	7-0	225	November 22, 1955	University of Washington
5	54	Jack Haley	C	6-10	240	January 27, 1964	University of California, Los Angeles
6	9	Ron Harper	PG	6-6	185	January 20, 1964	Miami University
7	23	Michael Jordan	SG	6-6	195	February 17, 1963	University of North Carolina
8	25	Steve Kerr	PG	6-3	175	September 27, 1965	University of Arizona
9	7	Toni Kukoc	SF	6-10	192	September 18, 1968	
10	13	Luc Longley	C	7-2	265	January 19, 1969	University of New Mexico
11	33	Scottie Pippen	SF	6-8	210	September 25, 1965	University of Central Arkansas
12	91	Dennis Rodman	PF	6-7	210	May 13, 1961	Southeastern Oklahoma State University
13	22	John Salley	PF	6-11	230	May 16, 1964	Georgia Institute of Technology
14	8	Dickey Simpkins	PF	6-9	248	April 6, 1972	Providence College
15	34	Bill Wennington	C	7-0	245	April 26, 1963	St. John's University

▶ read.csv() 自行指定變數的名稱

2-4 檔案：TXT

副檔名為 .txt 純文字檔案跟 CSV 檔案的差異就在於分隔符號（separator），
如果我們將 1995 至 1996 年的芝加哥公牛隊球員名單與一些基本資訊以
TXT 檔案儲存，並以分號區隔變數，外觀長得像這樣：

```
chicago_bulls_1995_1996.txt ×
No.;Player;Pos;Ht;Wt;Birth Date;College
0;Randy Brown;PG;6-2;190;"May 22; 1968";"University of Houston; New Mexico State University"
30;Jud Buechler;SF;6-6;220;"June 19; 1968";University of Arizona
35;Jason Caffey;PF;6-8;255;"June 12; 1973";University of Alabama
53;James Edwards;C;7-0;225;"November 22; 1955";University of Washington
54;Jack Haley;C;6-10;240;"January 27; 1964";"University of California; Los Angeles"
9;Ron Harper;PG;6-6;185;"January 20; 1964";Miami University
23;Michael Jordan;SG;6-6;195;"February 17; 1963";University of North Carolina
25;Steve Kerr;PG;6-3;175;"September 27; 1965";University of Arizona
7;Toni Kukoc;SF;6-10;192;"September 18; 1968";
13;Luc Longley;C;7-2;265;"January 19; 1969";University of New Mexico
33;Scottie Pippen;SF;6-8;210;"September 25; 1965";University of Central Arkansas
91;Dennis Rodman;PF;6-7;210;"May 13; 1961";Southeastern Oklahoma State University
22;John Salley;PF;6-11;230;"May 16; 1964";Georgia Institute of Technology
8;Dickey Simpkins;PF;6-9;248;"April 6; 1972";Providence College
34;Bill Wennington;C;7-0;245;"April 26; 1963";St. John's University
```

▶ 以文字編輯器檢視 TXT 檔案

因為 TXT 檔案的分隔符號有太多種類（常見有分號、冒號、Tab 或空格等），在沒有指定妥當分隔符號的情況下，像是 Excel 試算表都只會直接將原始樣貌呈現出來。

	A	B	C	D	E	F
1	No.;Player;Pos;Ht;Wt;Birth Date;College					
2	0;Randy Brown;PG;6-2;190;"May 22; 1968";"University of Houston; New Mexico State University"					
3	30;Jud Buechler;SF;6-6;220;"June 19; 1968";University of Arizona					
4	35;Jason Caffey;PF;6-8;255;"June 12; 1973";University of Alabama					
5	53;James Edwards;C;7-0;225;"November 22; 1955";University of Washington					
6	54;Jack Haley;C;6-10;240;"January 27; 1964";"University of California; Los Angeles"					
7	9;Ron Harper;PG;6-6;185;"January 20; 1964";Miami University					
8	23;Michael Jordan;SG;6-6;195;"February 17; 1963";University of North Carolina					
9	25;Steve Kerr;PG;6-3;175;"September 27; 1965";University of Arizona					
10	7;Toni Kukoc;SF;6-10;192;"September 18; 1968";					
11	13;Luc Longley;C;7-2;265;"January 19; 1969";University of New Mexico					
12	33;Scottie Pippen;SF;6-8;210;"September 25; 1965";University of Central Arkansas					
13	91;Dennis Rodman;PF;6-7;210;"May 13; 1961";Southeastern Oklahoma State University					
14	22;John Salley;PF;6-11;230;"May 16; 1964";Georgia Institute of Technology					
15	8;Dickey Simpkins;PF;6-9;248;"April 6; 1972";Providence College					
16	34;Bill Wennington;C;7-0;245;"April 26; 1963";St. John's University					

⏵ 未指定分隔符號以 Excel 試算表檢視 TXT 檔案

Excel 試算表必須在指定好分隔符號之後，才會依照該符號將資料呈現為表格形式。

	A	B	C	D	E	F	G	H	I
1	No.	Player	Pos	Ht	Wt	Birth Date	College		
2	0	Randy Brown	PG	6-2	190	May 22, 1968	University of Houston, New Mexico State University		
3	30	Jud Buechler	SF	6-6	220	June 19, 1968	University of Arizona		
4	35	Jason Caffey	PF	6-8	255	June 12, 1973	University of Alabama		
5	53	James Edwards	C	7-0	225	November 22, 19	University of Washington		
6	54	Jack Haley	C	6-10	240	January 27, 1964	University of California, Los Angeles		
7	9	Ron Harper	PG	6-6	185	January 20, 1964	Miami University		
8	23	Michael Jordan	SG	6-6	195	February 17, 196	University of North Carolina		
9	25	Steve Kerr	PG	6-3	175	September 27, 1	University of Arizona		
10	7	Toni Kukoc	SF	6-10	192	September 18, 1			
11	13	Luc Longley	C	7-2	265	January 19, 1969	University of New Mexico		
12	33	Scottie Pippen	SF	6-8	210	September 25, 1	University of Central Arkansas		
13	91	Dennis Rodman	PF	6-7	210	May 13, 1961	Southeastern Oklahoma State University		
14	22	John Salley	PF	6-11	230	May 16, 1964	Georgia Institute of Technology		
15	8	Dickey Simpkins	PF	6-9	248	April 6, 1972	Providence College		
16	34	Bill Wennington	C	7-0	245	April 26, 1963	St. John's University		

⏵ 指定分隔符號後以 Excel 試算表檢視 TXT 檔案

2-5 如何載入 TXT 檔案

Python

在 Python 中我們使用 pandas 的 pd.read_table() 方法；值得注意的參數是 sep 預設為 \t 意即 tab 鍵，因此面對以分號做為變數分隔的 TXT 檔案就要指定為 sep=";"。

```python
# pd.read_table() 指定 sep=";"
import pandas as pd

txt_url =
"https://storage.googleapis.com/ds_data_import/chicago_bulls_1995_1996.
txt"
txt_df = pd.read_table(txt_url, sep=";")
txt_df
```

	No.	Player	Pos	Ht	Wt	Birth Date	College
0	0	Randy Brown	PG	6-2	190	May 22, 1968	University of Houston, New Mexico State Univer...
1	30	Jud Buechler	SF	6-6	220	June 19, 1968	University of Arizona
2	35	Jason Caffey	PF	6-8	255	June 12, 1973	University of Alabama
3	53	James Edwards	C	7-0	225	November 22, 1955	University of Washington
4	54	Jack Haley	C	6-10	240	January 27, 1964	University of California, Los Angeles
5	9	Ron Harper	PG	6-6	185	January 20, 1964	Miami University
6	23	Michael Jordan	SG	6-6	195	February 17, 1963	University of North Carolina
7	25	Steve Kerr	PG	6-3	175	September 27, 1965	University of Arizona
8	7	Toni Kukoc	SF	6-10	192	September 18, 1968	NaN
9	13	Luc Longley	C	7-2	265	January 19, 1969	University of New Mexico
10	33	Scottie Pippen	SF	6-8	210	September 25, 1965	University of Central Arkansas
11	91	Dennis Rodman	PF	6-7	210	May 13, 1961	Southeastern Oklahoma State University
12	22	John Salley	PF	6-11	230	May 16, 1964	Georgia Institute of Technology
13	8	Dickey Simpkins	PF	6-9	248	April 6, 1972	Providence College
14	34	Bill Wennington	C	7-0	245	April 26, 1963	St. John's University

▶ pd.read_table() 指定 sep=";"

R 語言

在 R 語言中我們使用內建函數 `read.table()`；值得注意的參數是 `sep` 預設為 `\s` 意即空白，因此面對以分號做為變數分隔的 TXT 檔案就要指定為 `sep = ";"`，而 `header` 參數在這此預設為 `FALSE`，這跟 `read.csv()` 函數的預設也不同。

```
# read.table() 指定 sep = ";"
txt_url <-
"https://storage.googleapis.com/ds_data_import/chicago_bulls_1995_1996.
txt"
txt_df <- read.table(txt_url, sep = ";", header = TRUE)
View(txt_df)
```

	No.	Player	Pos	Ht	Wt	Birth.Date	College
1	0	Randy Brown	PG	6-2	190	May 22; 1968	University of Houston; New Mexico State University
2	30	Jud Buechler	SF	6-6	220	June 19; 1968	University of Arizona
3	35	Jason Caffey	PF	6-8	255	June 12; 1973	University of Alabama
4	53	James Edwards	C	7-0	225	November 22; 1955	University of Washington
5	54	Jack Haley	C	6-10	240	January 27; 1964	University of California; Los Angeles
6	9	Ron Harper	PG	6-6	185	January 20; 1964	Miami University
7	23	Michael Jordan	SG	6-6	195	February 17; 1963	University of North Carolina
8	25	Steve Kerr	PG	6-3	175	September 27; 1965	University of Arizona
9	7	Toni Kukoc	SF	6-10	192	September 18; 1968	
10	13	Luc Longley	C	7-2	265	January 19; 1969	University of New Mexico
11	33	Scottie Pippen	SF	6-8	210	September 25; 1965	University of Central Arkansas
12	91	Dennis Rodman	PF	6-7	210	May 13; 1961	Southeastern Oklahoma State University
13	22	John Salley	PF	6-11	230	May 16; 1964	Georgia Institute of Technology
14	8	Dickey Simpkins	PF	6-9	248	April 6; 1972	Providence College
15	34	Bill Wennington	C	7-0	245	April 26; 1963	St. Johns University

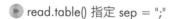 read.table() 指定 sep = ";"

2-6 檔案：試算表

副檔名為 .xlsx 或者 .xls 的試算表檔案是絕大多數使用者非常熟悉的資料儲存格式，除了使用 Microsoft 的 Excel 可以開啟檢視，另外也有 Google 雲端硬碟的 Google 試算表、LibreOffice 的 Calc 或者 MacOS 的 Numbers 能夠開啟檢視副檔名為 .xlsx 或者 .xls 的檔案。如果我們將 1995 至 1996 年的芝加哥公牛隊球員名單、2007 至 2008 年的波士頓賽爾提克隊球員名單、與一些基本資訊儲存在一個 Excel 試算表檔案中，外觀長得像這樣：

	A	B	C	D	E	F	G	H	I
1	No.	Player	Pos	Ht	Wt	Birth Date	College		
2	0	Randy Brown	PG	6-2	190	May 22, 1968	University of Houston, New Mexico State University		
3	30	Jud Buechler	SF	6-6	220	June 19, 1968	University of Arizona		
4	35	Jason Caffey	PF	6-8	255	June 12, 1973	University of Alabama		
5	53	James Edwards	C	7-0	225	November 22, 19	University of Washington		
6	54	Jack Haley	C	6-10	240	January 27, 1964	University of California, Los Angeles		
7	9	Ron Harper	PG	6-6	185	January 20, 1964	Miami University		
8	23	Michael Jordan	SG	6-6	195	February 17, 196	University of North Carolina		
9	25	Steve Kerr	PG	6-3	175	September 27, 1	University of Arizona		
10	7	Toni Kukoc	SF	6-10	192	September 18, 1			
11	13	Luc Longley	C	7-2	265	January 19, 1969	University of New Mexico		
12	33	Scottie Pippen	SF	6-8	210	September 25, 1	University of Central Arkansas		
13	91	Dennis Rodman	PF	6-7	210	May 13, 1961	Southeastern Oklahoma State University		
14	22	John Salley	PF	6-11	230	May 16, 1964	Georgia Institute of Technology		
15	8	Dickey Simpkins	PF	6-9	248	April 6, 1972	Providence College		
16	34	Bill Wennington	C	7-0	245	April 26, 1963	St. John's University		
17									
18									
19									
20									
21									

　+　≡　chicago_bulls_1995_1996　▾　boston_celtics_2007_2008　▾

▶ 以試算表軟體檢視 .xlsx 檔案的第一個工作表

	A	B	C	D	E	F	G	H	I	J
1	No.	Player	Pos	Ht	Wt	Birth Date	College			
2	20	Ray Allen	SG	6-5	205	July 20, 1975	University of Connecticut			
3	42	Tony Allen	SG	6-4	213	January 11, 1982	Butler County Community College, Oklahoma State University			
4	93	P.J. Brown	PF	6-11	225	October 14, 1969	Louisiana Tech University			
5	28	Sam Cassell	PG	6-3	185	November 18, 19	Florida State University			
6	11	Glen Davis	C	6-9	289	January 1, 1986	Louisiana State University			
7	5	Kevin Garnett	PF	6-11	240	May 19, 1976				
8	50	Eddie House	PG	6-1	180	May 14, 1978	Arizona State University			
9	43	Kendrick Perkins	C	6-10	270	November 10, 19				
10	34	Paul Pierce	SF	6-7	235	October 13, 1977	University of Kansas			
11	66	Scot Pollard	C	6-11	265	February 12, 197	University of Kansas			
12	41	James Posey	PF	6-8	215	January 13, 1977	Xavier University			
13	0	Leon Powe	C	6-8	240	January 22, 1984	University of California			
14	13	Gabe Pruitt	PG	6-4	170	April 19, 1986	University of Southern California			
15	9	Rajon Rondo	PG	6-1	186	February 22, 198	University of Kentucky			
16	44	Brian Scalabrine	PF	6-9	241	March 18, 1978	University of Southern California			
17										
18										
19										
20										
21										

　+　≡　chicago_bulls_1995_1996　▾　boston_celtics_2007_2008　▾

▶ 以試算表軟體檢視 .xlsx 檔案的第二個工作表

2-7 如何載入 Excel 試算表檔案

Python

在 Python 中我們使用 pandas 的 `pd.read_excel()` 方法。

```python
# pd.read_excel() 使用預設參數
import pandas as pd

xlsx_url =
"https://storage.googleapis.com/ds_data_import/fav_nba_teams.xlsx"
chicsgo_bulls = pd.read_excel(xlsx_url)
chicsgo_bulls
```

	No.	Player	Pos	Ht	Wt	Birth Date	College
0	0	Randy Brown	PG	6-2	190	May 22, 1968	University of Houston, New Mexico State Univer...
1	30	Jud Buechler	SF	6-6	220	June 19, 1968	University of Arizona
2	35	Jason Caffey	PF	6-8	255	June 12, 1973	University of Alabama
3	53	James Edwards	C	7-0	225	November 22, 1955	University of Washington
4	54	Jack Haley	C	6-10	240	January 27, 1964	University of California, Los Angeles
5	9	Ron Harper	PG	6-6	185	January 20, 1964	Miami University
6	23	Michael Jordan	SG	6-6	195	February 17, 1963	University of North Carolina
7	25	Steve Kerr	PG	6-3	175	September 27, 1965	University of Arizona
8	7	Toni Kukoc	SF	6-10	192	September 18, 1968	NaN
9	13	Luc Longley	C	7-2	265	January 19, 1969	University of New Mexico
10	33	Scottie Pippen	SF	6-8	210	September 25, 1965	University of Central Arkansas
11	91	Dennis Rodman	PF	6-7	210	May 13, 1961	Southeastern Oklahoma State University
12	22	John Salley	PF	6-11	230	May 16, 1964	Georgia Institute of Technology
13	8	Dickey Simpkins	PF	6-9	248	April 6, 1972	Providence College
14	34	Bill Wennington	C	7-0	245	April 26, 1963	St. John's University

▶ pd.read_excel() 使用預設參數

值得注意的參數有：

+ `sheet_name` 參數：預設為 0，也就是排序最前面的工作表，可以利用整數來指定載入的工作表，也可以使用工作表名稱來指定

- header 參數：預設為 0，也就是以最上方的一列作為變數名稱，指定 header=None 假如資料中沒有包含變數名稱

- names 參數：假如已經指派 header=None 則 names 參數就需要輸入一組變數名稱的 list

- usecols 參數：選擇哪幾個變數要載入

- skiprows 參數：指定在讀取時要掠過多少列檔案上方的觀測值

- skipfooter 參數：指定在讀取時要略過多少列檔案下方的觀測值

例如指定讀取第二個工作表、並選取部分儲存格範圍 A7 至 C16。

```python
# pd.read_excel() 指定工作表與讀取範圍
import pandas as pd

xlsx_url = "https://storage.googleapis.com/ds_data_import/fav_nba_teams.xlsx"
boston_celtics = pd.read_excel(xlsx_url,
sheet_name='boston_celtics_2007_2008', skiprows=6, header=None,
names=['number', 'player', 'pos'], usecols=[0, 1, 2])
boston_celtics
```

	number	player	pos
0	5	Kevin Garnett	PF
1	50	Eddie House	PG
2	43	Kendrick Perkins	C
3	34	Paul Pierce	SF
4	66	Scot Pollard	C
5	41	James Posey	PF
6	0	Leon Powe	C
7	13	Gabe Pruitt	PG
8	9	Rajon Rondo	PG
9	44	Brian Scalabrine	PF

▶ pd.read_excel() 指定工作表與讀取範圍

R 語言

在 R 語言中我們使用 readxl 套件的 `read_excel()` 函數。

```
# readxl::read_excel() 函數使用預設參數
library(readxl)

xlsx_url <-
"https://storage.googleapis.com/ds_data_import/fav_nba_teams.xlsx"
dest_file <- "~/Desktop/fav_nab_teams.xlsx" # 更改為自己的檔案路徑
download.file(xlsx_url, destfile = dest_file)
chicago_bulls <- read_excel(dest_file)
View(chicago_bulls)
```

	No.	Player	Pos	Ht	Wt	Birth Date	College
1	0	Randy Brown	PG	6-2	190	May 22, 1968	University of Houston, New Mexico State University
2	30	Jud Buechler	SF	6-6	220	June 19, 1968	University of Arizona
3	35	Jason Caffey	PF	6-8	255	June 12, 1973	University of Alabama
4	53	James Edwards	C	7-0	225	November 22, 1955	University of Washington
5	54	Jack Haley	C	6-10	240	January 27, 1964	University of California, Los Angeles
6	9	Ron Harper	PG	6-6	185	January 20, 1964	Miami University
7	23	Michael Jordan	SG	6-6	195	February 17, 1963	University of North Carolina
8	25	Steve Kerr	PG	6-3	175	September 27, 1965	University of Arizona
9	7	Toni Kukoc	SF	6-10	192	September 18, 1968	NA
10	13	Luc Longley	C	7-2	265	January 19, 1969	University of New Mexico
11	33	Scottie Pippen	SF	6-8	210	September 25, 1965	University of Central Arkansas
12	91	Dennis Rodman	PF	6-7	210	May 13, 1961	Southeastern Oklahoma State University
13	22	John Salley	PF	6-11	230	May 16, 1964	Georgia Institute of Technology
14	8	Dickey Simpkins	PF	6-9	248	April 6, 1972	Providence College
15	34	Bill Wennington	C	7-0	245	April 26, 1963	St. John's University

▶ readxl::read_excel() 函數使用預設參數

值得注意的參數有：

+ `sheet` 參數：預設為讀取排序最前面的工作表，可以利用整數來指定載入的工作表，也可以使用工作表名稱來指定

+ `range` 參數：指定要讀取儲存格的範圍，輸入範例像是 "B3:D87"

+ `col_names` 參數：預設為 `TRUE`，以最上方的一列作為變數名稱，或者自行輸入一組文字向量自訂變數名稱

例如指定讀取第二個工作表、並選取部分儲存格範圍 A7 至 C16。

```r
# readxl::read_excel() 函數指定工作表與讀取範圍
library(readxl)

xlsx_url <-
"https://storage.googleapis.com/ds_data_import/fav_nba_teams.xlsx"
dest_file <- "~/Desktop/fav_nab_teams.xlsx" # 更改為自己的檔案路徑
download.file(xlsx_url, destfile = dest_file)
boston_celtics <- read_excel(dest_file, sheet =
"boston_celtics_2007_2008", range = "A7:C16", col_names = c("number",
"player", "pos"))
View(boston_celtics)
```

	number	player	pos
1	5	Kevin Garnett	PF
2	50	Eddie House	PG
3	43	Kendrick Perkins	C
4	34	Paul Pierce	SF
5	66	Scot Pollard	C
6	41	James Posey	PF
7	0	Leon Powe	C
8	13	Gabe Pruitt	PG
9	9	Rajon Rondo	PG
10	44	Brian Scalabrine	PF

▶ readxl::read_excel() 函數指定工作表與讀取範圍

很多的 Excel 試算表都會有多餘的資料，像是使用者的註記或者說明文字，導致表格資料不一定是從最上方那一列開始讀取，也不一定要讀取所有的欄位；在使用 Python 的 `pd.read_excel()` 方法時，`skiprows`、`skipfooter` 與 `usecols` 這三個參數顯得格外重要；在使用 R 語言的 `read_excel()` 函數時，則要特別留意 `range` 參數。

2-8 檔案：JSON

JSON 是 JavaScript Object Notation 的縮寫，這是一種彈性很大且常見於網站資料傳輸的檔案格式，它的特性是可以容納不同長度、型別並且巢狀式地（nested）包容資料，如果我們將 1995 至 1996 年的芝加哥公牛隊的一些基本資訊以 JSON 檔案儲存，外觀長得像這樣：

```
{} chicago_bulls_1995_1996.json ✕
1  {
2      "team_name": "Chicago Bulls",
3      "records": {
4          "wins": 72,
5          "losses": 10
6      },
7      "coach": "Phil Jackson",
8      "assistant_coach": [
9          "Jim Cleamons",
10         "John Paxson",
11         "Jimmy Rodgers",
12         "Tex Winter"
13     ],
14     "starting_lineups": {
15         "PG": "Ron Harper",
16         "SG": "Michael Jordan",
17         "SF": "Scottie Pippen",
18         "PF": "Dennis Rodman",
19         "C": "Luc Longley"
20     }
21 }
```

▶ 以文字編輯器檢視副檔名為 .json 的檔案

這個 JSON 檔案中共有五組鍵（Key）與值（Value）的配對：

✦ team_name（鍵）對應字串 "Chicago Bulls"（值）

✦ records（鍵）對應一個巢狀 JSON（nested JSON）（值）

✦ coach（鍵）對應字串 "Phil Jackson"（值）

✦ assistant_coach（鍵）對應一個陣列 ["Jim Cleamons", "John Paxson", "Jimmy Rodgers", "Tex Winter"]（值）

✦ starting_lineups（鍵）對應一個巢狀 JSON（nested JSON）（值）

在刻意設定之下，我們所面對的 JSON 檔案展現彈性很大的包容性，不僅可以儲存字串、陣列甚至還可以儲存 JSON。由於 JSON 檔案具備了鍵（Key）與值（Value）配對的特性，**在 Python 中通常以 dict 的型別承接，在 R 語言中通常以 list 的型別承接。**

2-9 如何載入 JSON 檔案

Python

JSON 檔案若是儲存在雲端，利用 requests 模組的 get() 函數搭配 .json() 方法就可以載入，成功之後會以 dict 型別供後續操作。

```python
# JSON 檔案儲存在雲端
from requests import get

json_url =
'https://storage.googleapis.com/ds_data_import/chicago_bulls_1995_1996.
json'
chicago_bulls_dict = get(json_url).json()
print(type(chicago_bulls_dict))
chicago_bulls_dict
## <class 'dict'>
## {'assistant_coach': ['Jim Cleamons',
##   'John Paxson',
##   'Jimmy Rodgers',
##   'Tex Winter'],
##  'coach': 'Phil Jackson',
##  'records': {'losses': 10, 'wins': 72},
##  'starting_lineups': {'C': 'Luc Longley',
##   'PF': 'Dennis Rodman',
##   'PG': 'Ron Harper',
##   'SF': 'Scottie Pippen',
##   'SG': 'Michael Jordan'},
##  'team_name': 'Chicago Bulls'}
```

JSON 檔案若是儲存在本機，我們使用 json 模組的 load() 函數將 JSON 檔案載入，成功之後同樣會以 dict 型別供後續操作。

```python
# JSON 檔案儲存在本機
from json import load

json_fp = "chicago_bulls_1995_1996.json"
```

```
with open(json_fp) as f:
    chicago_bulls_dict = load(f)
print(type(chicago_bulls_dict))
chicago_bulls_dict
## <class 'dict'>
## {'assistant_coach': ['Jim Cleamons',
##    'John Paxson',
##    'Jimmy Rodgers',
##    'Tex Winter'],
##   'coach': 'Phil Jackson',
##   'records': {'losses': 10, 'wins': 72},
##   'starting_lineups': {'C': 'Luc Longley',
##    'PF': 'Dennis Rodman',
##    'PG': 'Ron Harper',
##    'SF': 'Scottie Pippen',
##    'SG': 'Michael Jordan'},
##   'team_name': 'Chicago Bulls'}
```

後續操作像是計算勝率或者從先發陣容中選出最喜歡的球員，只要透過處
理巢狀 dict 的操作就可以順利完成。

```
# JSON 檔案儲存在雲端
from requests import get

json_url =
'https://storage.googleapis.com/ds_data_import/chicago_bulls_1995_1996.
json'
chicago_bulls_dict = get(json_url).json()
# 計算勝率或者從先發陣容中選出最喜歡的球員
winning_percentage = chicago_bulls_dict["records"]["wins"] /
(chicago_bulls_dict["records"]["wins"] +
chicago_bulls_dict["records"]["losses"])
fav_player = chicago_bulls_dict["starting_lineups"]["SG"]
print("勝率為 {:.2f}".format(winning_percentage))
print("最喜歡的球員是 {}".format(fav_player))
## 勝率為 0.88
## 最喜歡的球員是 Michael Jordan
```

R 語言

我們使用 jsonlite 套件的 `fromJSON()` 函數將 JSON 檔案載入，成功之後會以 list 型別供後續操作。

```r
# jsonlite::fromJSON() 函數載入 JSON 檔案
library(jsonlite)

json_url <-
"https://storage.googleapis.com/ds_data_import/chicago_bulls_1995_1996.
json"
bulls_1995_1996.json"
chicago_bulls_list <- fromJSON(json_url)
chicago_bulls_list
## $team_name
## [1] "Chicago Bulls"

## $records
## $records$wins
## [1] 72

## $records$losses
## [1] 10


## $coach
## [1] "Phil Jackson"

## $assistant_coach
## [1] "Jim Cleamons"  "John Paxson"   "Jimmy Rodgers" "Tex Winter"

## $starting_lineups
## $starting_lineups$PG
## [1] "Ron Harper"

## $starting_lineups$SG
## [1] "Michael Jordan"
```

```
## $starting_lineups$SF
## [1] "Scottie Pippen"

## $starting_lineups$PF
## [1] "Dennis Rodman"

## $starting_lineups$C
## [1] "Luc Longley"
```

後續操作像是計算勝率或者從先發陣容中選出最喜歡的球員，只要透過處理巢狀 list 的操作就可以順利完成。

```
# jsonlite::fromJSON() 函數載入 JSON 檔案
library(jsonlite)

json_url <- "https://storage.googleapis.com/ds_data_import/chicago_
bulls_1995_1996.json"
chicago_bulls_list <- fromJSON(json_url)
# 計算勝率或者從先發陣容中選出最喜歡的球員
winning_rate <- chicago_bulls_list$records$wins /
(chicago_bulls_list$records$wins + chicago_bulls_list$records$losses)
fav_player <- chicago_bulls_list$starting_lineups$SG
sprintf("勝率為 %.2f", winning_rate)
sprintf("最喜歡的球員是 %s", fav_player)
## [1] "勝率為 0.88"
## [1] "最喜歡的球員是 Michael Jordan"
```

 小結

本章說明了如何將四種常見的檔案格式（CSV、TXT、Excel 試算表與 JSON）載入 Python 與 R 語言，Python 會應用 pandas、requests 與 json 等模組，R 語言則應用內建函數、readxl 與 jsonlite 等套件。

Chapter 3

向資料庫查詢

The world's most valuable resource is no longer oil, but data.

The Economist

獲取資料在資料科學專案中扮演發起點，如果這個資料科學專案目的是協助我們制定資料驅動的策略（data-driven strategy），而非倚賴直覺，那麼為專案細心盤點資料來源與整理獲取方法，可以為將來的決策奠基穩固的基礎。資料常見的來源包含三種：

1. 檔案
2. 資料庫
3. 網頁資料擷取

在載入常見檔案格式中，我們簡介過如何將四種常見的檔案格式：CSV、TXT、Excel 試算表與 JSON 載入 Python 與 R 語言，接著我們要探討另外一種常見的資料來源：**資料庫**；一但對於資料建立、讀取、更新與刪除（俗稱的 CRUD：Create、Read、Update 與 Delete）需要規模化管理時，資料科學團隊就會建立資料庫來因應。這個小節我們關注常見的雲端 SQL 與 NoSQL 資料庫服務。

3-1 **如何啟動 Amazon Web Service 的 MySQL**

透過下列步驟可以在 Amazon Web Service 啟動一個 MySQL 資料庫。

1. 前往 Amazon Web Service 的首頁並點選登入按鈕。

2. 使用自己的帳號密碼登入。

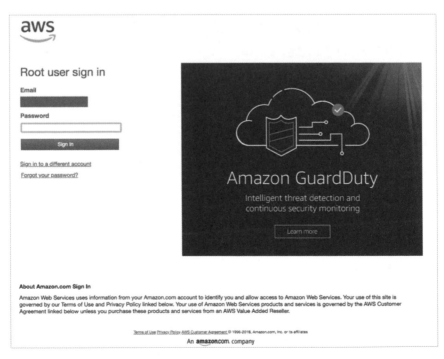

3. 點選服務下拉式選單，選擇 Database 底下的 RDS（Relational Database Service）服務。

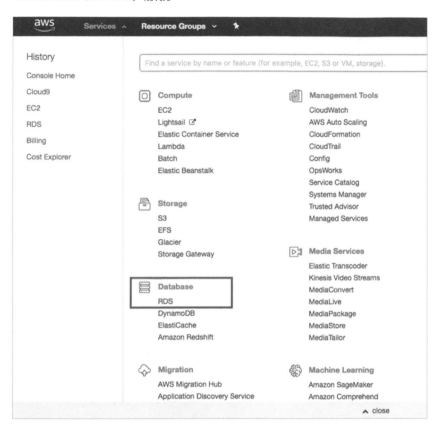

4. 點選新增一個資料庫元件。

Create instance

Amazon Relational Database Service (RDS) makes it easy to set up, operate, and scale a relational database in the cloud.

Restore from S3　**Launch a DB Instance**

Note: your DB instances will launch in the Asia Pacific (Tokyo) region

5. 選擇 MySQL 作為資料庫系統後按下一步。

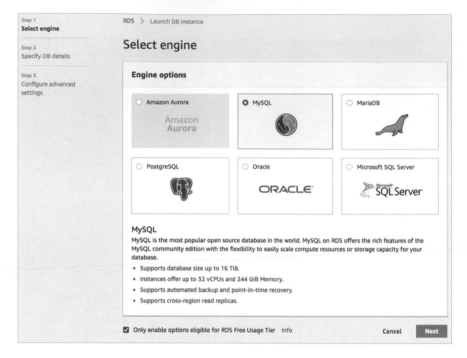

6. 我們使用 Amazon Web Service 提供最低規格資料庫 12 個月的免費試
   用，因此規格設定都依照預設，只需要輸入資料庫元件的命名、使用者
   名稱與密碼，記住這裡所輸入的使用者名稱以及密碼，在未來使用
   Python 與 R 連線的時候會用到，然後按下一步。

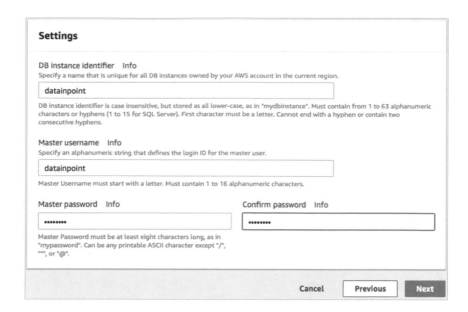

7. 為之後要使用的資料庫命名，這會是一個空的資料庫，裡面的資料表格
要稍待由 Python 與 R 建立。

8. 順利啟動 MySQL 資料庫。

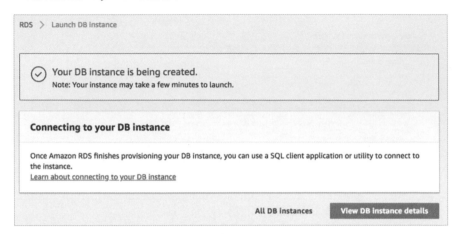

9. 檢視資料庫元件詳細資訊，取得連線的資料庫元件位址資訊（Endpoint）。

10. 新增一個寬鬆的 Inbound Rule（0.0.0.0/0）讓後續連線比較簡單（強烈不建議在正式環境中做這樣的設定）。

3-2 如何建立資料：MySQL

目前資料庫裡面沒有任何資料表格，於是我們首先要做的事情是透過 Python 與 R 語言與資料庫連線，連線成功以後嘗試將慣常使用的資料框（Data Frame）匯入資料庫中，以供後續查詢使用；接著讓我們將 1995 至 1996 年的芝加哥公牛隊球員名單以及 2007 至 2008 年的波士頓塞爾提克隊球員名單與其基本資訊分別以 Python 和 R 語言在資料庫建立出表格。

Python

我們需要 sqlalchemy 與 pymysql 建立 Python 與 MySQL 資料庫的連結，然後還需要 pandas 來建立資料庫表格。開始之前我們得先在終端機安裝好需要的模組：

```
pip install --upgrade sqlalchemy pymysql pandas
```

透過 sqlalchemy 的 create_engine() 函數建立 Python 與資料庫的連結引擎，在這個連結引擎中我們指定使用 pymysql 的連接器（connector），接著是透過 pandas 的 to_sql() 方法將資料框建立成為資料庫中的表格。建立連結引擎，最重要的要素是：

- ✦ 資料庫元件位址（host）：即資料庫元件位址資訊（Endpoint）
- ✦ 通訊埠（port）：MySQL 預設為 3306
- ✦ 資料庫名稱（dbname）：在啟動 MySQL 資料庫元件時的設定
- ✦ 使用者名稱（user）：在啟動 MySQL 資料庫元件時的設定
- ✦ 使用者密碼（password）：在啟動 MySQL 資料庫元件時的設定

```
import pandas as pd
from sqlalchemy import create_engine

csv_url =
"https://storage.googleapis.com/ds_data_import/chicago_bulls_1995_1996.
csv"
```

```
chicago_bulls = pd.read_csv(csv_url)
host = "YOURHOST" # 輸入自己的 AWS RDS Enpoint 位址
port = 3306
dbname = "YOURDBNAME" # 輸入自己設定的資料庫名稱
user = "YOURUSERNAME" # 輸入自己設定的使用者名稱
password = "YOURPASSWORD" # 輸入自己設定的使用者密碼


engine =
create_engine('mysql+pymysql://{user}:{password}@{host}:{port}/{dbname}
'.format(user=user, password=password, host=host, port=port,
dbname=dbname))
chicago_bulls.to_sql('chicago_bulls', engine, index=False,
if_exists='replace')
```

R 語言

使用 DBI 套件提供的 dbConnect() 函數建立 R 與 MySQL 資料庫的連結以及同樣源自 DBI 的 dbWriteTable() 函數將資料框建立成為資料庫中的表格；建立與資料庫的連結同樣也需要資料庫元件位址（host）、通訊埠（port）、資料庫名稱（dbname）、使用者名稱（user）與使用者密碼（password）這幾個重要元素；記得都要將這幾個資訊更換成為自己在設定資料庫元件時所輸入的對應資訊。

```
#install.packages("RMySQL")
library(DBI)

csv_url <-
"https://storage.googleapis.com/ds_data_import/boston_celtics_2007_2008
.csv"
boston_celtics <- read.csv(csv_url)

host <- "YOURHOST" # 輸入自己的 AWS RDS Enpoint 位址
port <- 3306
dbname <- "YOURDBNAME" # 輸入自己設定的資料庫名稱
user <- "YOURUSERNAME" # 輸入自己設定的使用者名稱
password <- "YOURPASSWORD" # 輸入自己設定的使用者密碼
```

```
engine <- dbConnect(RMySQL::MySQL(),
                    host = host,
                    port = port,
                    dbname = dbname,
                    user = user,
                    password = password
                    )
dbWriteTable(engine, name = 'boston_celtics', value = boston_celtics,
overwrite = TRUE)
## [1] TRUE
```

3-3　如何讀取資料：MySQL

Python

讀取資料庫中的表格同樣也需要先利用 sqlalchemy 的 create_engine() 函數建立 Python 與資料庫的連結引擎，接著可以透過 pandas 的 read_sql_table() 讀入整個表格；也可以透過 read_sql_query() 輸入 SQL 查詢語法讀取部分表格資料。

```
import pandas as pd
from sqlalchemy import create_engine

host = "YOURHOST" # 輸入自己的 AWS RDS Enpoint 位址
port = 3306
dbname = "YOURDBNAME" # 輸入自己設定的資料庫名稱
user = "YOURUSERNAME" # 輸入自己設定的使用者名稱
password = "YOURPASSWORD" # 輸入自己設定的使用者密碼

engine =
create_engine('mysql+pymysql://{user}:{password}@{host}:{port}/{dbname}
'.format(user=user, password=password, host=host, port=port,
dbname=dbname))
chicago_bulls = pd.read_sql_table('chicago_bulls', engine)
chicago_bulls
```

	No.	Player	Pos	Ht	Wt	Birth Date	College
0	0	Randy Brown	PG	6-2	190	May 22, 1968	University of Houston, New Mexico State Univer...
1	30	Jud Buechler	SF	6-6	220	June 19, 1968	University of Arizona
2	35	Jason Caffey	PF	6-8	255	June 12, 1973	University of Alabama
3	53	James Edwards	C	7-0	225	November 22, 1955	University of Washington
4	54	Jack Haley	C	6-10	240	January 27, 1964	University of California, Los Angeles
5	9	Ron Harper	PG	6-6	185	January 20, 1964	Miami University
6	23	Michael Jordan	SG	6-6	195	February 17, 1963	University of North Carolina
7	25	Steve Kerr	PG	6-3	175	September 27, 1965	University of Arizona
8	7	Toni Kukoc	SF	6-10	192	September 18, 1968	None
9	13	Luc Longley	C	7-2	265	January 19, 1969	University of New Mexico
10	33	Scottie Pippen	SF	6-8	210	September 25, 1965	University of Central Arkansas
11	91	Dennis Rodman	PF	6-7	210	May 13, 1961	Southeastern Oklahoma State University
12	22	John Salley	PF	6-11	230	May 16, 1964	Georgia Institute of Technology
13	8	Dickey Simpkins	PF	6-9	248	April 6, 1972	Providence College
14	34	Bill Wennington	C	7-0	245	April 26, 1963	St. John's University

▶ 透過 pandas 的 read_sql_table() 讀入整個表格

```
import pandas as pd
from sqlalchemy import create_engine

csv_url =
"https://storage.googleapis.com/ds_data_import/chicago_bulls_1995_1996.
csv"
chicago_bulls = pd.read_csv(csv_url)
host = "YOURHOST" # 輸入自己的 AWS RDS Enpoint 位址
port = 3306
dbname = "YOURDBNAME" # 輸入自己設定的資料庫名稱
user = "YOURUSERNAME" # 輸入自己設定的使用者名稱
password = "YOURPASSWORD" # 輸入自己設定的使用者密碼

engine =
create_engine('mysql+pymysql://{user}:{password}@{host}:{port}/{dbname}
'.format(user=user, password=password, host=host, port=port,
dbname=dbname))
sql_statement = """
  SELECT *
  FROM chicago_bulls
```

```
  WHERE Player IN ('Michael Jordan', 'Scottie Pippen', 'Dennis Rodman');
"""
trio = pd.read_sql_query(sql_statement, engine)
trio
```

	No.	Player	Pos	Ht	Wt	Birth Date	College
0	23	Michael Jordan	SG	6-6	195	February 17, 1963	University of North Carolina
1	33	Scottie Pippen	SF	6-8	210	September 25, 1965	University of Central Arkansas
2	91	Dennis Rodman	PF	6-7	210	May 13, 1961	Southeastern Oklahoma State University

▶ 透過 read_sql_query() 輸入 SQL 查詢語法讀取部分表格資料

R 語言

讀取資料庫中的表格同樣也需要先利用 DBI 的 dbConnect() 函數建立 R 語言與資料庫的連結引擎，接著可以透過 DBI 的 dbReadTable() 讀入整個表格；也可以透過 dbGetQuery() 輸入 SQL 查詢語法讀取部分表格資料。

```r
#install.packages("RMySQL")
library(DBI)

host <- "YOURHOST" # 輸入自己的 AWS RDS Enpoint 位址
port <- 3306
dbname <- "YOURDBNAME" # 輸入自己設定的資料庫名稱
user <- "YOURUSERNAME" # 輸入自己設定的使用者名稱
password <- "YOURPASSWORD" # 輸入自己設定的使用者密碼

engine <- dbConnect(RMySQL::MySQL(),
                    host = host,
                    port = port,
                    dbname = dbname,
                    user = user,
                    password = password
                    )
boston_celtics <- dbReadTable(engine, name = 'boston_celtics')
View(boston_celtics)
```

	No.	Player	Pos	Ht	Wt	Birth.Date	College
1	20	Ray Allen	SG	6-5	205	July 20, 1975	University of Connecticut
2	42	Tony Allen	SG	6-4	213	January 11, 1982	Butler County Community College, Oklahoma State Uni...
3	93	P.J. Brown	PF	6-11	225	October 14, 1969	Louisiana Tech University
4	28	Sam Cassell	PG	6-3	185	November 18, 1969	Florida State University
5	11	Glen Davis	C	6-9	289	January 1, 1986	Louisiana State University
6	5	Kevin Garnett	PF	6-11	240	May 19, 1976	
7	50	Eddie House	PG	6-1	180	May 14, 1978	Arizona State University
8	43	Kendrick Perkins	C	6-10	270	November 10, 1984	
9	34	Paul Pierce	SF	6-7	235	October 13, 1977	University of Kansas
10	66	Scot Pollard	C	6-11	265	February 12, 1975	University of Kansas
11	41	James Posey	PF	6-8	215	January 13, 1977	Xavier University
12	0	Leon Powe	C	6-8	240	January 22, 1984	University of California
13	13	Gabe Pruitt	PG	6-4	170	April 19, 1986	University of Southern California
14	9	Rajon Rondo	PG	6-1	186	February 22, 1986	University of Kentucky
15	44	Brian Scalabrine	PF	6-9	241	March 18, 1978	University of Southern California

▶ 透過 DBI 的 dbReadTable() 讀入整個表格

```r
#install.packages("RMySQL")
library(DBI)

host <- "YOURHOST" # 輸入自己的 AWS RDS Enpoint 位址
port <- 3306
dbname <- "YOURDBNAME" # 輸入自己設定的資料庫名稱
user <- "YOURUSERNAME" # 輸入自己設定的使用者名稱
password <- "YOURPASSWORD" # 輸入自己設定的使用者密碼

engine <- dbConnect(RMySQL::MySQL(),
                    host = host,
                    port = port,
                    dbname = dbname,
                    user = user,
                    password = password
                    )
sql_statement <- "SELECT * FROM boston_celtics WHERE Player IN ('Paul
Pierce', 'Kevin Garnett', 'Ray Allen');"
gap <- dbGetQuery(engine, statement = sql_statement)
View(gap)
```

	row_names	No.	Player	Pos	Ht	Wt	Birth.Date	College
1	1	20	Ray Allen	SG	6-5	205	July 20, 1975	University of Connecticut
2	6	5	Kevin Garnett	PF	6-11	240	May 19, 1976	
3	9	34	Paul Pierce	SF	6-7	235	October 13, 1977	University of Kansas

▶ 透過 dbGetQuery() 輸入 SQL 查詢語法讀取部分表格資料

3-4 如何啟動 Google Cloud Platform 的 BigQuery

假如需要建構巨量資料的雲端關聯式資料庫，Google 的 BigQuery 服務由於對 Python 與 R 的支援良好，受到許多資料科學團隊的青睞；透過下列步驟就可以在 Google Cloud Platform 啟動 BigQuery 服務。

1. 前往 Google Cloud Platform 首頁。

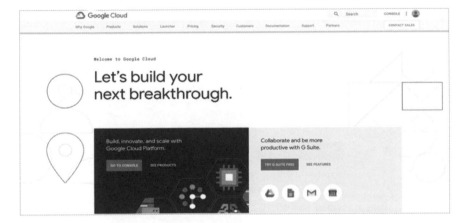

2. 登入控制台（Console），點選 API & Services 然後按下憑證。

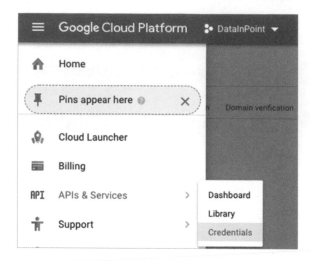

3. 新增 Service account key。

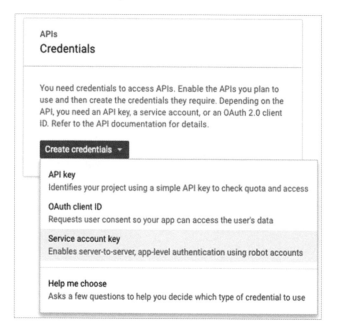

4. 設定 Service account key 為 BigQuery 管理員後下載。

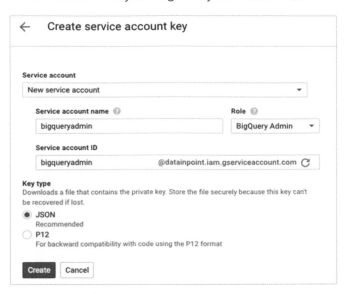

5. 前往 Google Big Query 首頁，點選檢視控制台。

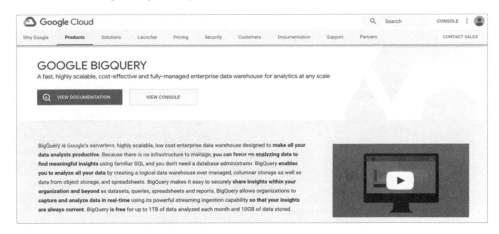

6. 在選單中選擇 BigQuery。

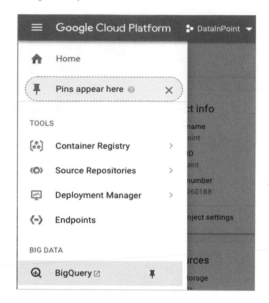

7. 來到 BigQuery 介面。

8. 建立新的資料集：fav_nba_teams。

3-5 如何建立資料：BigQuery

接著讓我們將 1995 至 1996 年的芝加哥公牛隊球員名單以及 2007 至 2008 年的波士頓塞爾提克隊球員名單與其基本資訊分別以 Python 和 R 語言匯入資料庫中，以供後續查詢使用。

Python

我們需要 pandas-gbq 與 pandas 來建立 Python 與 BigQuery 資料庫的連結與表格。開始之前我們得先在終端機安裝好需要的模組：

```
pip install pandas-gbq pandas -U
```

使用 `to_gbq()` 函數將 chicago_bulls 資料框匯入先前建立空的資料集 fav_nba_teams 之下，並將表格命名為 chicago_bulls，記得將 destination _table、project_id 與 private_key 參數調整成自己專案中的設定。

```
rom google.cloud import bigquery
import pandas as pd
from pandas_gbq import to_gbq

csv_url =
"https://storage.googleapis.com/ds_data_import/chicago_bulls_1995_1996.
csv"
```

```
chicago_bulls = pd.read_csv(csv_url, header=None, skiprows=1,
names=['number', 'player', 'pos', 'ht', 'wt', 'birth_date', 'college'])
to_gbq(chicago_bulls, destination_table='fav_nba_teams.chicago_bulls',
project_id='YOURPROJECTID', if_exists='replace',
private_key='YOURSERVICEACCOUNT')
```

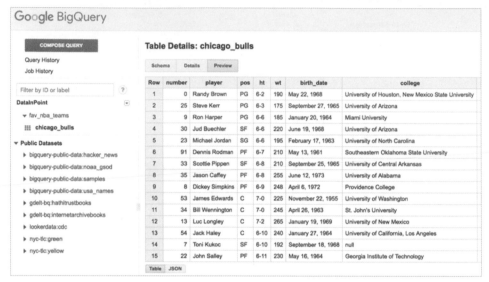

▶▶ 將 chicago_bulls 資料框匯入先前建立空的資料集 fav_nba_teams 之下

R 語言

使用 DBI 套件提供的 dbConnect() 函數建立 R 與 BigQuery 資料庫的連結
以及同樣源自 DBI 的 dbWriteTable() 函數將 boston_celtics 資料框匯入
先前建立空的資料集 fav_nba_teams 之下，並將表格命名為
boston_celtics；這裡參數要指定改用 BigQuery 的連接器（Connector）、
專案 id 與資料集，在第一次使用 dbWriteTable() 函數時，會透過瀏覽器
來進行身份認證，再將認證碼貼回 RStudio 就可以完成表格的寫入。

```
# install.packages(c("RMySQL", "bigrquery"))
library(DBI)
options("httr_oob_default" = TRUE)
```

```
csv_url <-
"https://storage.googleapis.com/ds_data_import/boston_celtics_2007_2008
.csv"
boston_celtics <- read.csv(csv_url, header = FALSE, skip = 1, col.names =
c('number', 'player', 'pos', 'ht', 'wt', 'birth_date', 'college'))

con <- dbConnect(
  bigrquery::bigquery(),
  project = "datainpoint",
  dataset = "fav_nba_teams"
)
dbWriteTable(con, name = "boston_celtics", value = boston_celtics,
overwrite = TRUE)
```

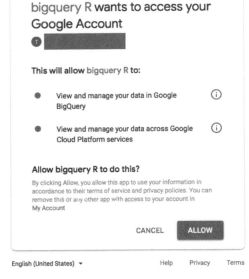

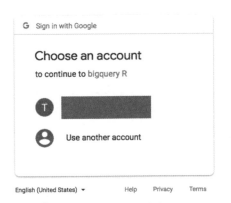

▶ 透過瀏覽器認證身份　　　　　▶ 透過瀏覽器認證身份

▶ 將 boston_celtics 資料框匯入先前建立空的資料集 fav_nba_teams 之下

3-6 如何讀取資料：BigQuery

Python

讀取資料庫中的表格只要透過 pandas_gbq 的 `read_gbq()` 函數即可輸入 SQL 查詢語法讀取所有或部分表格資料。

```
from pandas_gbq import read_gbq

project_id = 'YOURPROJECTID'
private_key = 'YOURSERVICEACCOUNT'
sql_statement = "SELECT * FROM fav_nba_teams.chicago_bulls;"
chicago_bulls = read_gbq(sql_statement, project_id=project_id,
private_key=private_key)
chicago_bulls
```

	number	player	pos	ht	wt	birth_date	college
0	0	Randy Brown	PG	6-2	190	May 22, 1968	University of Houston, New Mexico State Univer...
1	25	Steve Kerr	PG	6-3	175	September 27, 1965	University of Arizona
2	9	Ron Harper	PG	6-6	185	January 20, 1964	Miami University
3	30	Jud Buechler	SF	6-6	220	June 19, 1968	University of Arizona
4	23	Michael Jordan	SG	6-6	195	February 17, 1963	University of North Carolina
5	91	Dennis Rodman	PF	6-7	210	May 13, 1961	Southeastern Oklahoma State University
6	33	Scottie Pippen	SF	6-8	210	September 25, 1965	University of Central Arkansas
7	35	Jason Caffey	PF	6-8	255	June 12, 1973	University of Alabama
8	8	Dickey Simpkins	PF	6-9	248	April 6, 1972	Providence College
9	53	James Edwards	C	7-0	225	November 22, 1955	University of Washington
10	34	Bill Wennington	C	7-0	245	April 26, 1963	St. John's University
11	13	Luc Longley	C	7-2	265	January 19, 1969	University of New Mexico
12	54	Jack Haley	C	6-10	240	January 27, 1964	University of California, Los Angeles
13	7	Toni Kukoc	SF	6-10	192	September 18, 1968	None
14	22	John Salley	PF	6-11	230	May 16, 1964	Georgia Institute of Technology

透過 pandas_gbq 的 read_gbq() 函數即可輸入 SQL 查詢語法讀取所有表格資料

```
from pandas_gbq import read_gbq

project_id = 'YOURPROJECTID'
private_key = 'YOURSERVICEACCOUNT'
sql_statement = "SELECT * FROM fav_nba_teams.chicago_bulls WHERE number IN
(23, 33, 91);"
trio = read_gbq(sql_statement, project_id=project_id,
private_key=private_key)
trio
```

	number	player	pos	ht	wt	birth_date	college
0	23	Michael Jordan	SG	6-6	195	February 17, 1963	University of North Carolina
1	91	Dennis Rodman	PF	6-7	210	May 13, 1961	Southeastern Oklahoma State University
2	33	Scottie Pippen	SF	6-8	210	September 25, 1965	University of Central Arkansas

透過 pandas_gbq 的 read_gbq() 函數即可輸入 SQL 查詢語法讀取部分表格資料

R 語言

讀取資料庫中的表格同樣也需要先利用 DBI 的 dbConnect() 函數建立 R 語言與資料庫的連結引擎，接著可以透過 DBI 的 dbReadTable() 函數讀入整個表格；也可以透過 dbGetQuery() 函數輸入 SQL 查詢語法讀取部分表格資料。

```r
# install.packages(c("bigrquery", "RMySQL"))
library(DBI)

con <- dbConnect(
  bigrquery::bigquery(),
  project = "datainpoint",
  dataset = "fav_nba_teams"
)

boston_celtics <- dbReadTable(con, name = 'boston_celtics')
View(boston_celtics)
```

	number	player	pos	ht	wt	birth_date	college
1	9	Rajon Rondo	PG	6-1	186	February 22, 1986	University of Kentucky
2	50	Eddie House	PG	6-1	180	May 14, 1978	Arizona State University
3	28	Sam Cassell	PG	6-3	185	November 18, 1969	Florida State University
4	13	Gabe Pruitt	PG	6-4	170	April 19, 1986	University of Southern California
5	42	Tony Allen	SG	6-4	213	January 11, 1982	Butler County Community College, Oklahoma State Uni...
6	20	Ray Allen	SG	6-5	205	July 20, 1975	University of Connecticut
7	34	Paul Pierce	SF	6-7	235	October 13, 1977	University of Kansas
8	0	Leon Powe	C	6-8	240	January 22, 1984	University of California
9	41	James Posey	PF	6-8	215	January 13, 1977	Xavier University
10	11	Glen Davis	C	6-9	289	January 1, 1986	Louisiana State University
11	44	Brian Scalabrine	PF	6-9	241	March 18, 1978	University of Southern California
12	43	Kendrick Perkins	C	6-10	270	November 10, 1984	
13	66	Scot Pollard	C	6-11	265	February 12, 1975	University of Kansas
14	5	Kevin Garnett	PF	6-11	240	May 19, 1976	
15	93	P.J. Brown	PF	6-11	225	October 14, 1969	Louisiana Tech University

透過 DBI 的 dbReadTable() 函數讀入整個表格

```
# install.packages(c("bigrquery", "RMySQL"))
library(DBI)

con <- dbConnect(
  bigrquery::bigquery(),
  project = "datainpoint",
  dataset = "fav_nba_teams"
)

sql_statement <- "SELECT * FROM fav_nba_teams.boston_celtics WHERE number
IN (34, 5, 20);"
gap <- dbGetQuery(con, statement = sql_statement)
View(gap)
```

	number	player	pos	ht	wt	birth_date	college
1	20	Ray Allen	SG	6-5	205	July 20, 1975	University of Connecticut
2	34	Paul Pierce	SF	6-7	235	October 13, 1977	University of Kansas
3	5	Kevin Garnett	PF	6-11	240	May 19, 1976	

透過 dbGetQuery() 函數輸入 SQL 查詢語法讀取部分表格資料

3-7 如何啟動 Google Firebase

假如需要以彈性靈活的 JSON 檔案建置 NoSQL 資料庫，已經被 Google 收購的 Firebase 服務不僅能夠以集合（Collections）與文件（Documents）儲存 JSON 檔案，還具備即時（Realtime）更新功能，不僅對 Python 與 R 的支援良好，更同時支援 Web、Android 與 iOS 開發，受到許多新創與資料科學團隊的青睞；透過下列步驟就可以啟動 Google Firebase 服務。

1. 前往 Google Firebase 首頁，點選開始使用。

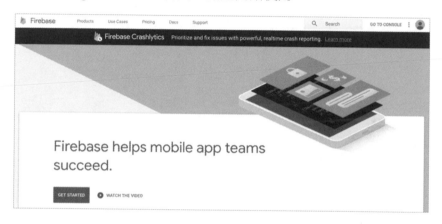

2. 點選新增專案。

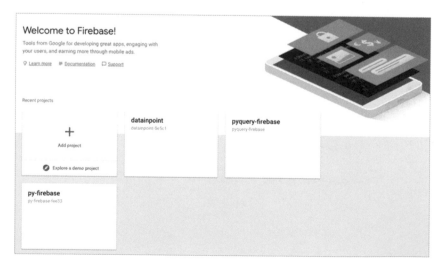

3.　為專案取名。

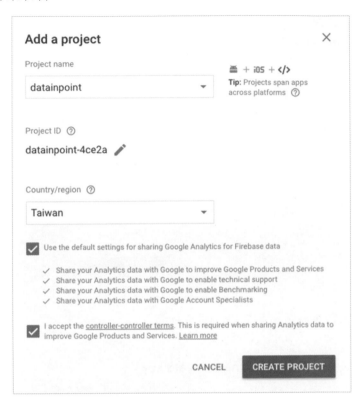

4.　點選專案設定。

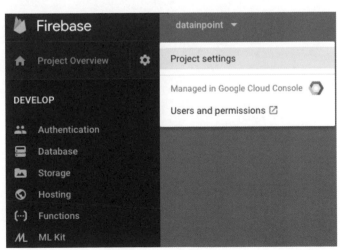

5. 在專案設定畫面中點選 Service Account，接著點選產生新的私密金鑰。

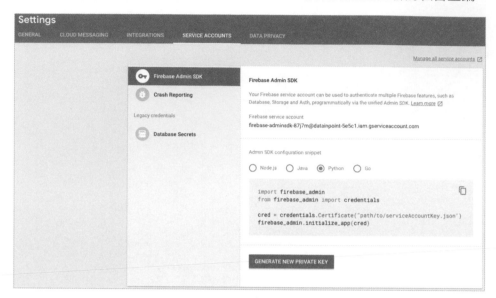

6. 將私密金鑰下載到電腦中妥善保管。

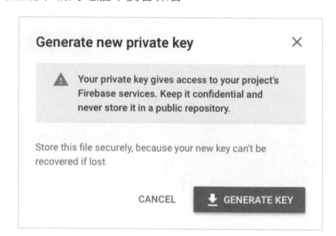

7. 點選資料庫服務。

8. 點選開始使用 Realtime Database。

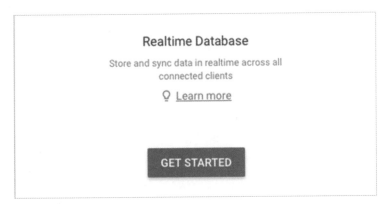

9. 選擇測試模式之後開始使用。

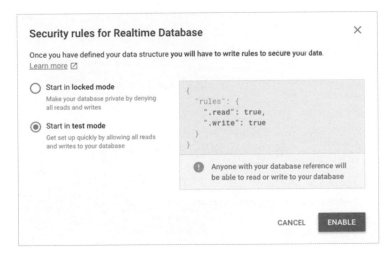

3-8 如何建立資料：Firebase

接著我們將以 JSON 檔案格式儲存的 1995 至 1996 年的芝加哥公牛隊、2007 至 2008 年的波士頓賽爾提克隊基本資訊分別以 Python 和 R 語言匯入 Firebase，以供後續查詢使用。

Python

我們需要使用 firebase_admin 建立 Python 與 Firebase 資料庫的連結以及身份認證，開始之前得先在終端機安裝好需要的模組。

```
pip install firebase_admin
```

接著是利用先前已經下載好的憑證與 Firebase 網址（顯示於資料庫頁面）啟動連結。

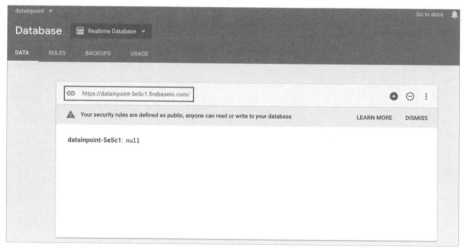

▶ Firebase 網址（顯示於資料庫頁面）

```
import firebase_admin
from firebase_admin import credentials

Service Account 本機位址
```

```
cred = credentials.Certificate('PATHTOYOURSERVICEACCOUNT') # 替換成自己的
firebase_admin.initialize_app(cred, {
    'databaseURL' : 'YOURDATABASEURL' # 替換成自己的 Firebase 網址
})
<firebase_admin.App at 0x7fd57ba1cef0>
```

成功啟動以後，就可以匯入以 dict 型別儲存的 1995 至 1996 年的芝加哥公牛隊基本資訊。

```
from firebase_admin import db
from requests import get

json_url =
'https://storage.googleapis.com/ds_data_import/chicago_bulls_1995_1996.json'
chicago_bulls_dict = get(json_url).json()
root = db.reference()
root.child('chicago_bulls').push(chicago_bulls_dict)
```

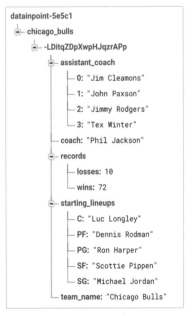

匯入以 dict 型別儲存的 1995 至 1996 年的芝加哥公牛隊基本資訊

R 語言

使用 fireData 套件提供的 `upload()` 函數匯入以 list 型別儲存的 2007 至 2008 年波士頓賽爾提克隊基本資訊，函數中需要輸入 Firebase 網址作為參數。

```r
# install.packages(c("devtools", "jsonlite"))
# devtools::install_github("Kohze/fireData")
library(fireData)
library(jsonlite)

json_url <-
"https://storage.googleapis.com/ds_data_import/boston_celtics_2007_2008
.json"
boston_celtics_list <- fromJSON(json_url)

projectURL <- "YOURPROJECTURL" # 替換成自己的 Firebase 網址
upload(boston_celtics_list, projectURL = projectURL, directory =
"boston_celtics")
[1] "boston_celtics/-LDj0KQInS4DDKvCxdDs"
```

🔘 匯入以 list 型別儲存的 2007 至 2008 年波士頓賽爾提克隊基本資訊

3-9　如何讀取資料：Firebase

Python

以資料庫物件的 .reference() 方法取得文件參照，接著以 .get() 方法取得 1995 至 1996 年的芝加哥公牛隊基本資訊。

```
from firebase_admin import db


ref = db.reference('chicago_bulls')
chicago_bulls = ref.get()
chicago_bulls
```

```
{'-LDitqZDpXwpHJqzrAPp': {'assistant_coach': ['Jim Cleamons',
  'John Paxson',
  'Jimmy Rodgers',
  'Tex Winter'],
 'coach': 'Phil Jackson',
 'records': {'losses': 10, 'wins': 72},
 'starting_lineups': {'C': 'Luc Longley',
  'PF': 'Dennis Rodman',
  'PG': 'Ron Harper',
  'SF': 'Scottie Pippen',
  'SG': 'Michael Jordan'},
 'team_name': 'Chicago Bulls'}}
```

▶ 以 Python 讀取 Firebase 資料

R 語言

使用 fireData 套件提供的 download() 函數將匯入以 list 型別儲存的 2007 至 2008 年波士頓賽爾提克隊基本資訊，函數中需要輸入 Firebase 網址與文件 id 作為參數。

```
# install.packages("devtools")
# devtools::install_github("Kohze/fireData")
library(fireData)


projectURL <- "YOURPROJECTURL" # 替換成自己的 Firebase 網址
fileName <- "boston_celtics/-LDj0KQInS4DDKvCxdDs" # 替換成自己的文件 id
```

```
boston_celtics_list <- download(projectURL = projectURL, fileName =
fileName)
boston_celtics_list
```

```
Console ~/
> boston_celtics_list
$assistant_coach
[1] "Kevin Eastman"    "Armond Hill"      "Mike Longabardi" "Clifford Ray"      "Tom Thibodeau"

$coach
[1] "Doc Rivers"

$records
$records$losses
[1] 16

$records$wins
[1] 66


$starting_lineups
$starting_lineups$C
[1] "Kendrick Perkins"

$starting_lineups$PF
[1] "Kevin Garnett"

$starting_lineups$PG
[1] "Rajon Rondo"

$starting_lineups$SF
[1] "Paul Pierce"

$starting_lineups$SG
[1] "Ray Allen"


$team_name
[1] "Boston Celtics"
```

以 R 讀取 Firebase 資料

小結

本章簡介如何利用 Python 與 R 語言在雲端資料庫服務：Amazon Web Service 的 MySQL、Google Cloud Platform 的 BigQuery 與 Google Firebase 中建立與讀取資料。

各種雲端資料庫服務看似五花八門，操作手冊及文件讓人眼花撩亂，實際上只要確實掌握兩個要點：一是與雲端資料庫服務連結的憑證（如何認證權限者）；二是程式語言對應不同雲端資料庫服務所使用的模組或套件，就可以順利使用這些功能強大的服務。

Chapter 4

靜態擷取網頁內容

The world's most valuable resource is no longer oil, but data.

The Economist

獲取資料在資料科學專案中扮演發起點,如果這個資料科學專案目的是協助我們制定資料驅動的策略(data-driven strategy),而非倚賴直覺,那麼為專案細心盤點資料來源與整理獲取方法,可以為將來的決策奠基穩固的基礎。資料常見的來源包含三種:檔案、資料庫、網頁資料擷取。

這個小節我們要討論第三種資料來源:網頁,從網頁擷取資料的方法另外一個更為眾人耳熟能詳的名稱即是爬蟲。

4-1 如何定位網頁資料

定位網頁中特定資料的位址,就像是在地圖上標記一般,我們需要景點或者建築物的位址,可以是詳細地址,亦或者是精準的經緯度。而在網頁中有非常多方法能夠表示出資料位址,常見的像是使用:

✦ html 的標籤名稱

✦ html 標籤中給予的 id

✦ html 標籤中給予的 class

✦ 資料所在的 CSS 選擇器（CSS Selector）

✦ 資料所在的 XPath

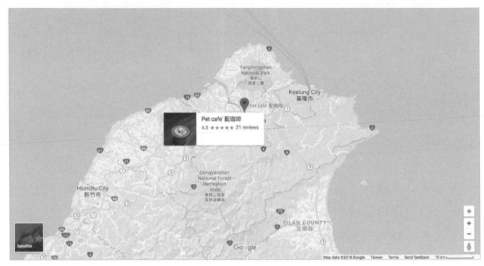

▶ 在地圖上標記

▶ 定位網頁中特定資料的位址

考量多數資料科學愛好者皆不是網頁工程師背景，透過 Chrome 瀏覽器的外掛來取得資料所在的 CSS 選擇器或者 XPath 是快速入門的好方法，也是我們推薦的做法；對於使用 HTML 標籤名稱、id 與 class 來取得資料所在有興趣的資料科學愛好者，可以另外花時間學習 HTML 與 CSS 的相關知識。

4-2　安裝 Selector Gadget

透過下列步驟將 Selector Gadget 外掛加入 Chrome 瀏覽器：

1. 前往 Chrome Web Store，點選外掛（Extensions）。

2. 搜尋 Selector Gadget 並點選加入到 Chrome 瀏覽器。

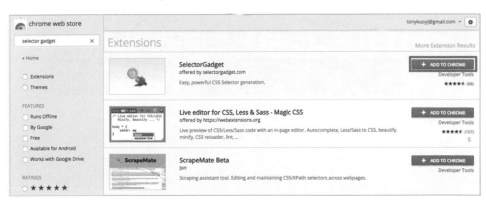

3. 確認要加入 Selector Gadget。

4. 完成安裝。

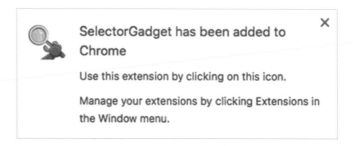

4-3 使用 Selector Gadget

透過下列步驟定位 Avengers: Infinity War (2018) 的評分：

1. 點選 Selector Gadget 的外掛圖示。

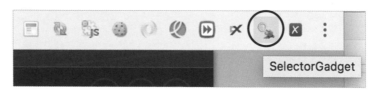

2. 留意 Selector Gadget 的 CSS 選擇器。

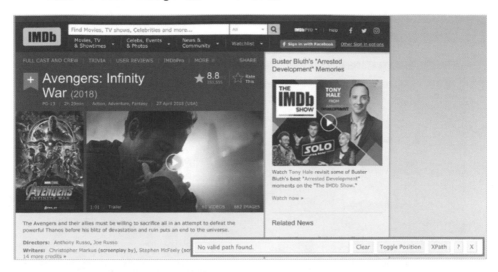

3. 移動滑鼠到想要定位的元素。

4. 在想要定位的評分上面點選左鍵，留意此時的 CSS 選擇器位址定位為 span，網頁上有很多的資料都同時被選擇到（以黃底標記），Clear 後面數字表示有多少個元素被選擇到。

5. 接著移動滑鼠點選不要選擇的元素（改以紅底標記），並同時注意 CSS 選擇器位址（.ratingValue span）與 Clear 後面數字（3）。

6. 繼續移動滑鼠點選不要選擇的元素（改以紅底標記），注意 CSS 選擇器位址（strong span）與 Clear 後面數字（1），這時表示我們已經成功定義到評分的 CSS 選擇器：strong span。

讓我們再練習一次，透過下列步驟定位 Avengers: Infinity War (2018) 的電影類型：

1. 移動滑鼠到想要定位的元素。

2. 在想要定位的評分上面點選左鍵，留意此時的 CSS 選擇器位址定位
   為 .itemprop，網頁上有很多的資料都同時被選擇到（以黃底標記），
   Clear 後面數字表示有多少個元素被選擇到。

3. 接著移動滑鼠點選不要選擇的元素（改以紅底標記），並同時注意 CSS
   選擇器位址（.subtext a）與 Clear 後面數字（4），這時表示我們已經
   成功定義到電影類型的 CSS 選擇器：.subtext a。

4-4 安裝 XPath Helper

透過下列步驟將 XPath Helper 外掛加入 Chrome 瀏覽器：

1. 前往 Chrome Web Store，點選外掛（Extensions）。

2. 搜尋 XPath Helper 並點選加入到 Chrome 瀏覽器。

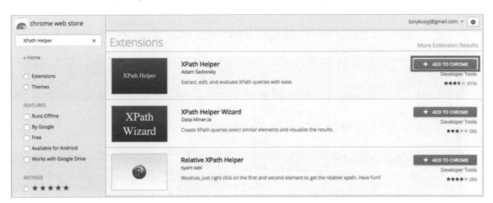

3. 確認要加入 XPath Helper。

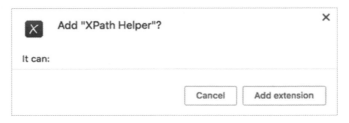

4. 完成安裝。

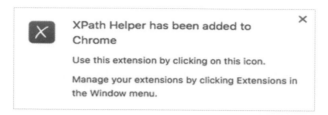

4-5 使用 XPath Helper

透過下列步驟定位 Avengers: Infinity War (2018) 的評分：

1. 點選 XPath Helper 的外掛圖示。

2. 留意 XPath Helper 介面左邊的 XPath 與右邊被定位到的資料。

3. 按住 shift 鍵移動滑鼠到想要定位的元素。

4. 試著縮減 XPath，從最前面開始刪減，我們會發現可以刪減為 //strong/span 依然還可以對應到評分，這時表示我們已經成功定義到評分的 XPath：//strong/span。

讓我們再練習一次，透過下列步驟定位 Avengers: Infinity War (2018) 的電影類型：

1. 按住 shift 鍵移動滑鼠到想要定位的元素，由於電影類型有三個分類，我們分別將滑鼠移動到上面觀察 XPath。

2. 觀察到 a 後面中括號中的數字由 1 變更為 3，這時刪減掉整個中括號，就可以用一個 XPath 選擇到三個分類

3. 試著縮減 XPath，從最前面開始刪減，我們會發現可以刪減為 //div[@class='subtext']/a 依然還可以對應到電影類型，這時表示我們已經成功定義到電影類型的 XPath：//div[@class='subtext']/a

4-6 擷取網頁內容

擷取網頁內容的主要任務有兩個，一是取得網頁中所有資料，二是利用 CSS 選擇器或 XPath 解析出我們所需要的部分。在 Python 中我們使用 pyquery 模組的 PyQuery() 函數取得網頁中所有資料，接著再指派 CSS 選擇器即可（注意 pyquery 模組目前只接受 CSS 選擇器）；在 R 語言中我們使用 rvest 套件的 read_html() 函數取得網頁中所有資料，接著在 html_nodes() 函數中指派 CSS 選擇器或 XPath。

在 Python 中使用 pyquery

開始之前我們得先在終端機安裝好 pyquery 模組：

```
pip install pyquery
```

```
Collecting pyquery
  Downloading https://files.pythonhosted.org/packages/09/c7/ce8c9c37ab8ff8337faad3335c088d60bed4a35a4bed33a64f
Collecting lxml>=2.1 (from pyquery)
  Downloading https://files.pythonhosted.org/packages/a7/b9/ccf46cea0f698b40bca2a9c1a44039c336fe1988b82de4f735
  100% |                                          | 5.7MB 5.5MB/s
Collecting cssselect>0.7.9 (from pyquery)
  Downloading https://files.pythonhosted.org/packages/7b/44/25b7283e50585f0b4156960691d951b05d061abf4a71407835
Installing collected packages: lxml, cssselect, pyquery
Successfully installed cssselect-1.0.3 lxml-4.2.1 pyquery-1.4.0
```

▶ 在終端機安裝好 pyquery 模組

定義一個函數 get_movie_rating(movie_url) 讓使用者輸入不同電影的 IMDB 網址，就可以取得該電影的評分，值得注意的地方有：

✦ 定位到的網頁資料都會伴隨 html 標籤，使用 .text() 方法可以只擷取資料內容

✦ 從網頁擷取下來的資料為字串，我們可以使用 float() 函數轉換為浮點數

```
from pyquery import PyQuery as pq

def get_movie_rating(movie_url):
```

```
    rating_css = "strong span"                    # 評分的 CSS 選擇器

    movie_doc = pq(movie_url)                     # 取得網頁中所有的資料
    rating_elem = movie_doc(rating_css)           # 擷取評分資料
    movie_rating = float(rating_elem.text())      # 將標籤去除後轉換為浮點數
    return movie_rating

avenger_url = "https://www.imdb.com/title/tt4154756"
get_movie_rating(avenger_url)
## 8.6
```

再練習一次，定義一個函數 get_movie_genre(movie_url) 讓使用者輸
入不同電影的 IMDB 網址，就可以取得電影類型，值得注意的地方是類型
有三個，因此我們使用 list comprehension 將每一個有 html 標籤的電影類
型都取 text 屬性。

```
from pyquery import PyQuery as pq

def get_movie_genre(movie_url):
  genre_css = ".subtext a"
# 電影類型的 CSS 選擇器

  movie_doc = pq(movie_url)
# 取得網頁中所有的資料
  genre_elem = movie_doc(genre_css)
# 擷取評分資料
  movie_genre = [x.text.replace("\n", "").strip() for x in genre_elem]
# 將標籤去除
  movie_genre.pop()
# 將最後一個元素上映日期拋出
  return movie_genre

avenger_url = "https://www.imdb.com/title/tt4154756"
get_movie_genre(avenger_url)
## ['Action', 'Adventure', 'Fantasy']
```

再練習一次，定義一個函數 get_movie_cast(movie_url) 讓使用者輸入不同電影的 IMDB 網址，就可以取得演員名單，值得注意的地方是演員名單同樣是複數個，因此我們使用 list comprehension 將每一個有 html 標籤的演員名單都取 text 屬性。

```
from pyquery import PyQuery as pq

def get_movie_cast(movie_url):
  cast_css = ".primary_photo+ td a"
# 演員名單的 CSS 選擇器


  movie_doc = pq(movie_url)
# 取得網頁中所有的資料
  cast_elem = movie_doc(cast_css)
# 擷取演員名單資料
  cast_genre = [x.text.replace("\n", "").strip() for x in cast_elem]
# 將標籤去除
  return cast_genre

avenger_url = "https://www.imdb.com/title/tt4154756"
get_movie_cast(avenger_url)
## ['Robert Downey Jr.', 'Chris Hemsworth', 'Mark Ruffalo', 'Chris Evans',
'Scarlett Johansson', 'Don Cheadle', 'Benedict Cumberbatch', 'Tom
Holland', 'Chadwick Boseman', 'Zoe Saldana', 'Karen Gillan', 'Tom
Hiddleston', 'Paul Bettany', 'Elizabeth Olsen', 'Anthony Mackie']
```

最後一個練習，定義一個函數 get_movie_poster(movie_url) 讓使用者輸入不同電影的 IMDB 網址，就可以取得電影海報連結，值得注意的是電影海報連結是在 html 標籤的屬性中，因此我們改採用 .attr() 方法取出連結。

```
from pyquery import PyQuery as pq

def get_movie_poster(movie_url):
  poster_css = ".poster img"        # 電影海報的 CSS 選擇器


  movie_doc = pq(movie_url)         # 取得網頁中所有的資料
```

```
  poster_elem = movie_doc(poster_css) # 擷取電影海報資料
  poster = poster_elem.attr('src')     # 將標籤去除，保留連結
  return poster

avenger_url = "https://www.imdb.com/title/tt4154756"
get_movie_poster(avenger_url)
##
'https://m.media-amazon.com/images/M/MV5BMjMxNjY2MDI1OV5BM15BanBnXkFtZT
gwNzY1MTUwNTM@._V1_UX182_CR0,0,182,268_AL_.jpg'
```

在 R 語言中使用 rvest

定義一個函數 get_movie_rating(movie_url) 讓使用者輸入不同電影的
IMDB 網址，就可以取得該電影的評分，值得注意的地方有：

- ✦ 使用 read_html() 函數取得網頁中所有資料
- ✦ 使用 html_nodes() 函數利用 CSS 選擇器或 XPath 擷取出伴隨
  html 標籤的評分
- ✦ 使用 html_text() 函數可以去除 html 標籤，只留下資料內容
- ✦ 從網頁擷取下來的資料為字串，可以使用 as.numeric() 函數轉換
  為浮點數

```r
# install.packages(c("rvest", "magrittr"))
library(rvest)
library(magrittr) # 使用 %>% 運算子

get_movie_rating <- function(movie_url) {
  rating_css <- "strong span"
  rating_xpath <- "//strong/span"

  movie_rating <- movie_url %>%
    read_html() %>%                              # 取得網頁中所有的資料
    html_nodes(css = rating_css) %>%             # 擷取評分資料
    # html_nodes(xpath = rating_xpath) %>%       # 亦可以使用 XPath 擷取評分資料
    html_text() %>%                              # 去除 html 標籤
    as.numeric()                                 # 轉換為浮點數
```

```
  return(movie_rating)
}

avenger_url <- "https://www.imdb.com/title/tt4154756"
get_movie_rating(avenger_url)
## [1] 8.6
```

再練習一次，定義一個函數 get_movie_genre(movie_url) 讓使用者輸入不同電影的 IMDB 網址，就可以取得電影類型。

```
# install.packages(c("rvest", "magrittr"))
library(rvest)
library(magrittr) # 使用 %>% 運算子

get_movie_genre <- function(movie_url) {
  genre_css <- ".subtext a"
  genre_xpath <- "//div[@class='subtext']/a"

  movie_genre <- movie_url %>%
    read_html() %>%                           # 取得網頁中所有的資料
    html_nodes(xpath = genre_xpath) %>%       # 使用 XPath 擷取評分資料
    # html_nodes(css = genre_css) %>%   # 亦可以使用 CSS 選擇器擷取評分資料
    html_text()                               # 去除 html 標籤
  movie_genre_len <- length(movie_genre)
  movie_genre <- movie_genre %>%
    `[`(-movie_genre_len) %>%                 # 將最後一個元素上映日期刪去
    gsub(pattern = "\n", replacement = "") %>%  # 去除換行符號
    trimws(which = "both")                     # 去除前後空白

  return(movie_genre)
}

avenger_url <- "https://www.imdb.com/title/tt4154756"
get_movie_genre(avenger_url)
## [1] "Action"    "Adventure" "Fantasy"
```

再練習一次，定義一個函數 get_movie_cast(movie_url) 讓使用者輸入不同電影的 IMDB 網址，就可以取得演員名單。

```r
# install.packages(c("rvest", "magrittr"))
library(rvest)
library(magrittr) # 使用 %>% 運算子

get_movie_cast <- function(movie_url) {
  cast_css <- ".primary_photo+ td a"
  cast_xpath <- "//td[2]/a"

  movie_cast <- movie_url %>%
    read_html() %>%                              # 取得網頁中所有的資料
    html_nodes(xpath = cast_xpath) %>%           # 使用 XPath 擷取演員名單
    # html_nodes(css = cast_css) %>%      # 亦可以使用 CSS 選擇器擷取演員名
單
    html_text() %>%                              # 去除 html 標籤
    gsub(pattern = "\n", replacement = "") %>%  # 去除換行符號
    trimws(which = "both")                       # 去除前後空白
  return(movie_cast)
}

avenger_url <- "https://www.imdb.com/title/tt4154756"
get_movie_cast(avenger_url)
## [1] "Robert Downey Jr."     "Chris Hemsworth"
## [3] "Mark Ruffalo"          "Chris Evans"
## [5] "Scarlett Johansson"    "Don Cheadle"
## [7] "Benedict Cumberbatch"  "Tom Holland"
## [9] "Chadwick Boseman"      "Zoe Saldana"
## [11] "Karen Gillan"          "Tom Hiddleston"
## [13] "Paul Bettany"          "Elizabeth Olsen"
## [15] "Anthony Mackie"
```

最後一個練習，定義一個函數 get_movie_poster(movie_url) 讓使用者輸入不同電影的 IMDB 網址，就可以取得電影海報連結，值得注意的是電影海報連結是在 html 標籤的屬性中，因此我們改採用 html_attr() 函數取出連結。

```
# install.packages(c("rvest", "magrittr"))
library(rvest)
library(magrittr) # 使用 %>% 運算子

avenger_url <- "https://www.imdb.com/title/tt4154756"
get_movie_cast(avenger_url)

get_movie_poster <- function(movie_url) {
  poster_css <- ".poster img"

  movie_poster <- movie_url %>%
    read_html() %>%                 # 取得網頁中所有的資料
    html_nodes(css = poster_css) %>% # 使用 CSS 選擇器擷取電影海報連結
    html_attr("src")                 # 去除 html 標籤

  return(movie_poster)
}

avenger_url <- "https://www.imdb.com/title/tt4154756"
get_movie_poster(avenger_url)
## [1]
https://m.media-amazon.com/images/M/MV5BMjMxNjY2MDU1OV5BMl5BanBnXkFtZTg
wNzY1MTUwNTM@._V1_UX182_CR0,0,182,268_AL_.jpg
```

小結

本章介紹如何使用 Chrome 瀏覽器的外掛 Selector Gadget 與 XPath Helper 定位網頁中資料的位址，並且利用 Python 的 pyquery 模組與 R 語言的 rvest 套件擷取並解析網頁中的資料；但是使用者會發現每一部電影的網址，都是 IMDB 資料庫的一個流水編號，並無法透過電影標題獲得網址，在下一章動態擷取網頁內容，我們會介紹 Selenium 這個可以操控瀏覽器的解決方案來處理這個問題。

Chapter 5

動態擷取網頁內容

The world's most valuable resource is no longer oil, but data.

The Economist

獲取資料在資料科學專案中扮演發起點，如果這個資料科學專案目的是協助我們制定資料驅動的策略（data-driven strategy），而非倚賴直覺，那麼為專案細心盤點資料來源與整理獲取方法，可以為將來的決策奠基穩固的基礎。資料常見的來源包含三種：檔案、資料庫、網頁資料擷取。

在如何獲取資料：靜態擷取網頁內容小節中討論如何從常見資料來源（檔案、資料庫與網頁）中的第三種來源：網頁的 html 檔案中擷取資料，即為人耳熟能詳的爬蟲技巧，我們知道如何使用 CSS 選擇器與 XPath 定位網頁資料，然後分別使用 pyquery 模組與 rvest 套件分別解析至 Python 以及 R 語言中，不過在文末面對到一個問題：無法憑藉電影名稱對應到該電影資訊的頁面。於是我們求助 selenium 自動化網頁測試工具連接 Python，協助程式碼操控瀏覽器，進而前往含有指定電影資訊的網頁。在本書寫作期間 RSelenium 停止支援，因此本節僅包含 Python 部分。

5-1 修飾擷取電影資訊的函數

首先我們將先前撰寫過的函數再修飾一番，原本擷取電影特定電影的評分
（Rating）、劇情類型（Genre）、海報圖片連結（Poster）、演員名單（Cast）
是分開的四個函數；修飾成 get_movie_info(movie_url) 函數，可以將
四個電影資訊儲存在一個 Python 的 dict 中。

```python
from pyquery import PyQuery as pq

def get_movie_info(movie_url):
    """
    Get movie info from certain IMDB url
    """
    # 指定電影資訊的 CSS 選擇器
    rating_css = "strong span"
    genre_css = ".subtext a"
    poster_css = ".poster img"
    cast_css = ".primary_photo+ td a"

    movie_doc = pq(movie_url)
    # 擷取資訊
    rating_elem = movie_doc(rating_css)
    movie_rating = float(rating_elem.text())
    genre_elem = movie_doc(genre_css)
    movie_genre = [x.text.replace("\n", "").strip() for x in genre_elem]
    movie_genre.pop()
    movie_poster_elem = movie_doc(poster_css)
    movie_poster = movie_poster_elem.attr('src')
    movie_cast_elem = movie_doc(cast_css)
    movie_cast = [x.text.replace("\n", "").strip() for x in movie_cast_elem]

    # 回傳資訊
    movie_info = {
        "rating": movie_rating,
        "genre": movie_genre,
        "poster": movie_poster,
        "cast": movie_cast
```

```
    }
    return movie_info

avenger_url = "https://www.imdb.com/title/tt4154756"
get_movie_info(avenger_url)
## {'cast': ['Robert Downey Jr.',
##   'Chris Hemsworth',
##   'Mark Ruffalo',
##   'Chris Evans',
##   'Scarlett Johansson',
##   'Don Cheadle',
##   'Benedict Cumberbatch',
##   'Tom Holland',
##   'Chadwick Boseman',
##   'Zoe Saldana',
##   'Karen Gillan',
##   'Tom Hiddleston',
##   'Paul Bettany',
##   'Elizabeth Olsen',
##   'Anthony Mackie'],
## 'genre': ['Action', 'Adventure', 'Fantasy'],
## 'poster':
'https://m.media-amazon.com/images/M/MV5BMjMxNjY2MDU1OV5BMl5BanBnXkFtZT
gwNzY1MTUwNTM@._V1_UX182_CR0,0,182,268_AL_.jpg',
## 'rating': 8.6}
```

5-2　遭遇到的問題

將函數修飾過後，我們想利用它一次擷取多部電影資訊，像是 Marvel 漫威系列的復仇者聯盟、黑豹或鋼鐵人，這時就會發現一個問題，每一部電影資訊頁面的網址皆是 IMDB 資料庫的一個 id，例如 Avengers: Infinity War 的 id 是 tt4154756；而 Black Panther 的 id 是 tt1825683，因此要取得網址，得先在 IMDB 的搜尋對話框中輸入電影名稱，再前往電影資訊頁面，假如要大量擷取電影資訊，手動做法會耗費太多的力氣，得想一個更好的方法才行：這時我們求助可以操控瀏覽器的 Selenium 解決方案。

5-3 什麼是 Selenium

Selenium 是瀏覽器自動化的解決方案，主要是網頁應用程式測試目的，在資料科學團隊中運用於解決擷取網頁資料所碰到的問題，例如面對到需要登入、填寫表單或者點選按鈕後才會顯示出資料的網站。Python 採用的是 Selenium 中的 WebDriver 元件。

Python 透過 Selenium WebDriver 呼叫瀏覽器驅動程式，再由瀏覽器驅動程式去呼叫瀏覽器。

Selenium WebDriver 對 Google Chrome 與 Mozilla Firefox 兩個主流瀏覽器的支援最好，為了確保使用上不會碰到問題，建議都使用最新版的瀏覽器、瀏覽器驅動程式與模組。

5-4 下載瀏覽器

前往官方網站下載最新版的瀏覽器。

✦ Google Chrome

✦ Mozilla Firefox

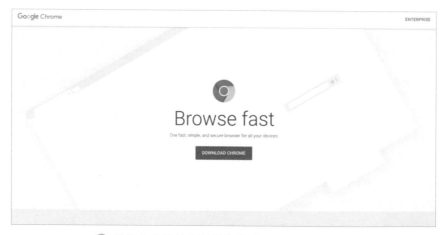

▶ 前往官方網站下載最新版的 Google Chrome

 前往官方網站下載最新版的 Mozilla Firefox

5-5　安裝 Selenium

Python

前往官方網站下載最新版的瀏覽器驅動程式，Chrome 瀏覽器的驅動程式名稱為 ChromeDriver，Firefox 瀏覽器的驅動程式名稱為 geckodriver。

- ✦ ChromeDriver
- ✦ geckodriver

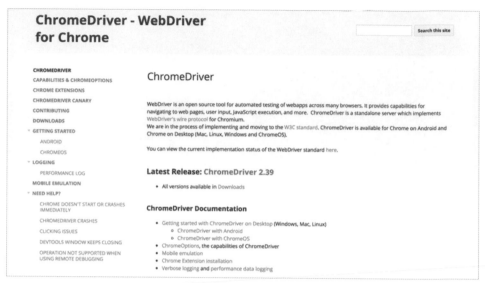

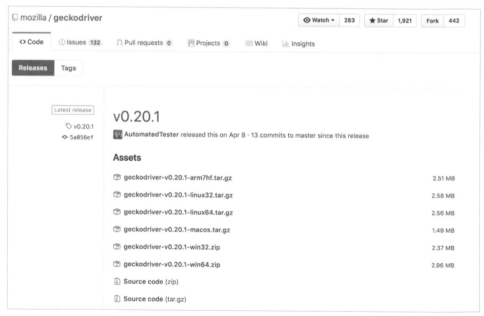

▶ 前往官方網站下載最新版的 ChromeDriver

▶ 前往官方網站下載最新版的 geckodriver

下載完成以後解壓縮在熟悉的路徑讓後續的指派較為方便，我習慣放在使用者家目錄的下載資料夾，因此路徑會是 `/Users/YOURUSERNAME/Downloads/chromedriver` 以及 `/Users/YOURUSERNAME/Downloads/geckodriver`，相同路徑 Windows 的使用者應該是 `C:/Users/YOURUSERNAME/Downloads/chromedriver.exe` 以及 `C:/Users/YOURUSERNAME/Downloads/geckodriver.exe`。

接著在終端機安裝 Selenium 模組。

```
pip install selenium
```

接著測試用程式碼透過 ChromeDriver 與 geckodriver 分別操控 Chrome 瀏覽器以及 Firefox 瀏覽器前往 IMDB 首頁並將首頁的網址印出再關閉瀏覽器。

```python
from selenium import webdriver

imdb_home = "https://www.imdb.com/"
driver = webdriver.Chrome(executable_path="YOURCHROMEDRIVERPATH") # Use Chrome
driver.get(imdb_home)
print(driver.current_url)
driver.close()
from selenium import webdriver

imdb_home = "https://www.imdb.com/"
driver = webdriver.Firefox(executable_path="YOURGECKODRIVERPATH") # Use Firefox
driver.get(imdb_home)
print(driver.current_url)
driver.close()
## https://www.imdb.com/
```

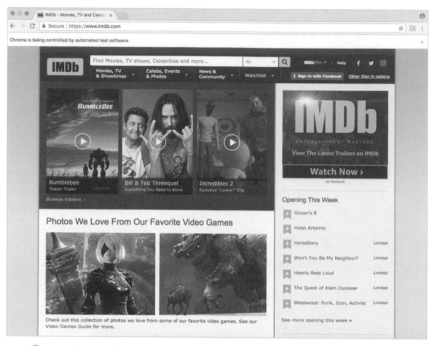

▶▶ 用程式碼透過 ChromeDriver 操控 Chrome 瀏覽器前往 IMDB 首頁

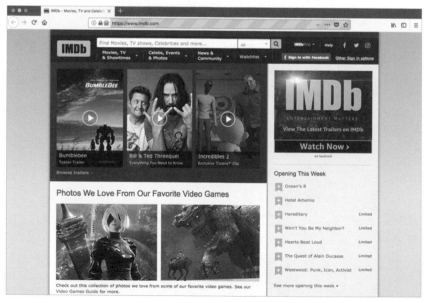

▶▶ 用程式碼透過 geckodriver 操控 Firefox 瀏覽器前往 IMDB 首頁

5-6 盤點手動操控的動作順序

測試完畢確認可以利用 Python 與 R 語言啟動 Chrome 以及 Firefox 瀏覽器之後，接著是盤點從 IMDB 首頁前往指定電影資訊頁面過程中，手動用滑鼠、鍵盤所操控的動作：

1. 前往 IMDB 首頁。

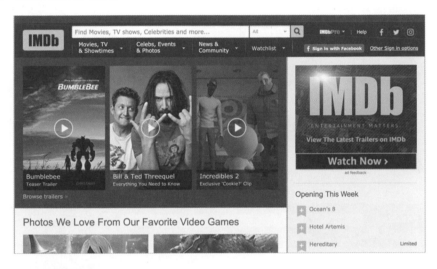

2. 在搜尋欄位輸入電影名稱。

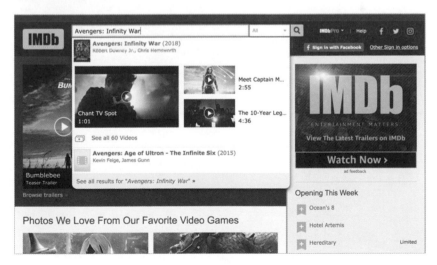

3. 點選搜尋按鈕。

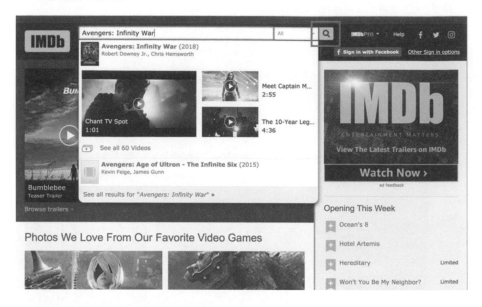

4. 點選符合度最高的連結（最上方）。

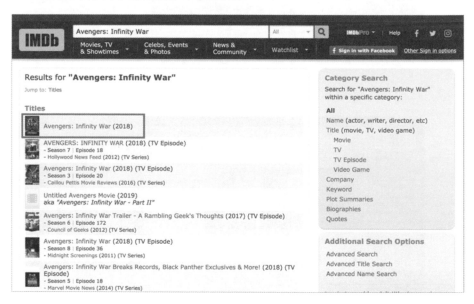

5.　來到指定電影資訊頁面。

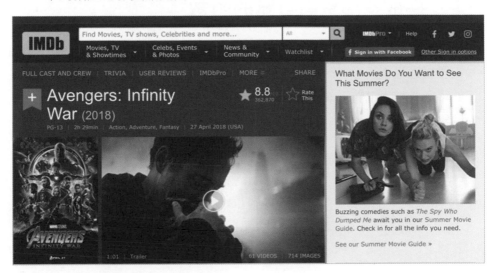

 5-7 盤點要使用到的方法

Python 使用的方法

+ `driver.get()`：前往 IMDB 首頁

+ `driver.find_element_by_xpath()` 或 `driver.find_element_by_css_selector()`：定位搜尋欄位、搜尋按鈕與搜尋結果連結

+ `driver.current_url`：取得當下瀏覽器的網址

+ `elem.send_keys()`：輸入電影名稱

+ `elem.click()`：按下搜尋按鈕與連結

5-8 擷取多部電影資訊的函數

接著建立 get_movies() 函數，輸入電影名稱、利用 Selenium 瀏覽到指定電影頁面最後再呼叫一開始修飾過的 get_movie_info() 函數，然後將多部電影的結果儲存到 Python 的 dict 中並以電影名稱作為標籤。

Python

```python
from selenium import webdriver
from random import randint
import time
from pyquery import PyQuery as pq


def get_movie_info(movie_url):
    """
    Get movie info from certain IMDB url
    """
    # 指定電影資訊的 CSS 選擇器
    rating_css = "strong span"
    genre_css = ".subtext a"
    poster_css = ".poster img"
    cast_css = ".primary_photo+ td a"

    movie_doc = pq(movie_url)
    # 擷取資訊
    rating_elem = movie_doc(rating_css)
    movie_rating = float(rating_elem.text())
    genre_elem = movie_doc(genre_css)
    movie_genre = [x.text.replace("\n", "").strip() for x in genre_elem]
    movie_genre.pop()
    movie_poster_elem = movie_doc(poster_css)
    movie_poster = movie_poster_elem.attr('src')
    movie_cast_elem = movie_doc(cast_css)
    movie_cast = [x.text.replace("\n", "").strip() for x in movie_cast_elem]

    # 回傳資訊
    movie_info = {
```

```python
            "rating": movie_rating,
            "genre": movie_genre,
            "poster": movie_poster,
            "cast": movie_cast
    }
    return movie_info

def get_movies(*args):
    """
    Get multiple movies' info from movie titles
    """
    imdb_home = "https://www.imdb.com/"
    driver = webdriver.Firefox(executable_path="YOURGECKODRIVERPATH") # Use Firefox
    movies = dict()
    for movie_title in args:
        # 前往 IMDB 首頁
        driver.get(imdb_home)
        # 定位搜尋欄位
        search_elem = driver.find_element_by_css_selector("#navbar-query")
        # 輸入電影名稱
        search_elem.send_keys(movie_title)
        # 定位搜尋按鈕
        submit_elem = driver.find_element_by_css_selector("#navbar-submit-button .navbarSprite")
        # 按下搜尋按鈕
        submit_elem.click()
        # 定位搜尋結果連結
        first_result_elem = driver.find_element_by_css_selector("#findSubHeader+ .findSection .odd:nth-child(1) .result_text a")
        # 按下搜尋結果連結
        first_result_elem.click()
        # 呼叫 get_movie_info()
        current_url = driver.current_url
        movie_info = get_movie_info(current_url)
        movies[movie_title] = movie_info
        time.sleep(randint(3, 8))
```

```
    driver.close()
    return movies

movies = get_movies("Avengers: Infinity War", "Black Panther")
print(movies["Avengers: Infinity War"])
print(movies["Black Panther"])
## {'rating': 8.8,
##  'genre': ['Action', 'Adventure', 'Fantasy'],
##  'poster':
'https://m.media-amazon.com/images/M/MV5BMjMxNjY2MDU1OV5BMl5BanBnXkFtZT
gwNzY1MTUwNTM@._V1_UX182_CR0,0,182,268_AL_.jpg',
##  'cast': ['Robert Downey Jr.',
##    'Chris Hemsworth',
##    'Mark Ruffalo',
##    'Chris Evans',
##    'Scarlett Johansson',
##    'Don Cheadle',
##    'Benedict Cumberbatch',
##    'Tom Holland',
##    'Chadwick Boseman',
##    'Zoe Saldana',
##    'Karen Gillan',
##    'Tom Hiddleston',
##    'Paul Bettany',
##    'Elizabeth Olsen',
##    'Anthony Mackie']}
```

 小結

本章說明如何使用 selenium 自動化網頁測試工具連接 Python，協助
程式碼操控瀏覽器，進而前往含有指定電影資訊的網頁。

Chapter 6

認識常見的資料結構

Tidy datasets are all alike, but every messy dataset is messy in its own way.

Hadley Wickham

經過如何獲取資料的探討之後，我們已經瞭解如何將常見的三個資料來源載入分析環境 Python 與 R 語言，接著要面對的課題是以適當的結構處理來源資料與轉換資料樣式，這兩類型的課題被總稱為 Data Wrangling（或者 Data Munging），Wrangling 或者 Munging 這兩個難以翻譯的動詞，傳達之意義就是掌控資料的能力，而掌控資料的能力建構在對資料結構的理解程度與操控資料框的技巧。

6-1 陣列

在科學計算中的運算單位往往不是單一數值（純量）而是一組數值，資料科學的陣列應用通常具備幾個特性：

- ✦ 可以進行元素級別運算（element-wise operation）
- ✦ 能夠不規則地選擇片段（slicing）
- ✦ 能夠以判斷條件篩選
- ✦ 僅容納單一型別

使用 Python 的 numpy.array() 方法與 R 語言的 c() 函數是最簡單建立陣列的方法，首先在終端機安裝 numpy 模組。

```
pip install numpy
```

以下展示的順序先是 Python 然後是 R 語言。

建立一個陣列，包含 11, 12, 13, 14, 15 這五個數字。

```
import numpy as np

arr = np.array([11, 12, 13, 14, 15])
print(arr)
print(type(arr))
## [11 12 13 14 15]
## <class 'numpy.ndarray'>
arr <- c(11, 12, 13, 14, 15)
arr
class(arr)
## [1] 11 12 13 14 15
## [1] "numeric"
```

若要從陣列中選出元素，可以使用中括號搭配元素的索引值，Python 的索引值左邊從 0 開始算起，右邊從 -1 開始算起；R 語言的索引值左邊從 1 開始算起。

```
import numpy as np

arr = np.array([11, 12, 13, 14, 15])

print(arr[0])            # 選最左邊
print(arr[-1])           # 選最右邊
print(arr[[0, 1, 4]])    # 不規則地選擇片段
## 11
## 15
## [11 12 15]
arr <- c(11, 12, 13, 14, 15)
arr[1]                   # 選最左邊
```

```
arr[length(arr)] # 選最右邊
arr[c(1, 2, 5)]  # 不規則地選擇片段
## [1] 11
## [1] 15
## [1] 11 12 15
```

如果希望更新其中元素的數值，只要選出來重新賦值即可，例如將 13 更換為 87。

```
import numpy as np

arr = np.array([11, 12, 13, 14, 15])
arr[2] = 87 # 將 13 更換為 87
print(arr)
## [11 12 87 14 15]
arr <- c(11, 12, 13, 14, 15)
arr[3] <- 87 # 將 13 更換為 87
arr
## [1] 11 12 87 14 15
```

假如希望新增數值，Python 可以使用 `np.append()` 或者 `np.insert()`，R 語言可以使用 `c()` 函數或 `append()` 函數。例如在原本的陣列中加入 87 與 99 兩個整數。

```
import numpy as np

arr = np.array([11, 12, 13, 14, 15])
arr = np.append(arr, 87)     # 在陣列的尾端加入 87
arr = np.insert(arr, 1, 99) # 在索引值 1 的位置加入 99
print(arr)
## [11 99 12 13 14 15 87]
arr <- c(11, 12, 13, 14, 15)
arr <- c(arr, 87)                              # 在陣列的尾端加入 87
arr <- append(arr, values = 99, after = 1) # 在索引值 1 之後加入 99
arr
## [1] 11 99 12 13 14 15 87
```

若要刪除數值 Python 可以使用 np.delete()，R 語言可以利用負索引值將特定數值刪除。例如在原本的陣列中刪除 13。

```
import numpy as np

arr = np.array([11, 12, 13, 14, 15])
arr = np.delete(arr, 2) # 刪除位於索引值 2 的 13
print(arr)
## [11 12 14 15]
arr <- c(11, 12, 13, 14, 15)
arr <- arr[-3] # 刪除位於索引值 3 的 13
arr
## [1] 11 12 14 15
```

陣列可以與一個純量或長度相同的陣列直接進行元素級別運算。

```
import numpy as np

arr = np.array([11, 12, 13, 14, 15])
print(arr + 2)    # 每個數字都加 2
print(arr - 2)    # 每個數字都減 2
print(arr * 2)    # 每個數字都乘 2
print(arr / 2)    # 每個數字都除以 2
print(arr**3)     # 每個數字都立方
print(arr % 2)    # 每個數字除以 2 的餘數
print(arr // 2)   # 每個數字除以 2 的商數
print(arr + arr) # 對應位置的每個數字相加
print(arr * arr) # 對應位置的每個數字相乘
## [13 14 15 16 17]
## [ 9 10 11 12 13]
## [22 24 26 28 30]
## [5.5 6.  6.5 7.  7.5]
## [1331 1728 2197 2744 3375]
## [1 0 1 0 1]
## [5 6 6 7 7]
## [22 24 26 28 30]
## [121 144 169 196 225]
arr <- c(11, 12, 13, 14, 15)
arr + 2    # 每個數字都加 2
```

```
arr - 2   # 每個數字都減 2
arr * 2   # 每個數字都乘 2
arr / 2   # 每個數字都除以 2
arr**3    # 每個數字都立方
arr %% 2  # 每個數字除以 2 的餘數
arr %/% 2 # 每個數字除以 2 的商數
arr + arr # 對應位置的每個數字相加
arr * arr # 對應位置的每個數字相乘
## [1] 13 14 15 16 17
## [1]  9 10 11 12 13
## [1] 22 24 26 28 30
## [1] 5.5 6.0 6.5 7.0 7.5
## [1] 1331 1728 2197 2744 3375
## [1] 1 0 1 0 1
## [1] 5 6 6 7 7
## [1] 22 24 26 28 30
## [1] 121 144 169 196 225
```

實務上選擇陣列中的元素，更常見的是利用判斷條件篩選，例如從原有的數列中選出偶數：

```
import numpy as np

arr = np.array([11, 12, 13, 14, 15])
is_even = arr % 2 == 0
print(is_even)
print(arr[is_even])
## [False  True False  Truc False]
## [12 14]
arr <- c(11, 12, 13, 14, 15)
is_even <- arr %% 2 == 0
is_even
arr[is_even]
## [1] FALSE  TRUE FALSE  TRUE FALSE
## [1] 12 14
```

使用 for 迴圈可以迭代陣列，在 Python 中我們應用 enumerate() 函數同時取得索引與數值。

```
import numpy as np

arr = np.array([11, 12, 13, 14, 15])
for idx, val in enumerate(arr):
  print("位於索引值 {} 的數字是 {}".format(idx, val))
arr <- c(11, 12, 13, 14, 15)
for (idx in 1:length(arr)) {
  print(sprintf("位於索引值 %i 的數字是 %i", idx, arr[idx]))
}
## [1] "位於索引值 1 的數字是 11"
## [1] "位於索引值 2 的數字是 12"
## [1] "位於索引值 3 的數字是 13"
## [1] "位於索引值 4 的數字是 14"
## [1] "位於索引值 5 的數字是 15"
```

陣列僅能容納單一種型別，Python 與 R 語言的陣列都會自動做好型別轉換，優先順序由高至低依序為：文字、浮點數、整數與布林值（邏輯值），也就是説將布林值（邏輯值）與整數同時放置在陣列中時會都換為整數、若同時有布林值（邏輯值）、整數與浮點數則換為浮點數、假如有布林值（邏輯值）、整數、浮點數與文字就換為文字。

```
import numpy as np

arr = np.array([True, False, 87])        # 同時有布林值與整數換為整數
print(arr)
print(arr.dtype)
print("\n")
arr = np.append(arr, 8.7)                # 同時有布林值、整數與浮點數換為浮點數
print(arr)
print(arr.dtype)
print("\n")
arr = np.append(arr, "Luke Skywalker")   # 同時有布林值、整數、浮點數與文字換為
文字
print(arr)
print(arr.dtype)
## [ 1  0 87]
## int64
##
```

```
## [ 1.   0. 87.  8.7]
## float64
##
## ['1.0' '0.0' '87.0' '8.7' 'Luke Skywalker']
## <U32
arr <- c(TRUE, FALSE, 87L)       # 同時有邏輯值與整數換為整數
arr
class(arr)
writeLines("\n")
arr <- c(arr, 8.7)               # 同時有邏輯值、整數與浮點數換為浮點數
arr
class(arr)
writeLines("\n")
arr <- c(arr, "Luke Skywalker")  # 同時有邏輯值、整數、浮點數與文字換為文字
arr
class(arr)
## [1]  1  0 87
## [1] "integer"


## [1]  1.0  0.0 87.0  8.7
## [1] "numeric"


## [1] "1"             "0"             "87"            "8.7"           "Luke
Skywalker"
## [1] "character"
```

6-2 向量、矩陣與張量

使用 Python 的 numpy.array() 方法與 R 語言的 matrix() 與 array() 函數能夠建立出向量、矩陣與張量；向量其實就是一維陣列，外觀為 m x 1 的矩陣；矩陣則是 m x n 的二維陣列；三維以上的陣列均稱為張量。對 Python 而言，都只是外型不同的 ndarray，並沒有其他的型別；在 R 語言中 matrix 型別對應矩陣，array 型別對應張量。向量、矩陣與張量不過就是外型與維度更多的陣列，因此也都具備陣列的特性，像是可以進行元素級別運算

（element-wise operation）、能夠不規則地選擇片段（slicing）、能夠以判斷條件篩選與僅容納單一型別等。

以下展示的順序先是 Python 然後是 R 語言。建立一個 5 x 1 的向量，包含 11, 12, 13, 14, 15 這五個數字。

```
import numpy as np

vec = np.array([11, 12, 13, 14, 15]).reshape(5, 1)
print(vec)
print(vec.shape)
## [[11]
##  [12]
##  [13]
##  [14]
##  [15]]
## (5, 1)
vec <- matrix(c(11, 12, 13, 14, 15))
vec
dim(vec)
##      [,1]
## [1,]   11
## [2,]   12
## [3,]   13
## [4,]   14
## [5,]   15
## [1] 5 1
```

建立一個 2 x 5 的矩陣，包含 11 到 20 這十個數字。

```
import numpy as np

mat = np.arange(11, 21).reshape(2, 5)
print(mat)
print(mat.shape)
## [[11 12 13 14 15]
##  [16 17 18 19 20]]
## (2, 5)
```

```r
mat <- matrix(11:20, nrow = 2, byrow = TRUE)
mat
dim(mat)
##      [,1] [,2] [,3] [,4] [,5]
## [1,]   11   12   13   14   15
## [2,]   16   17   18   19   20
## [1] 2 5
```

建立一個外觀有 2 個 3 x 4 矩陣的張量，包含 11 到 34 這 24 個數字。
Python 與 R 語言在張量外觀的描述上略有不同，像是 Python 描述外觀為
(2, 3, 4)，而 R 語言則為 (3, 4, 2)，而我們為了讓張量外觀相同（都依照列
的方向去填滿）在 R 語言用了巢狀迴圈填滿。

```python
import numpy as np

tensor = np.arange(11, 35).reshape(2, 3, 4)
print(tensor)
print(tensor.shape)
## [[[11 12 13 14]
##   [15 16 17 18]
##   [19 20 21 22]]
##
##  [[23 24 25 26]
##   [27 28 29 30]
##   [31 32 33 34]]]
## (2, 3, 4)
to_fill <- 11:34
tensor <- array(NA, c(3, 4, 2))
for (i in 1:2) {
  for (j in 1:3) {
    for (k in 1:4) {
      tensor[j, k, i] <- to_fill[1]
      to_fill <- to_fill[-1]
    }
  }
}
tensor
dim(tensor)
```

```
## , , 1

##      [,1] [,2] [,3] [,4]
## [1,]   11   12   13   14
## [2,]   15   16   17   18
## [3,]   19   20   21   22

## , , 2

##      [,1] [,2] [,3] [,4]
## [1,]   23   24   25   26
## [2,]   27   28   29   30
## [3,]   31   32   33   34

## [1] 3 4 2
```

若要從向量、矩陣或者張量中選出元素，與陣列相同可以使用中括號搭配元素的索引值，值得注意的一點是，現在的維度皆為 2 個以上，指定位置的時候記得依照維度給予索引值，例如分別從向量、矩陣與張量中選出 15 這個數字。

```
import numpy as np

vec = np.array([11, 12, 13, 14, 15]).reshape(5, 1)
mat = np.arange(11, 21).reshape(2, 5)
tensor = np.arange(11, 35).reshape(2, 3, 4)

print(vec[4, 0])       # 15 位於 (4, 0)
print(mat[0, 4])       # 15 位於 (0, 4)
print(tensor[0, 1, 0]) # 15 位於 (0, 1, 0)
## 15
## 15
## 15
vec <- matrix(c(11, 12, 13, 14, 15))
mat <- matrix(11:20, nrow = 2, byrow = TRUE)
to_fill <- 11:34
tensor <- array(NA, c(3, 4, 2))
for (i in 1:2) {
```

```
  for (j in 1:3) {
    for (k in 1:4) {
      tensor[j, k, i] <- to_fill[1]
      to_fill <- to_fill[-1]
    }
  }
}
vec[5, 1]       # 15 位於 (5, 1)
mat[1, 5]       # 15 位於 (1, 5)
tensor[2, 1, 1] # 15 位於 (2, 1, 1)
## [1] 15
## [1] 15
## [1] 15
```

我們同樣能利用判斷條件篩選向量、矩陣與張量中的元素，例如從其中選
出偶數，篩選後的外型會還原成陣列。

```
import numpy as np

vec = np.array([11, 12, 13, 14, 15]).reshape(5, 1)
mat = np.arange(11, 21).reshape(2, 5)
tensor = np.arange(11, 35).reshape(2, 3, 4)

print(vec[vec % 2 == 0])
print(mat[mat % 2 == 0])
print(tensor[tensor % 2 == 0])
## [12 14]
## [12 14 16 18 20]
## [12 14 16 18 20 22 24 26 28 30 32 34]

vec <- matrix(c(11, 12, 13, 14, 15))
mat <- matrix(11:20, nrow = 2, byrow = TRUE)
to_fill <- 11:34
tensor <- array(NA, c(3, 4, 2))
for (i in 1:2) {
  for (j in 1:3) {
    for (k in 1:4) {
      tensor[j, k, i] <- to_fill[1]
      to_fill <- to_fill[-1]
```

```
    }
  }
}

vec[vec %% 2 == 0]
mat[mat %% 2 == 0]
tensor[tensor %% 2 == 0]
## [1] 12 14
## [1] 16 12 18 14 20
## [1] 12 16 20 14 18 22 24 28 32 26 30 34
```

6-3 資料框

使用 Python 的 `pandas.DataFrame()` 方法與 R 語言的 `data.frame()` 函數能夠建立出資料框；資料框（Dataframe）是 Python 與 R 語言用來處理表格式資料（tabular data）的資料結構，它的外觀跟矩陣相似具有列與欄，但是增強了列索引值與欄索引值的功能，並容許每一個欄位（變數）具有自己的型別。資料科學團隊通常花費很多的時間與資料框周旋，我們會在後續章節詳細探討資料框操作技巧。

以下展示的順序先是 Python 然後是 R 語言。建立一個 1995 至 1996 年球季芝加哥公牛隊先發陣容的資料框，這是一個 5 x 2 的資料框，紀錄五個先發球員的背號與姓名。

```
import pandas as pd

numbers = [9, 23, 33, 91, 13]
players = ["Ron Harper", "Michael Jordan", "Scottie Pippen", "Dennis
Rodman", "Luc Longley"]
df = pd.DataFrame()
df["number"] = numbers
df["players"] = players
df
```

	number	player
0	9	Ron Harper
1	23	Michael Jordan
2	33	Scottie Pippen
3	91	Dennis Rodman
4	13	Luc Longley

▶ 5 x 2 的資料框，紀錄五個先發球員的背號與姓名

```
numbers <- c(9, 23, 33, 91, 13)
players <- c("Ron Harper", "Michael Jordan", "Scottie Pippen", "Dennis
Rodman", "Luc Longley")
df <- data.frame(number = numbers, player = players, stringsAsFactors =
FALSE)
View(df)
```

	number	player
1	9	Ron Harper
2	23	Michael Jordan
3	33	Scottie Pippen
4	91	Dennis Rodman
5	13	Luc Longley

▶ 5 x 2 的資料框，紀錄五個先發球員的背號與姓名

在 Python 中一個資料框可以解構多組 Series，而 Series 又能解構為 ndarray；而 R 語言中一個資料框可以解構為多組陣列，因此可以理解為一但從資料框選出變數就具備了陣列特性，解構的方式為在中括號裡頭加入變數名稱，例如從資料框中選出 player 變數。

```
import pandas as pd

numbers = [9, 23, 33, 91, 13]
```

```
players = ["Ron Harper", "Michael Jordan", "Scottie Pippen", "Dennis
Rodman", "Luc Longley"]
df = pd.DataFrame()
df["number"] = numbers
df["player"] = players
print(df["player"])                    # 解構為 Series
print(type(df["player"]))
print(df["player"].values)             # 解構為 ndarray
print(type(df["player"].values))
## 0        Ron Harper
## 1    Michael Jordan
## 2    Scottie Pippen
## 3     Dennis Rodman
## 4       Luc Longley
## Name: player, dtype: object
## <class 'pandas.core.series.Series'>
## ['Ron Harper' 'Michael Jordan' 'Scottie Pippen' 'Dennis Rodman'  'Luc
Longley']
## <class 'numpy.ndarray'>
numbers <- c(9, 23, 33, 91, 13)
players <- c("Ron Harper", "Michael Jordan", "Scottie Pippen", "Dennis
Rodman", "Luc Longley")
df <- data.frame(number = numbers, player = players, stringsAsFactors =
FALSE)
df[, "player"]
class(df[, "player"])
## [1] "Ron Harper"     "Michael Jordan" "Scottie Pippen" "Dennis Rodman"
"Luc Longley"
## [1] "character"
```

從資料框中選出元素可以使用中括號搭配元素的索引值，值得注意的一點
是，現在的維度為 2，指定位置的時候應該以 [m, n] 的寫法，例如選出
Michael Jordan。

```
import pandas as pd

numbers = [9, 23, 33, 91, 13]
players = ["Ron Harper", "Michael Jordan", "Scottie Pippen", "Dennis
Rodman", "Luc Longley"]
```

```
df = pd.DataFrame()
df["number"] = numbers
df["player"] = players
mj = df.iloc[1, 1]      # Michael Jordan 位於 (1, 1)
print(mj)
## Michael Jordan
numbers <- c(9, 23, 33, 91, 13)
players <- c("Ron Harper", "Michael Jordan", "Scottie Pippen", "Dennis
Rodman", "Luc Longley")
df <- data.frame(number = numbers, player = players, stringsAsFactors =
FALSE)
df[2, 2] # # Michael Jordan 位於 (2, 2)
## [1] "Michael Jordan"
```

利用判斷條件篩選資料框中的觀測值，例如從其中選出背號為 23、33 與
91 號的公牛隊鐵三角 Michael Jordan、Scottie Pippen 與 Dennis
Rodman。我們有三個數字相等的條件，與其使用三個條件聯集（背號 ==
23 | 背號 ==33 | 背號 == 91），我更推薦使用 in 這樣的判斷符號，寫起
來比較簡潔。

```
import pandas as pd

numbers = [9, 23, 33, 91, 13]
players = ["Ron Harper", "Michael Jordan", "Scottie Pippen", "Dennis
Rodman", "Luc Longley"]
df = pd.DataFrame()
df["number"] = numbers
df["player"] = players
trio = df["number"].isin([23, 33, 91])
print(trio)
df[trio]
## 0     False
## 1      True
## 2      True
## 3      True
## 4     False
## Name: number, dtype: bool
```

	number	player
1	23	Michael Jordan
2	33	Scottie Pippen
3	91	Dennis Rodman

🔎 選出背號為 23、33 與 91 號的公牛隊鐵三角

```
numbers <- c(9, 23, 33, 91, 13)
players <- c("Ron Harper", "Michael Jordan", "Scottie Pippen", "Dennis
Rodman", "Luc Longley")
df <- data.frame(number = numbers, player = players, stringsAsFactors =
FALSE)
trio <- df[, "number"] %in% c(23, 33, 91)
trio
View(df[trio, ])
## [1] FALSE  TRUE  TRUE  TRUE FALSE
```

	number	player
2	23	Michael Jordan
3	33	Scottie Pippen
4	91	Dennis Rodman

🔎 選出背號為 23、33 與 91 號的公牛隊鐵三角

關於更多資料框操作技巧，我們會在下兩個小節基礎資料框操作技巧與進階資料框的操作技巧中詳細探討。

6-4 清單

資料科學團隊時常仰賴一種彈性極大的資料結構，彌補前述介紹資料結構為了便利科學計算而產生的侷限（例如陣列僅能儲存單一型別、資料框僅能處理對稱形式的表格等），這種彈性極大的資料結構在 Python 中是 list 與 dict 型別，而在 R 語言中則是 list 與有命名的 list，可以儲存任何型別、長度與

外觀的資料，所對應的外部檔案格式就是 NoSQL 資料庫所使用的 JSON 檔案，例如使用清單類型的資料結構儲存 1995 至 1996 年的芝加哥公牛隊的一些基本資訊，這些資本資訊中，像是隊伍名稱和總教練是文字、助理教練則是 list 而戰績與先發陣容則是 dict（有命名的 list），從這裡就能夠對資料結構在儲存上具備的彈性一覽無遺。

以下展示的順序先是 Python 然後是 R 語言。

```python
team_name = "Chicago Bulls"
season = "1995-96"
records = {
    "wins": 72,
    "losses": 10
}
coach = "Phil Jackson"
assistant_coach = ["Jim Cleamons", "John Paxson", "Jimmy Rodgers", "Tex
Winter"]
starting_lineups = {
    "PG": "Ron Harper",
    "SG": "Michael Jordan",
    "SF": "Scottie Pippen",
    "PF": "Dennis Rodman",
    "C": "Luc Longley"
}

# 以 list 儲存
cb_list = [team_name, season, records, coach, assistant_coach,
starting_lineups]
# 以 dict 儲存
cb_dict = {
    "team_name": team_name,
    "season": season,
    "records": records,
    "coach": coach,
    "assistant_coach": assistant_coach,
    "starting_lineups": starting_lineups
}
```

```
print(type(cb_list))
print(type(cb_dict))
## <class 'list'>
## <class 'dict'>
team_name <- "Chicago Bulls"
season <- "1995-96"
records <- list(wins = 72, losses = 10)
coach <- "Phil Jackson"
assistant_coach <- c("Jim Cleamons", "John Paxson", "Jimmy Rodgers", "Tex
Winter")
starting_lineups <- list(
  PG = "Ron Harper",
  SG = "Michael Jordan",
  SF = "Scottie Pippen",
  PF = "Dennis Rodman",
  C = "Luc Longley"
)

# 以 list 儲存
cb_list <- list(team_name, season, records, coach, assistant_coach,
starting_lineups)
# 以 named list 儲存
cb_named_list <- list(
  team_name = team_name,
  season = season,
  records = records,
  coach = coach,
  assistant_coach = assistant_coach,
  starting_lineups = starting_lineups
)
class(cb_list)
class(cb_named_list)
## [1] "list"
## [1] "list"
```

在 Python 與 R 語言的 list 中選擇元素與陣列相同都是使用中括號與索引值（注意 **R 語言要使用雙重中括號！**）而 Python 的 dict 與 R 語言的 named list 既然有標籤（key），就改以標籤選擇。

```
team_name = "Chicago Bulls"
season = "1995-96"
records = {
    "wins": 72,
    "losses": 10
}
coach = "Phil Jackson"
assistant_coach = ["Jim Cleamons", "John Paxson", "Jimmy Rodgers", "Tex
Winter"]
starting_lineups = {
    "PG": "Ron Harper",
    "SG": "Michael Jordan",
    "SF": "Scottie Pippen",
    "PF": "Dennis Rodman",
    "C": "Luc Longley"
}

# 以 list 儲存
cb_list = [team_name, season, records, coach, assistant_coach,
starting_lineups]
# 以 dict 儲存
cb_dict = {
    "team_name": team_name,
    "season": season,
    "records": records,
    "coach": coach,
    "assistant_coach": assistant_coach,
    "starting_lineups": starting_lineups
}
print(cb_list[-2][1])                    # 選出助理教練 John Paxson
print(cb_dict["starting_lineups"]["SG"]) # 選出 Michael Jordan
## John Paxson
## Michael Jordan
team_name <- "Chicago Bulls"
season <- "1995-96"
records <- list(wins = 72, losses = 10)
coach <- "Phil Jackson"
assistant_coach <- c("Jim Cleamons", "John Paxson", "Jimmy Rodgers", "Tex
Winter")
starting_lineups <- list(
```

```
  PG = "Ron Harper",
  SG = "Michael Jordan",
  SF = "Scottie Pippen",
  PF = "Dennis Rodman",
  C = "Luc Longley"
)

# 以 list 儲存
cb_list <- list(team_name, season, records, coach, assistant_coach,
starting_lineups)
# 以 named list 儲存
cb_named_list <- list(
  team_name = team_name,
  season = season,
  records = records,
  coach = coach,
  assistant_coach = assistant_coach,
  starting_lineups = starting_lineups
)
cb_list[[5]][2]                               # 選出助理教練 John Paxson
cb_named_list[["starting_lineups"]][["SG"]]   # 選出 Michael Jordan
## [1] "John Paxson"
## [1] "Michael Jordan"
```

欲新增元素的時候，Python 的 list 使用 .append() 方法，而 R 語言使用 c() 函數；如果是 Python 的 dict 以及 R 語言的 named list 則可以指定一組新的標籤（key）與值（value）。

```
team_name = "Chicago Bulls"
season = "1995-96"
records = {
    "wins": 72,
    "losses": 10
}
coach = "Phil Jackson"
assistant_coach = ["Jim Cleamons", "John Paxson", "Jimmy Rodgers", "Tex
Winter"]
starting_lineups = {
```

```python
    "PG": "Ron Harper",
    "SG": "Michael Jordan",
    "SF": "Scottie Pippen",
    "PF": "Dennis Rodman",
    "C": "Luc Longley"
}

# 以 list 儲存
cb_list = [team_name, season, records, coach, assistant_coach,
starting_lineups]
# 以 dict 儲存
cb_dict = {
    "team_name": team_name,
    "season": season,
    "records": records,
    "coach": coach,
    "assistant_coach": assistant_coach,
    "starting_lineups": starting_lineups
}

# 新增是否獲得總冠軍
is_champion = True
cb_list.append(is_champion)
cb_dict["is_champion"] = is_champion
print(cb_list[-1])            # 確認新增成功
print(cb_dict["is_champion"]) # 確認新增成功
## True
## True
team_name <- "Chicago Bulls"
season <- "1995-96"
records <- list(wins = 72, losses = 10)
coach <- "Phil Jackson"
assistant_coach <- c("Jim Cleamons", "John Paxson", "Jimmy Rodgers", "Tex
Winter")
starting_lineups <- list(
  PG = "Ron Harper",
  SG = "Michael Jordan",
  SF = "Scottie Pippen",
  PF = "Dennis Rodman",
  C = "Luc Longley"
```

```
)

# 以 list 儲存
cb_list <- list(team_name, season, records, coach, assistant_coach,
starting_lineups)
# 以 named list 儲存
cb_named_list <- list(
  team_name = team_name,
  season = season,
  records = records,
  coach = coach,
  assistant_coach = assistant_coach,
  starting_lineups = starting_lineups
)
# 新增是否獲得總冠軍
is_champion <- TRUE
cb_list <- c(cb_list, is_champion)
cb_named_list[["is_champion"]] <- is_champion
cb_list[[length(cb_list)]]         # 確認新增成功
cb_named_list[["is_champion"]]  # 確認新增成功
## [1] TRUE
## [1] TRUE
```

欲更新元素的時候，選擇出指定元素並賦值即可。

```
team_name = "Chicago Bulls"
season = "1995-96"
records = {
    "wins": 72,
    "losses": 10
}
coach = "Phil Jackson"
assistant_coach = ["Jim Cleamons", "John Paxson", "Jimmy Rodgers", "Tex
Winter"]
starting_lineups = {
    "PG": "Ron Harper",
    "SG": "Michael Jordan",
    "SF": "Scottie Pippen",
    "PF": "Dennis Rodman",
```

```python
        "C": "Luc Longley"
}

# 以 list 儲存
cb_list = [team_name, season, records, coach, assistant_coach,
starting_lineups]
# 以 dict 儲存
cb_dict = {
    "team_name": team_name,
    "season": season,
    "records": records,
    "coach": coach,
    "assistant_coach": assistant_coach,
    "starting_lineups": starting_lineups
}

# 更新戰績
new_records = {
    "wins": 72,
    "losses": 10,
    "winning_percent": "{0:.2f}%".format(72/82*100)
}
cb_list[2] = new_records
cb_dict["records"] = new_records
print(cb_list[2])            # 確定更新成功
print(cb_dict["records"]) # 確定更新成功
## {'wins': 72, 'losses': 10, 'winning_percent': '87.80%'}
## {'wins': 72, 'losses': 10, 'winning_percent': '87.80%'}
```

```r
team_name <- "Chicago Bulls"
season <- "1995-96"
records <- list(wins = 72, losses = 10)
coach <- "Phil Jackson"
assistant_coach <- c("Jim Cleamons", "John Paxson", "Jimmy Rodgers", "Tex
Winter")
starting_lineups <- list(
  PG = "Ron Harper",
  SG = "Michael Jordan",
  SF = "Scottie Pippen",
  PF = "Dennis Rodman",
  C = "Luc Longley"
```

```
)

# 以 list 儲存
cb_list <- list(team_name, season, records, coach, assistant_coach,
starting_lineups)
# 以 named list 儲存
cb_named_list <- list(
  team_name = team_name,
  season = season,
  records = records,
  coach = coach,
  assistant_coach = assistant_coach,
  starting_lineups = starting_lineups
)

# 更新戰績
new_records <- list(
  wins = 72,
  losses = 10,
  winning_percent = sprintf("%.2f%%", 72/82*100)
)
cb_list[[3]] <- new_records
cb_named_list[["records"]] <- new_records
cb_list[[3]]                  # 確定更新成功
cb_named_list[["records"]] # 確定更新成功
## $wins
## [1] 72

## $losses
## [1] 10

## $winning_percent
## [1] "87.80%"

## $wins
## [1] 72

## $losses
## [1] 10
```

```
## $winning_percent
## [1] "87.80%"
```

使用 for 迴圈可以迭代 Python 與 R 語言的清單資料結構，在 Python 中面對
list 亦可以應用 enumerate() 同時取用索引與值，而面對 dict 則可以應
用 .items() 方法同時取用標籤（key）與值。

```
team_name = "Chicago Bulls"
season = "1995-96"
records = {
    "wins": 72,
    "losses": 10
}
coach = "Phil Jackson"
assistant_coach = ["Jim Cleamons", "John Paxson", "Jimmy Rodgers", "Tex
Winter"]
starting_lineups = {
    "PG": "Ron Harper",
    "SG": "Michael Jordan",
    "SF": "Scottie Pippen",
    "PF": "Dennis Rodman",
    "C": "Luc Longley"
}

# 以 list 儲存
cb_list = [team_name, season, records, coach, assistant_coach,
starting_lineups]
# 以 dict 儲存
cb_dict = {
    "team_name": team_name,
    "season": season,
    "records": records,
    "coach": coach,
    "assistant_coach": assistant_coach,
    "starting_lineups": starting_lineups
}

# 迭代 list
```

```
for idx, elem in enumerate(cb_list):
  print("位於索引值 {} 的元素是：".format(idx))
  print(elem)
print("============")
# 迭代 dict
for key, value in cb_dict.items():
  print("位於標籤 {} 的值是：".format(key))
  print(value)
## 位於索引值 0 的元素是：
## Chicago Bulls
## 位於索引值 1 的元素是：
## 1995-96
## 位於索引值 2 的元素是：
## {'wins': 72, 'losses': 10}
## 位於索引值 3 的元素是：
## Phil Jackson
## 位於索引值 4 的元素是：
## ['Jim Cleamons', 'John Paxson', 'Jimmy Rodgers', 'Tex Winter']
## 位於索引值 5 的元素是：
## {'PG': 'Ron Harper', 'SG': 'Michael Jordan', 'SF': 'Scottie Pippen',
'PF': 'Dennis Rodman', 'C': 'Luc Longley'}
## ============
## 位於標籤 team_name 的值是：
## Chicago Bulls
## 位於標籤 season 的值是：
## 1995-96
## 位於標籤 records 的值是：
## {'wins': 72, 'losses': 10}
## 位於標籤 coach 的值是：
## Phil Jackson
## 位於標籤 assistant_coach 的值是：
## ['Jim Cleamons', 'John Paxson', 'Jimmy Rodgers', 'Tex Winter']
## 位於標籤 starting_lineups 的值是：
## {'PG': 'Ron Harper', 'SG': 'Michael Jordan', 'SF': 'Scottie Pippen',
'PF': 'Dennis Rodman', 'C': 'Luc Longley'}
team_name <- "Chicago Bulls"
season <- "1995-96"
records <- list(wins = 72, losses = 10)
coach <- "Phil Jackson"
```

```r
assistant_coach <- c("Jim Cleamons", "John Paxson", "Jimmy Rodgers", "Tex
Winter")
starting_lineups <- list(
  PG = "Ron Harper",
  SG = "Michael Jordan",
  SF = "Scottie Pippen",
  PF = "Dennis Rodman",
  C = "Luc Longley"
)

# 以 list 儲存
cb_list <- list(team_name, season, records, coach, assistant_coach,
starting_lineups)
# 以 named list 儲存
cb_named_list <- list(
  team_name = team_name,
  season = season,
  records = records,
  coach = coach,
  assistant_coach = assistant_coach,
  starting_lineups = starting_lineups
)
# 迭代 list
for (i in 1:length(cb_list)) {
  print(sprintf("位於索引值 %i 的元素是：", i))
  print(cb_list[[i]])
}
print("============")
# 迭代 named list
cb_list_names <- names(cb_named_list)
for (i in 1:length(cb_list_names)) {
  print(sprintf("位於標籤 %s 的元素是：", cb_list_names[i]))
  print(cb_named_list[[cb_list_names[i]]])
}
## [1] "位於索引值 1 的元素是："
## [1] "Chicago Bulls"
## [1] "位於索引值 2 的元素是："
## [1] "1995-96"
## [1] "位於索引值 3 的元素是："
## $wins
```

```
## [1] 72

## $losses
## [1] 10

## [1] "位於索引值 4 的元素是："
## [1] "Phil Jackson"
## [1] "位於索引值 5 的元素是："
## [1] "Jim Cleamons"  "John Paxson"    "Jimmy Rodgers" "Tex Winter"
## [1] "位於索引值 6 的元素是："
## $PG
## [1] "Ron Harper"

## $SG
## [1] "Michael Jordan"

## $SF
## [1] "Scottie Pippen"

## $PF
## [1] "Dennis Rodman"

## $C
## [1] "Luc Longley"

## [1] "============="
## [1] "位於標籤 team_name 的元素是："
## [1] "Chicago Bulls"
## [1] "位於標籤 season 的元素是："
## [1] "1995-96"
## [1] "位於標籤 records 的元素是："
## $wins
## [1] 72

## $losses
## [1] 10

## [1] "位於標籤 coach 的元素是："
## [1] "Phil Jackson"
## [1] "位於標籤 assistant_coach 的元素是："
```

```
## [1] "Jim Cleamons"  "John Paxson"    "Jimmy Rodgers" "Tex Winter"
## [1] "位於標籤 starting_lineups 的元素是："
## $PG
## [1] "Ron Harper"

## $SG
## [1] "Michael Jordan"

## $SF
## [1] "Scottie Pippen"

## $PF
## [1] "Dennis Rodman"

## $C
## [1] "Luc Longley"
```

小結

本章簡介了 Python 與 R 語言中常見的陣列、向量、矩陣、張量、資料框與清單，其中陣列、向量、矩陣與張量對應的 Python 資料結構均為 numpy.ndarray，R 語言的資料結構則依序為 vector、matrix 與 array；資料框對應的 Python 資料結構是 pandas.DataFrame，R 語言則是 data.frame；而清單對應的 Python 資料結構是 list 與 dict，R 語言則是 list 與有命名的 list 。並依照資料結構特性，適時探索如何應用化零為整（建立資料結構）、化整為零（選擇資料結構中的元素）、更新、刪除與迭代等操作技巧。

Chapter 7

基礎資料框操作技巧

Tidy datasets are all alike, but every messy dataset is messy in its own way.

Hadley Wickham

掌控資料的能力被總稱為 Data Wrangling（或者 Data Munging），這樣的能力建構在對資料結構的理解與資料框的操作技巧；在面對未來的課題，不論是探索性資料分析（Exploratory Data Analysis，EDA）、統計分析、機器學習或者溝通呈現之前，有極大比例的時間花費在清理並重組資料，在如何掌控資料：認識常見的資料結構之中我們簡介了資料科學團隊常面對的資料結構，其中佔有主流地位的是表格式資料（Tabular Data），在 Python 與 R 語言中，都是以資料框（Data Frame）來處理表格式資料。

拜 Excel 試算表廣受歡迎之賜，資料框對我們並不如陣列或者清單那般陌生，這樣的二維資料結構，每列代表一個觀測值，每欄代表一個變數，就像是增強了列索引值與欄索引值的矩陣，並容許每一個欄位（變數）具有自己的型別。

7-1 建立

建立資料框的方式有兩個，一為手動輸入資料，二為載入表格式資料（CSV、TXT 或者試算表）。我們可以分別在 Python 與 R 語言中利用 `pandas.DataFrame()` 和 `data.frame()` 函數手動輸入資料框的資料。

以下展示的順序先是 Python 然後是 R 語言。

手動輸入一個 1995 至 1996 年球季芝加哥公牛隊先發陣容的資料框，這是一個 5 x 2 的資料框，紀錄五個先發球員的背號與姓名。

```python
import pandas as pd

numbers = [9, 23, 33, 91, 13]
players = ["Ron Harper", "Michael Jordan", "Scottie Pippen", "Dennis
Rodman", "Luc Longley"]
df = pd.DataFrame()
df["number"] = numbers
df["player"] = players
df
```

	number	player
0	9	Ron Harper
1	23	Michael Jordan
2	33	Scottie Pippen
3	91	Dennis Rodman
4	13	Luc Longley

▶ 5 x 2 的資料框，紀錄五個先發球員的背號與姓名

值得注意的是，在 R 語言中資料框預設儲存文字的型別是一種稱為 factor 的型別，這個型別比單純的文字陣列有較多功能但同時也有較多眉角得注意，通常不推薦對於 R 語言不夠熟悉的使用者去處理 factor 型別，因此我們在 `data.frame()` 函數加入了一個參數 `stringsAsFactors = FALSE`。

```
numbers <- c(9, 23, 33, 91, 13)
players <- c("Ron Harper", "Michael Jordan", "Scottie Pippen", "Dennis
Rodman", "Luc Longley")
df <- data.frame(number = numbers, player = players, stringsAsFactors =
FALSE)
View(df)
```

	number	player
1	9	Ron Harper
2	23	Michael Jordan
3	33	Scottie Pippen
4	91	Dennis Rodman
5	13	Luc Longley

▶ 5 x 2 的資料框，紀錄五個先發球員的背號與姓名

第二個方式是載入一個表格式檔案例如：gapminder.csv 成為資料框，這
是一個 1704 x 6 的資料框，紀錄 142 個國家 1952 至 2007 年每五年的資訊
快照（snapshot）。我們可以分別在 Python 與 R 語言中利用
pandas.read_csv() 和 read.csv() 函數載入資料，而 read.csv() 函數
同樣也能加入參數 stringsAsFactors = FALSE 以避免讓使用者去處理
factor 型別。

```
import pandas as pd

csv_url =
"https://storage.googleapis.com/learn_pd_like_tidyverse/gapminder.csv"
df = pd.read_csv(csv_url)
df
```

	country	continent	year	lifeExp	pop	gdpPercap
0	Afghanistan	Asia	1952	28.801	8425333	779.445314
1	Afghanistan	Asia	1957	30.332	9240934	820.853030
2	Afghanistan	Asia	1962	31.997	10267083	853.100710
3	Afghanistan	Asia	1967	34.020	11537966	836.197138
4	Afghanistan	Asia	1972	36.088	13079460	739.981106
5	Afghanistan	Asia	1977	38.438	14880372	786.113360
6	Afghanistan	Asia	1982	39.854	12881816	978.011439
7	Afghanistan	Asia	1987	40.822	13867957	852.395945
8	Afghanistan	Asia	1992	41.674	16317921	649.341395
9	Afghanistan	Asia	1997	41.763	22227415	635.341351
10	Afghanistan	Asia	2002	42.129	25268405	726.734055
11	Afghanistan	Asia	2007	43.828	31889923	974.580338

🔘 1704 x 6 的資料框，紀錄 142 個國家 1952 至 2007 年每五年的資訊快照

```
csv_url <-
"https://storage.googleapis.com/learn_pd_like_tidyverse/gapminder.csv"
df <- read.csv(csv_url, stringsAsFactors = FALSE)
View(df)
```

	country	continent	year	lifeExp	pop	gdpPercap
1	Afghanistan	Asia	1952	28.801	8425333	779.4453
2	Afghanistan	Asia	1957	30.332	9240934	820.8530
3	Afghanistan	Asia	1962	31.997	10267083	853.1007
4	Afghanistan	Asia	1967	34.020	11537966	836.1971
5	Afghanistan	Asia	1972	36.088	13079460	739.9811
6	Afghanistan	Asia	1977	38.438	14880372	786.1134
7	Afghanistan	Asia	1982	39.854	12881816	978.0114
8	Afghanistan	Asia	1987	40.822	13867957	852.3959
9	Afghanistan	Asia	1992	41.674	16317921	649.3414
10	Afghanistan	Asia	1997	41.763	22227415	635.3414
11	Afghanistan	Asia	2002	42.129	25268405	726.7341
12	Afghanistan	Asia	2007	43.828	31889923	974.5803

🔘 1704 x 6 的資料框，紀錄 142 個國家 1952 至 2007 年每五年的資訊快照

 **檢視**

Python

在 Python pandas 中可以透過下列幾個資料框方法或屬性檢視：

- ✦ `df.head()`：查看前五列觀測值，可以加入參數 n 觀看前 n 列觀測值
- ✦ `df.tail()`：查看末五列觀測值，可以加入參數 n 觀看末 n 列觀測值
- ✦ `df.info()`：查看資料框的複合資訊，包含型別、外觀與變數型別等
- ✦ `df.describe()`：查看數值變數的描述性統計，包含最小值、最大值、平均數與中位數等
- ✦ `df.shape`：查看資料框的外觀，以 tuple 的型別回傳，(m, n) 表示 m 列觀測值，n 欄變數
- ✦ `df.columns`：查看資料框的變數名稱
- ✦ `df.index`：查看資料框的列索引值

```python
import pandas as pd

csv_url =
"https://storage.googleapis.com/learn_pd_like_tidyverse/gapminder.csv"
df = pd.read_csv(csv_url)
df.head()       # 查看前五列觀測值
df.tail()       # 查看末五列觀測值
df.info()       # 查看資料框的複合資訊
df.describe()   # 查看數值變數的描述性統計
df.shape        # 查看資料框的外觀
```

	country	continent	year	lifeExp	pop	gdpPercap
0	Afghanistan	Asia	1952	28.801	8425333	779.445314
1	Afghanistan	Asia	1957	30.332	9240934	820.853030
2	Afghanistan	Asia	1962	31.997	10267083	853.100710
3	Afghanistan	Asia	1967	34.020	11537966	836.197138
4	Afghanistan	Asia	1972	36.088	13079460	739.981106

▶ df.head() 查看前五列觀測值

	country	continent	year	lifeExp	pop	gdpPercap
1699	Zimbabwe	Africa	1987	62.351	9216418	706.157306
1700	Zimbabwe	Africa	1992	60.377	10704340	693.420786
1701	Zimbabwe	Africa	1997	46.809	11404948	792.449960
1702	Zimbabwe	Africa	2002	39.989	11926563	672.038623
1703	Zimbabwe	Africa	2007	43.487	12311143	469.709298

▶ df.tail() 查看末五列觀測值

df.info() 查看資料框的複合資訊：

```
## <class 'pandas.core.frame.DataFrame'>
## RangeIndex: 1704 entries, 0 to 1703
## Data columns (total 6 columns):
## country      1704 non-null object
## continent    1704 non-null object
## year         1704 non-null int64
## lifeExp      1704 non-null float64
## pop          1704 non-null int64
## gdpPercap    1704 non-null float64
## dtypes: float64(2), int64(2), object(2)
## memory usage: 80.0+ KB
```

	year	lifeExp	pop	gdpPercap
count	1704.00000	1704.000000	1.704000e+03	1704.000000
mean	1979.50000	59.474439	2.960121e+07	7215.327081
std	17.26533	12.917107	1.061579e+08	9857.454543
min	1952.00000	23.599000	6.001100e+04	241.165877
25%	1965.75000	48.198000	2.793664e+06	1202.060309
50%	1979.50000	60.712500	7.023596e+06	3531.846989
75%	1993.25000	70.845500	1.958522e+07	9325.462346
max	2007.00000	82.603000	1.318683e+09	113523.132900

▶ df.describe() 查看數值變數的描述性統計

df.shape 查看資料框的外觀：

```
## (1704, 6)
```

df.columns 查看資料框的變數名稱：

```
## Index(['country', 'continent', 'year', 'lifeExp', 'pop', 'gdpPercap'],
dtype='object')
```

df.index 查看資料框的列索引值：

```
## RangeIndex(start=0, stop=1704, step=1)
```

R 語言

在 R 語言中可以透過下列幾個函數檢視資料框：

+ head()：查看前六列觀測值，可以加入參數 n 觀看前 n 列觀測值

+ tail()：查看末六列觀測值，可以加入參數 n 觀看末 n 列觀測值

+ str()：structure 的簡寫，可以查看資料框的複合資訊，包含型別、外觀與變數型別等

✦ summary()：查看描述性統計，包含最小值、最大值、平均數與中位
數等

✦ dim()：dimension 的簡寫，可以查看資料框的外觀，以 vector 的型
別回傳，[1] m n 表示 m 列觀測值，n 欄變數

✦ nrow()：查看資料框有幾個列

✦ ncol()：查看資料框有幾個欄

✦ colnames()：查看資料框所有的變數名稱

✦ row.names()：查看資料框的列索引值，以文字型別回傳

```
csv_url <-
"https://storage.googleapis.com/learn_pd_like_tidyverse/gapminder.csv"
df <- read.csv(csv_url, stringsAsFactors = FALSE)
head(df)              # 查看前六列觀測值
tail(df)              # 查看末六列觀測值
str(df)               # 查看資料框的複合資訊
summary(df)           # 查看描述性統計
dim(df)               # 查看資料框的外觀
nrow(df)              # 查看資料框有幾個列
ncol(df)              # 查看資料框有幾個欄
colnames(df)          # 查看資料框所有的變數名稱
row.names(df)[1:6]    # 查看資料框的列索引值
```

```
> head(df)
      country continent year lifeExp      pop gdpPercap
1 Afghanistan      Asia 1952  28.801  8425333  779.4453
2 Afghanistan      Asia 1957  30.332  9240934  820.8530
3 Afghanistan      Asia 1962  31.997 10267083  853.1007
4 Afghanistan      Asia 1967  34.020 11537966  836.1971
5 Afghanistan      Asia 1972  36.088 13079460  739.9811
6 Afghanistan      Asia 1977  38.438 14880372  786.1134
```

▶ head() 查看前六列觀測值

```
> tail(df)
        country continent year lifeExp      pop gdpPercap
1699 Zimbabwe    Africa 1982  60.363  7636524  788.8550
1700 Zimbabwe    Africa 1987  62.351  9216418  706.1573
1701 Zimbabwe    Africa 1992  60.377 10704340  693.4208
1702 Zimbabwe    Africa 1997  46.809 11404948  792.4500
1703 Zimbabwe    Africa 2002  39.989 11926563  672.0386
1704 Zimbabwe    Africa 2007  43.487 12311143  469.7093
```

▶▶ tail() 查看前六列觀測值

```
> str(df)
'data.frame':   1704 obs. of  6 variables:
 $ country  : chr  "Afghanistan" "Afghanistan" "Afghanistan" "Afghanistan" ...
 $ continent: chr  "Asia" "Asia" "Asia" "Asia" ...
 $ year     : int  1952 1957 1962 1967 1972 1977 1982 1987 1992 1997 ...
 $ lifeExp  : num  28.8 30.3 32 34 36.1 ...
 $ pop      : int  8425333 9240934 10267083 11537966 13079460 14880372 12881816 13867957 16317921 22227415 ...
 $ gdpPercap: num  779 821 853 836 740 ...
```

▶▶ str() 查看資料框的複合資訊

```
> summary(df)
   country           continent              year         lifeExp          pop             gdpPercap
 Length:1704        Length:1704        Min.   :1952   Min.   :23.60   Min.   :6.001e+04   Min.   :   241.2
 Class :character   Class :character   1st Qu.:1966   1st Qu.:48.20   1st Qu.:2.794e+06   1st Qu.:  1202.1
 Mode  :character   Mode  :character   Median :1980   Median :60.71   Median :7.024e+06   Median :  3531.8
                                       Mean   :1980   Mean   :59.47   Mean   :2.960e+07   Mean   :  7215.3
                                       3rd Qu.:1993   3rd Qu.:70.85   3rd Qu.:1.959e+07   3rd Qu.:  9325.5
                                       Max.   :2007   Max.   :82.60   Max.   :1.319e+09   Max.   :113523.1
```

▶▶ summary() 查看描述性統計

dim() 查看資料框的外觀：

```
## [1] 1704    6
```

nrow() 查看資料框有幾個列：

```
## [1] 1704
```

ncol() 查看資料框有幾個欄：

```
## [1] 6
```

colnames() 查看資料框所有的變數名稱：

```
## [1] "country"  "continent" "year"    "lifeExp"  "pop"    "gdpPercap"
```

row.names() 查看資料框的列索引值：

```
## [1] "1" "2" "3" "4" "5" "6"
```

7-3 篩選

常見有兩種作法，一是利用觀測值的所在位置（列索引值，欄索引值）進行篩選，二是利用判斷條件產生布林（邏輯）值的陣列再根據該陣列作為篩選依據，透過篩選也能夠實踐刪除觀測值這個操作技巧。

在 Python pandas 中可以使用 df.loc[m, n] 或 df.iloc[m, n] 兩個方法指定觀測值所在位置，兩者用法差在於 df.loc[] 完全憑藉列索引值與欄索引值的標籤；而 df.iloc[] 完全憑藉相對位置（因此方法中的 i 乃是整數 integer 的示意）。

Python

舉例來說 1995 至 1996 年球季芝加哥公牛隊先發陣容的資料框，記錄五個先發球員的背號與姓名，並且以鋒衛（Guard/Forward）位置作為資料框列索引值。

```python
import pandas as pd

numbers = [9, 23, 33, 91, 13]
players = ["Ron Harper", "Michael Jordan", "Scottie Pippen", "Dennis
Rodman", "Luc Longley"]
df = pd.DataFrame()
df["number"] = numbers
df["player"] = players
```

```
df.index = ["PG", "SG", "SF", "PF", "C"]
df
```

	number	player
PG	9	Ron Harper
SG	23	Michael Jordan
SF	33	Scottie Pippen
PF	91	Dennis Rodman
C	13	Luc Longley

▶ 以鋒衛（Guard/Forward）位置作為資料框列索引值

在索引值不是預設 RangeIndex(start=0, stop=5, step=1) 的時候比較容易區別 .loc[] 與 .iloc[] 之間的差異。我們希望選出 Michael Jordan、Scottie Pippen 與 Dennis Rodman：

```
import pandas as pd

numbers = [9, 23, 33, 91, 13]
players = ["Ron Harper", "Michael Jordan", "Scottie Pippen", "Dennis
Rodman", "Luc Longley"]
df = pd.DataFrame()
df["number"] = numbers
df["player"] = players
df.index = ["PG", "SG", "SF", "PF", "C"]
df.loc[["SG", "SF", "PF"], ["number", "player"]]  # 以索引為準
df.iloc[[1, 2, 3], [0, 1]]                        # 以位置為準
```

	number	player
SG	23	Michael Jordan
SF	33	Scottie Pippen
PF	91	Dennis Rodman

▶ 選出 Michael Jordan、Scottie Pippen 與 Dennis Rodman

如果利用判斷條件選擇，那麼不論透過球衣背號或球員姓名都可以選出。

```python
import pandas as pd

numbers = [9, 23, 33, 91, 13]
players = ["Ron Harper", "Michael Jordan", "Scottie Pippen", "Dennis
Rodman", "Luc Longley"]
df = pd.DataFrame()
df["number"] = numbers
df["player"] = players
df.index = ["PG", "SG", "SF", "PF", "C"]
is_trio = df["number"].isin([23, 33, 91]) # 透過球衣背號
print(is_trio)
df[is_trio]
import pandas as pd

numbers = [9, 23, 33, 91, 13]
players = ["Ron Harper", "Michael Jordan", "Scottie Pippen", "Dennis
Rodman", "Luc Longley"]
df = pd.DataFrame()
df["number"] = numbers
df["player"] = players
df.index = ["PG", "SG", "SF", "PF", "C"]
is_trio = df["player"].isin(["Michael Jordan", "Scottie Pippen", "Dennis
Rodman"]) # 透過球員姓名
print(is_trio)
df[is_trio]
```

```
PG      False
SG      True
SF      True
PF      True
C       False
Name: number, dtype: bool
```

	number	player
SG	23	Michael Jordan
SF	33	Scottie Pippen
PF	91	Dennis Rodman

▶ 透過球衣背號或球員姓名

R 語言

在 R 語言中亦能夠透過 df[m, n] 利用位置篩選觀測值以及利用判斷條件選擇這兩種方法。

```
numbers <- c(9, 23, 33, 91, 13)
players <- c("Ron Harper", "Michael Jordan", "Scottie Pippen", "Dennis Rodman", "Luc Longley")
df <- data.frame(number = numbers, player = players, stringsAsFactors = FALSE)
df[c(2, 3, 4), ]                                        # 透過位置
is_trio <- df$number %in% c(23, 33, 91)                 # 透過球衣背號
is_trio
df[is_trio, ]
is_trio <- df$player %in% c("Michael Jordan", "Scottie Pippen", "Dennis Rodman") # 透過球員姓名
is_trio
df[is_trio, ]
```

```
> df[c(2, 3, 4), ]                                      # 透過位置
  number         player
2     23 Michael Jordan
3     33 Scottie Pippen
4     91 Dennis Rodman
```

▶ 透過位置

```
> is_trio <- df$number %in% c(23, 33, 91)               # 透過球衣背號
> is_trio
[1] FALSE  TRUE  TRUE  TRUE FALSE
> df[is_trio, ]
  number         player
2     23 Michael Jordan
3     33 Scottie Pippen
4     91 Dennis Rodman
```

▶ 透過球衣背號

```
> is_trio <- df$player %in% c("Michael Jordan", "Scottie Pippen", "Dennis Rodman") # 透過球員姓名
> is_trio
[1] FALSE  TRUE  TRUE  TRUE FALSE
> df[is_trio, ]
  number         player
2     23 Michael Jordan
3     33 Scottie Pippen
4     91 Dennis Rodman
```

▶ 透過球員姓名

透過判斷條件也可以考慮使用 dplyr 套件的 filter() 函數。

```r
library(dplyr)

numbers <- c(9, 23, 33, 91, 13)
players <- c("Ron Harper", "Michael Jordan", "Scottie Pippen", "Dennis
Rodman", "Luc Longley")
df <- data.frame(number = numbers, player = players, stringsAsFactors =
FALSE)
df %>%
  filter(number %in% c(23, 33, 91)) # filter(player %in% c("Michael
Jordan", "Scottie Pippen", "Dennis Rodman"))
```

```
> df %>%
+   filter(number %in% c(23, 33, 91)) # filter(player %in% c("Michael Jordan", "Scottie Pippen", "Dennis Rodman"))
  number         player
1     23 Michael Jordan
2     33 Scottie Pippen
3     91  Dennis Rodman
```

▶️ 使用 dplyr 套件的 filter() 函數

7-4 選擇

依照變數名稱或者所在位置選擇，透過選擇也能夠實踐刪除變數與調整變數在資料框中的位置這兩個操作技巧。

Python

在 Python pandas 中可以透過 `df.col` 或 `df["col"]` 選出資料框的單一個變數，這時會轉換為 `pandas.core.series.Series` 的型別；透過 `df[["col1", "col2"]]` 則能夠選出資料框中的多個變數，這時型別依然是資料框。

```python
import pandas as pd

numbers = [9, 23, 33, 91, 13]
players = ["Ron Harper", "Michael Jordan", "Scottie Pippen", "Dennis
Rodman", "Luc Longley"]
```

```
df = pd.DataFrame()
df["number"] = numbers
df["player"] = players
print(df["player"])
print(type(df["player"]))
df[["player", "number"]]
```

```
0        Ron Harper
1    Michael Jordan
2    Scottie Pippen
3     Dennis Rodman
4       Luc Longley
Name: player, dtype: object
<class 'pandas.core.series.Series'>
```

	player	number
0	Ron Harper	9
1	Michael Jordan	23
2	Scottie Pippen	33
3	Dennis Rodman	91
4	Luc Longley	13

▶ 依照變數名稱選擇

若要依照變數位置選擇，得仰賴 .iloc[]，全選可以使用：來表示。

```
import pandas as pd

numbers = [9, 23, 33, 91, 13]
players = ["Ron Harper", "Michael Jordan", "Scottie Pippen", "Dennis
Rodman", "Luc Longley"]
df = pd.DataFrame()
df["number"] = numbers
df["player"] = players
print(df.iloc[:, 1])
print(type(df.iloc[:, 1]))
df.iloc[:, [1, 0]]
```

```
0        Ron Harper
1    Michael Jordan
2    Scottie Pippen
3     Dennis Rodman
4       Luc Longley
Name: player, dtype: object
<class 'pandas.core.series.Series'>
```

	player	number
0	Ron Harper	9
1	Michael Jordan	23
2	Scottie Pippen	33
3	Dennis Rodman	91
4	Luc Longley	13

▶ 依照變數位置選擇

R 語言

在 R 語言中能夠透過 df$col 或 df[, "col"] 選擇單一個變數，這時會轉換為 vector，透過 df[, c("col1", "col2")] 則能夠選出資料框中的多個變數，這時型別依然是資料框。

```r
numbers <- c(9, 23, 33, 91, 13)
players <- c("Ron Harper", "Michael Jordan", "Scottie Pippen", "Dennis
Rodman", "Luc Longley")
df <- data.frame(number = numbers, player = players, stringsAsFactors = FALSE)
df$player
df[, "player"]
df[, c("player", "number")]
```

```
> df$player
[1] "Ron Harper"     "Michael Jordan" "Scottie Pippen" "Dennis Rodman"  "Luc Longley"
> df[, "player"]
[1] "Ron Harper"     "Michael Jordan" "Scottie Pippen" "Dennis Rodman"  "Luc Longley"
> df[, c("player", "number")]
        player number
1    Ron Harper      9
2 Michael Jordan     23
3 Scottie Pippen     33
4  Dennis Rodman     91
5    Luc Longley     13
```

▶ 依照變數名稱選擇

透過變數名稱選擇也可以考慮使用 dplyr 套件的 `select()` 函數。

```r
library(dplyr)

numbers <- c(9, 23, 33, 91, 13)
players <- c("Ron Harper", "Michael Jordan", "Scottie Pippen", "Dennis
Rodman", "Luc Longley")
df <- data.frame(number = numbers, player = players, stringsAsFactors = FALSE)
df %>%
  select(player, number)
```

```
> df %>%
+   select(player, number)
          player number
1     Ron Harper      9
2 Michael Jordan     23
3 Scottie Pippen     33
4  Dennis Rodman     91
5    Luc Longley     13
```

⏵ 使用 dplyr 套件的 select() 函數

亦可以依照變數位置選擇。

```r
numbers <- c(9, 23, 33, 91, 13)
players <- c("Ron Harper", "Michael Jordan", "Scottie Pippen", "Dennis
Rodman", "Luc Longley")
df <- data.frame(number = numbers, player = players, stringsAsFactors = FALSE)
df[, 2]
df[, c(2, 1)]
```

```
> df[, 2]
[1] "Ron Harper"     "Michael Jordan" "Scottie Pippen" "Dennis Rodman"  "Luc Longley"
> df[, c(2, 1)]
          player number
1     Ron Harper      9
2 Michael Jordan     23
3 Scottie Pippen     33
4  Dennis Rodman     91
5    Luc Longley     13
```

⏵ 依照變數位置選擇

7-5 排序

依照某個或多個變數大小排序整個資料框的觀測值是常見的應用，可以遞增排序（由小到大）或者遞減排序（由大到小），假使面對文字型別的變數遞增排序，那麼就是按照字母順序 a-zA-Z（R 語言）或者 A-Za-z（Python）。

Python

在 Python pandas 中我們可以使用 df.sort_index() 或 df.sort_values() 來排序資料框，預設的排序方式均為遞增排序（ascending=True），如果希望調整為遞減排序，指定 ascending=False 即可。

首先試試看 df.sort_index()，利用鋒衛的位置字母順序排序資料框。

```
import pandas as pd

numbers = [9, 23, 33, 91, 13]
players = ["Ron Harper", "Michael Jordan", "Scottie Pippen", "Dennis
Rodman", "Luc Longley"]
df = pd.DataFrame()
df["number"] = numbers
df["player"] = players
df.index = ["PG", "SG", "SF", "PF", "C"]
df.sort_index()               # 依照索引遞增排序
df.sort_index(ascending=False) # 依照索引遞減排序
```

	number	player
C	13	Luc Longley
PF	91	Dennis Rodman
PG	9	Ron Harper
SF	33	Scottie Pippen
SG	23	Michael Jordan

依照索引遞增排序

	number	player
SG	23	Michael Jordan
SF	33	Scottie Pippen
PG	9	Ron Harper
PF	91	Dennis Rodman
C	13	Luc Longley

依照索引遞減排序

接著試試看 df.sort_values()，利用年份排序資料框。

```
import pandas as pd

csv_url = "https://storage.googleapis.com/learn_pd_like_tidyverse/gapminder.csv"
df = pd.read_csv(csv_url)
df.sort_values(by="year").head()                 # 依照 year 遞增排序
df.sort_values(by="year", ascending=False).head() # 依照 year 遞減排序
```

	country	continent	year	lifeExp	pop	gdpPercap
0	Afghanistan	Asia	1952	28.801	8425333	779.445314
528	France	Europe	1952	67.410	42459667	7029.809327
540	Gabon	Africa	1952	37.003	420702	4293.476475
1656	West Bank and Gaza	Asia	1952	43.160	1030585	1515.592329
552	Gambia	Africa	1952	30.000	284320	485.230659

▶ 依照 year 遞增排序

	country	continent	year	lifeExp	pop	gdpPercap
1703	Zimbabwe	Africa	2007	43.487	12311143	469.709298
491	Equatorial Guinea	Africa	2007	51.579	551201	12154.089750
515	Ethiopia	Africa	2007	52.947	76511887	690.805576
527	Finland	Europe	2007	79.313	5238460	33207.084400
539	France	Europe	2007	80.657	61083916	30470.016700

▶ 依照 year 遞減排序

也能夠輸入多個變數排序，像是先依照 year 遞增排序再依照 continent 遞減排序。

```
import pandas as pd

csv_url = "https://storage.googleapis.com/learn_pd_like_tidyverse/gapminder.csv"
df = pd.read_csv(csv_url)
df.sort_values(by=["year", "continent"], ascending=[True, False]).head()
# 依照 year 遞增排序再依照 continent 遞減排序
```

	country	continent	year	lifeExp	pop	gdpPercap
60	Australia	Oceania	1952	69.12	8691212	10039.595640
1092	New Zealand	Oceania	1952	69.39	1994794	10556.575660
12	Albania	Europe	1952	55.23	1282697	1601.056136
72	Austria	Europe	1952	66.80	6927772	6137.076492
108	Belgium	Europe	1952	68.00	8730405	8343.105127

▶ 先依照 year 遞增排序再依照 continent 遞減排序

R 語言

在 R 語言中我們使用 dplyr 套件的 arrange() 函數來排序資料框，預設的排序方式均為遞增排序，如果希望調整為遞減排序，指定 arrange(desc()) 即可。

```
library(dplyr)

csv_url <- "https://storage.googleapis.com/learn_pd_like_tidyverse/gapminder.csv"
df <- read.csv(csv_url, stringsAsFactors = FALSE)
df %>%
  arrange(year) %>%      # 依照 year 遞增排序
  head()
##         country continent year lifeExp      pop gdpPercap
## 1 Afghanistan      Asia 1952  28.801  8425333   779.4453
## 2      Albania    Europe 1952  55.230  1282697  1601.0561
## 3      Algeria    Africa 1952  43.077  9279525  2449.0082
## 4       Angola    Africa 1952  30.015  4232095  3520.6103
## 5    Argentina  Americas 1952  62.485 17876956  5911.3151
## 6    Australia   Oceania 1952  69.120  8691212 10039.5956
library(dplyr)

csv_url <- "https://storage.googleapis.com/learn_pd_like_tidyverse/gapminder.csv"
df <- read.csv(csv_url, stringsAsFactors = FALSE)
df %>%
  arrange(desc(year)) %>% # 依照 year 遞減排序
  head()
```

```
##         country continent year lifeExp      pop gdpPercap
## 1 Afghanistan      Asia 2007  43.828 31889923  974.5803
## 2     Albania    Europe 2007  76.423  3600523 5937.0295
## 3     Algeria    Africa 2007  72.301 33333216 6223.3675
## 4      Angola    Africa 2007  42.731 12420476 4797.2313
## 5   Argentina  Americas 2007  75.320 40301927 12779.3796
## 6   Australia   Oceania 2007  81.235 20434176 34435.3674
```

也能夠輸入多個變數排序，像是先依照 year 遞增排序再依照 continent 遞減排序。

```
library(dplyr)

csv_url <- "https://storage.googleapis.com/learn_pd_like_tidyverse/gapminder.csv"
df <- read.csv(csv_url, stringsAsFactors = FALSE)
df %>%
  arrange(year, desc(continent)) %>%  # 先依照 year 遞增排序再依照 continent 遞減排序
  head()
##                   country continent year lifeExp     pop gdpPercap
## 1              Australia   Oceania 1952   69.12 8691212 10039.5956
## 2            New Zealand   Oceania 1952   69.39 1994794 10556.5757
## 3                Albania    Europe 1952   55.23 1282697  1601.0561
## 4                Austria    Europe 1952   66.80 6927772  6137.0765
## 5                Belgium    Europe 1952   68.00 8730405  8343.1051
## 6 Bosnia and Herzegovina    Europe 1952   53.82 2791000   973.5332
```

7-6 新增變數

新增一個變數至現有的資料框中有兩種應用情景，一是計算衍生變數，二是非衍生變數，所謂衍生變數（Derived Variables）是指能夠透過現有變數生成的變數，以 1995 至 1996 年球季芝加哥公牛隊先發陣容的資料框為例，衍生變數可能是球員的姓 last_name，該變數可以從 player 衍生而得；非衍生變數可能是球員的身高，無法從既有變數中計算而得，新增非衍生變數時通常可以給一個值；或者給長度與列數相同的陣列。

Python

在 Python pandas 中我們可以使用 `.map()` 方法搭配 lambda 建立衍生變數：

```
import pandas as pd

numbers = [9, 23, 33, 91, 13]
players = ["Ron Harper", "Michael Jordan", "Scottie Pippen", "Dennis
Rodman", "Luc Longley"]
df = pd.DataFrame()
df["number"] = numbers
df["player"] = players
df["last_name"] = df["player"].map(lambda x: x.split()[1])
df
```

	number	player	last_name
0	9	Ron Harper	Harper
1	23	Michael Jordan	Jordan
2	33	Scottie Pippen	Pippen
3	91	Dennis Rodman	Rodman
4	13	Luc Longley	Longley

使用 .map() 方法搭配 lambda 建立衍生變數 last_name

輸入一個值：隊伍名稱 "Chicago Bulls"，或者輸入五個球員的身高：

```
import pandas as pd

numbers = [9, 23, 33, 91, 13]
players = ["Ron Harper", "Michael Jordan", "Scottie Pippen", "Dennis
Rodman", "Luc Longley"]
df = pd.DataFrame()
df["number"] = numbers
df["player"] = players
df["team"] = "Chicago Bulls"
df["height"] = ["6-6", "6-6", "6-8", "6-7", "7-2"]
df
```

	number	player	team	height
0	9	Ron Harper	Chicago Bulls	6-6
1	23	Michael Jordan	Chicago Bulls	6-6
2	33	Scottie Pippen	Chicago Bulls	6-8
3	91	Dennis Rodman	Chicago Bulls	6-7
4	13	Luc Longley	Chicago Bulls	7-2

▶▶ 輸入一個值：隊伍名稱 "Chicago Bulls"，或者輸入五個球員的身高

R 語言

在 R 語言中可以透過 sapply() 函數實踐向量計算，將完成計算的向量直接指派回資料框中即可。

```
players <- c("Ron Harper", "Michael Jordan", "Scottie Pippen", "Dennis
Rodman", "Luc Longley")
df <- data.frame(number = numbers, player = players, stringsAsFactors = FALSE)
get_last_name <- function(x) {
  split_lst <- strsplit(x, split = " ")
  name_length <- length(split_lst[[1]])
  last_name <- split_lst[[1]][name_length]
  return(last_name)
}
df$last_name <- sapply(df$player, FUN = get_last_name)
View(df)
```

	number	player	last_name
1	9	Ron Harper	Harper
2	23	Michael Jordan	Jordan
3	33	Scottie Pippen	Pippen
4	91	Dennis Rodman	Rodman
5	13	Luc Longley	Longley

▶▶ 透過 sapply() 函數實踐向量計算，將完成計算的向量直接指派回資料框中

輸入一個值：隊伍名稱 "Chicago Bulls"，或者輸入五個球員的身高：

```
numbers <- c(9, 23, 33, 91, 13)
players <- c("Ron Harper", "Michael Jordan", "Scottie Pippen", "Dennis
Rodman", "Luc Longley")
df <- data.frame(number = numbers, player = players, stringsAsFactors = FALSE)
df$team <- "Chicago Bulls"
df$height <- c("6-6", "6-6", "6-8", "6-7", "7-2")
View(df)
```

	number	player	team	height
1	9	Ron Harper	Chicago Bulls	6-6
2	23	Michael Jordan	Chicago Bulls	6-6
3	33	Scottie Pippen	Chicago Bulls	6-8
4	91	Dennis Rodman	Chicago Bulls	6-7
5	13	Luc Longley	Chicago Bulls	7-2

▶ 輸入一個值：隊伍名稱 "Chicago Bulls"，或者輸入五個球員的身高

也可以考慮使用 dplyr 套件的 `mutate()` 函數。

```
ibrary(dplyr)

numbers <- c(9, 23, 33, 91, 13)
players <- c("Ron Harper", "Michael Jordan", "Scottie Pippen", "Dennis
Rodman", "Luc Longley")
df <- data.frame(number = numbers, player = players, stringsAsFactors = FALSE)
df %>%
  mutate(
    team = "Chicago Bulls",
    height = c("6-6", "6-6", "6-8", "6-7", "7-2")
  )
View(df)
```

```
> df %>%
+   mutate(
+     team = "Chicago Bulls",
+     height = c("6-6", "6-6", "6-8", "6-7", "7-2")
+   )
  number         player       team height
1      9    Ron Harper Chicago Bulls    6-6
2     23 Michael Jordan Chicago Bulls    6-6
3     33 Scottie Pippen Chicago Bulls    6-8
4     91 Dennis Rodman Chicago Bulls    6-7
5     13   Luc Longley Chicago Bulls    7-2
```

▶ 使用 dplyr 套件的 mutate() 函數

7-7 新增觀測值

我推薦使用垂直合併資料框的方式來新增觀測值,如此可以避免變數型別轉換的問題,像是在 1995 至 1996 年球季芝加哥公牛隊先發陣容資料框中加入第六人 Toni Kukoc。

Python

在 Python pandas 中可以使用 df.append() 方法垂直合併資料框,合併完以後因為列索引值會重複,所以通常會再利用 reset_index() 方法重新設定列索引。

```python
import pandas as pd

numbers = [9, 23, 33, 91, 13]
players = ["Ron Harper", "Michael Jordan", "Scottie Pippen", "Dennis
Rodman", "Luc Longley"]
df = pd.DataFrame()
df["number"] = numbers
df["player"] = players
toni_kukoc = pd.DataFrame()
toni_kukoc["number"] = [7]
toni_kukoc["player"] = ["Toni Kukoc"]
df = df.append(toni_kukoc)
```

```
df = df.reset_index(drop=True) # 重新設定索引
df
```

	number	player
0	9	Ron Harper
1	23	Michael Jordan
2	33	Scottie Pippen
3	91	Dennis Rodman
4	13	Luc Longley
5	7	Toni Kukoc

▶ 在 1995 至 1996 年球季芝加哥公牛隊先發陣容資料框中加入第六人 Toni Kukoc

R 語言

在 R 語言中使用 `rbind()` 函數垂直合併資料框：

```
numbers <- c(9, 23, 33, 91, 13)
players <- c("Ron Harper", "Michael Jordan", "Scottie Pippen", "Dennis
Rodman", "Luc Longley")
df <- data.frame(number = numbers, player = players, stringsAsFactors = FALSE)
toni_kukoc <- data.frame(number = 7, player = "Toni Kukoc",
stringsAsFactors = FALSE)
df <- rbind(df, toni_kukoc)
View(df)
```

	number	player
1	9	Ron Harper
2	23	Michael Jordan
3	33	Scottie Pippen
4	91	Dennis Rodman
5	13	Luc Longley
6	7	Toni Kukoc

▶ 在 1995 至 1996 年球季芝加哥公牛隊先發陣容資料框中加入第六人 Toni Kukoc

7-8 摘要

Python 除了使用 .describe() 方法或是像 R 語言使用 summary() 函數可以獲取資料框的描述性統計，我們也能夠針對特定變數單獨摘要；例如計算 gapminder 資料框中 2007 年所有國家的人口總和。

Python

在 Python pandas 選擇資料框中特定變數會面對 Series 這樣的資料結構，而 Series 就有完整的摘要方法供我們呼叫，像總和、平均或中位數等。

```python
import pandas as pd

csv_url = "https://storage.googleapis.com/learn_pd_like_tidyverse/gapminder.csv"
df = pd.read_csv(csv_url)
df[df.year == 2007]["pop"].sum()
## 6251013179
```

R 語言

在 R 語言可以使用 dplyr 套件的 summarise() 函數來做變數的摘要。

```r
library(dplyr)

csv_url <- "https://storage.googleapis.com/learn_pd_like_tidyverse/gapminder.csv"
df <- read.csv(csv_url, stringsAsFactors = FALSE)
df %>%
  filter(year == 2007) %>%
  summarise(ttl_pop = sum(as.numeric(pop))) # integer 會溢位，轉換為 numeric
##      ttl_pop
## 1 6251013179
```

7-9 分組

除了單獨使用摘要的相關函數，我們也很常會需要利用相關的文字變數進行分組再摘要，例如計算 gapminder 資料框中 2007 年依照不同 continents 來摘要該洲所有國家的人口總和。

Python

在 Python pandas 中我們會使用 `.groupby()` 方法指定用來分組資料框的文字變數，然後針對變數呼叫摘要方法，分組摘要的結果會以 Series 的型別回傳。

```
import pandas as pd

csv_url = "https://storage.googleapis.com/learn_pd_like_tidyverse/gapminder.csv"
df = pd.read_csv(csv_url)
grouped = df[df.year == 2007].groupby("continent")
grouped["pop"].sum()
## continent
## Africa        929539692
## Americas      898871184
## Asia         3811953827
## Europe        586098529
## Oceania        24549947
## Name: pop, dtype: int64
```

在 `.groupby()` 方法中放多個文字變數就會形成兩層索引值的 Series 輸出，意即照多個文字變數分組，例如依照不同年份與 continents 來摘要各年各洲所有國家的人口總和（看後 10 筆即可）。

```
import pandas as pd

csv_url = "https://storage.googleapis.com/learn_pd_like_tidyverse/gapminder.csv"
df = pd.read_csv(csv_url)
grouped = df.groupby(["year", "continent"])
```

```
grouped["pop"].sum().tail(n = 10)
## year   continent
## 2002   Africa        833723916
##        Americas      849772762
##        Asia         3601802203
##        Europe        578223869
##        Oceania        23454829
## 2007   Africa        929539692
##        Americas      898871184
##        Asia         3811953827
##        Europe        586098529
##        Oceania        24549947
## Name: pop, dtype: int64
```

R 語言

在 R 語言我們利用 dplyr 套件的 group_by() 函數搭配 summarise() 函數
來完成分組摘要，結果會以 data.frame 型別（tibble 型別近似 data.frame）
回傳，例如計算 gapminder 資料框中 2007 年依照不同 continents 來摘要
該洲所有國家的人口總和。

```
library(dplyr)

csv_url <- "https://storage.googleapis.com/learn_pd_like_tidyverse/gapminder.csv"
df <- read.csv(csv_url, stringsAsFactors = FALSE)
df %>%
  filter(year == 2007) %>%
  group_by(continent) %>%
  summarise(ttl_pop = sum(as.numeric(pop))) # integer 會溢位，轉換為 numeric
## # A tibble: 5 x 2
##   continent    ttl_pop
##   <chr>          <dbl>
## 1 Africa     929539692
## 2 Americas   898871184
## 3 Asia      3811953827
## 4 Europe     586098529
## 5 Oceania     24549947
```

在 group_by() 函數中放多個文字變數即照多個文字變數分組，例如依照不同年份與 continents 來摘要各年各洲所有的人口總和（看後 10 筆即可）。

```
df %>%
  group_by(year, continent) %>%
  summarise(ttl_pop = sum(as.numeric(pop))) %>% # integer 會溢位，轉換為 numeric
  tail(10)
## # A tibble: 10 x 3
## # Groups:   year [2]
##     year continent      ttl_pop
##    <int> <chr>            <dbl>
##  1  2002 Africa       833723916
##  2  2002 Americas     849772762
##  3  2002 Asia        3601802203
##  4  2002 Europe       578223869
##  5  2002 Oceania       23454829
##  6  2007 Africa       929539692
##  7  2007 Americas     898871184
##  8  2007 Asia        3811953827
##  9  2007 Europe       586098529
## 10  2007 Oceania       24549947
```

 小結

本章簡介了 Python pandas 與 R 語言中的基本資料框操作技巧，包含建立、檢視、篩選、選擇、排序、新增變數、新增觀測值、摘要與分組。

## Chapter 8

進階資料框操作技巧

Tidy datasets are all alike, but every messy dataset is messy in its own way.

Hadley Wickham

在基礎資料框操作技巧我們簡介了資料科學團隊常在面對佔據主流地位的表格式資料（Tabular Data）時，於 Python 與 R 語言中以資料框（Data Frame）來進行基礎操作，包含像是建立、檢視與篩選等，這個小節將繼續專注資料框（Data Frame）的進階操作技巧。

8-1 調整變數的型別

Python

一個 pandas 資料框的組成有四個層次，如果從下往上（bottom-up）檢視：先是資料，接著同樣型別的資料可以結合成為一個陣列（ndarray），然後陣列加入索引標籤可以成為一個 Series，最後多個 Series 能夠合併為一個資料框。因此如果有變數型別想要調整，只需要從上往下（top-down）檢視：將變數單獨取出成為一個 Series，調整型別之後再指派回資料框的原變數位置即可。以 1995 至 1996 年球季芝加哥公牛隊先發陣容的資料框為例，背號原本是整數型別（int），可以利用 .astype() 方法將其調整成文字（object）。

```python
import pandas as pd

numbers = [9, 23, 33, 91, 13]
players = ["Ron Harper", "Michael Jordan", "Scottie Pippen", "Dennis
Rodman", "Luc Longley"]
df = pd.DataFrame()
df["number"] = numbers
df["player"] = players
print(df["number"].dtype)
print(df["number"].values)
df["number"] = df["number"].astype(str)
print(df["number"].dtype)
print(df["number"].values)
## int64
## [ 9 23 33 91 13]
## object
## ['9' '23' '33' '91' '13']
```

R 語言

R 語言具有一系列調整變數型別的變數可以轉換一整個向量的型別：

+ as.numeric() 轉換為數值向量

+ as.character() 轉換為文字向量

+ as.logical() 轉換為邏輯值向量

在 R 語言中資料框亦是由多個向量組合而成，我們能夠將變數單獨取出成為一個向量，調整型別之後再指派回資料框的原變數位置即可。以 1995 至 1996 年球季芝加哥公牛隊先發陣容的資料框為例，背號原本是數值型別（numeric），可以利用 as.character() 將其調整成文字（character）。

```
numbers <- c(9, 23, 33, 91, 13)
players <- c("Ron Harper", "Michael Jordan", "Scottie Pippen", "Dennis
Rodman", "Luc Longley")
df <- data.frame(number = numbers,
                 player = players,
                 stringsAsFactors = FALSE) # 避免處理 factor 型別
class(df$number)
df$number
df$number <- as.character(df$number)
class(df$number)
df$number
## [1] "numeric"
## [1]  9 23 33 91 13
## [1] "character"
## [1] "9"  "23" "33" "91" "13"
```

8-2 對文字變數重新編碼

Python

利用 .map() 方法並輸入一個 dict，在這個 dict 中利用 key-value 的對應關係實現重新編碼，像是輸入球員姓名與鋒衛位置的對應 dict：

```
import pandas as pd

numbers = [9, 23, 33, 91, 13]
players = ["Ron Harper", "Michael Jordan", "Scottie Pippen", "Dennis
Rodman", "Luc Longley"]
df = pd.DataFrame()
df["number"] = numbers
df["player"] = players
position_dict = {
    "Ron Harper": "PG",
    "Michael Jordan": "SG",
    "Scottie Pippen": "SF",
    "Dennis Rodman": "PF",
```

```
    "Luc Longley": "C"
}
df["position"] = df["player"].map(position_dict)
df
```

	number	player	position
0	9	Ron Harper	PG
1	23	Michael Jordan	SG
2	33	Scottie Pippen	SF
3	91	Dennis Rodman	PF
4	13	Luc Longley	C

▶ 輸入球員姓名與鋒衛位置的對應

輸入鋒衛位置與前場後場的對應：

```
import pandas as pd

numbers = [9, 23, 33, 91, 13]
players = ["Ron Harper", "Michael Jordan", "Scottie Pippen", "Dennis
Rodman", "Luc Longley"]
df = pd.DataFrame()
df["number"] = numbers
df["player"] = players
position_dict = {
    "Ron Harper": "PG",
    "Michael Jordan": "SG",
    "Scottie Pippen": "SF",
    "Dennis Rodman": "PF",
    "Luc Longley": "C"
}
df["position"] = df["player"].map(position_dict)
court_dict = {
    "PG": "Back",
    "SG": "Back",
    "SF": "Front",
```

```
    "PF": "Front",
    "C": "Front"
}
df["court"] = df["position"].map(court_dict)
df
```

	number	player	position	court
0	9	Ron Harper	PG	Back
1	23	Michael Jordan	SG	Back
2	33	Scottie Pippen	SF	Front
3	91	Dennis Rodman	PF	Front
4	13	Luc Longley	C	Front

▶ 輸入鋒衛位置與前場後場的對應

前一個例子由於前場後場是一個二元分類，我們也可以寫一個簡潔的 lambda 表示來完成對應，相等於 PG 或 SG 就是後場，否則就是前場：

```
import pandas as pd

numbers = [9, 23, 33, 91, 13]
players = ["Ron Harper", "Michael Jordan", "Scottie Pippen", "Dennis
Rodman", "Luc Longley"]
df = pd.DataFrame()
df["number"] = numbers
df["player"] = players
position_dict = {
    "Ron Harper": "PG",
    "Michael Jordan": "SG",
    "Scottie Pippen": "SF",
    "Dennis Rodman": "PF",
    "Luc Longley": "C"
}
df["position"] = df["player"].map(position_dict)
df["court"] = df["position"].map(lambda x: "Back" if x in ['PG', 'SG'] else
"Front")
df
```

	number	player	position	court
0	9	Ron Harper	PG	Back
1	23	Michael Jordan	SG	Back
2	33	Scottie Pippen	SF	Front
3	91	Dennis Rodman	PF	Front
4	13	Luc Longley	C	Front

使用 lambda 表示完成鋒衛位置與前場後場的對應

R 語言

利用流程控制定義一個函數再使用 sapply() 應用至資料框變數上，最後指派至資料框中為一個新變數，像是球員姓名與鋒衛位置的對應：

```r
get_position <- function(player) {
  if (player == "Ron Harper") {
    return("PG")
  } else if (player == "Michael Jordan") {
    return("SG")
  } else if (player == "Scottie Pippen") {
    return("SF")
  } else if (player == "Dennis Rodman") {
    return("PF")
  } else {
    return("C")
  }
}

numbers <- c(9, 23, 33, 91, 13)
players <- c("Ron Harper", "Michael Jordan", "Scottie Pippen", "Dennis
Rodman", "Luc Longley")
df <- data.frame(number = numbers,
                 player = players,
                 stringsAsFactors = FALSE) # 避免處理 factor 型別
df$position <- sapply(df$player, FUN = get_position)
View(df)
```

	number	player	position
1	9	Ron Harper	PG
2	23	Michael Jordan	SG
3	33	Scottie Pippen	SF
4	91	Dennis Rodman	PF
5	13	Luc Longley	C

▶ 球員姓名與鋒衛位置的對應

鋒衛位置與前場後場的對應是一個二元分類，我們利用內建的 `ifelse()` 函數寫一個簡潔對應，相等於 PG 或 SG 就是後場，否則就是前場：

```
get_position <- function(player) {
  if (player == "Ron Harper") {
    return("PG")
  } else if (player == "Michael Jordan") {
    return("SG")
  } else if (player == "Scottie Pippen") {
    return("SF")
  } else if (player == "Dennis Rodman") {
    return("PF")
  } else {
    return("C")
  }
}

numbers <- c(9, 23, 33, 91, 13)
players <- c("Ron Harper", "Michael Jordan", "Scottie Pippen", "Dennis
Rodman", "Luc Longley")
df <- data.frame(number = numbers,
                 player = players,
                 stringsAsFactors = FALSE) # 避免處理 factor 型別
df$position <- sapply(df$player, FUN = get_position)
df$court <- ifelse(df$position %in% c("PG", "SG"), "Back", "Front")
View(df)
```

	number	player	position	court
1	9	Ron Harper	PG	Back
2	23	Michael Jordan	SG	Back
3	33	Scottie Pippen	SF	Front
4	91	Dennis Rodman	PF	Front
5	13	Luc Longley	C	Front

▶ 鋒衛位置與前場後場的對應

8-3 對數字重新歸類分組為文字變數

Python

同樣利用 .map() 方法並輸入一個數字歸類分組為文字的函數，在這個函數中我們定義數字的區間與組別，像是低於 200 磅的球員，歸類為輕（Light）；介於 200 至 250 磅的球員，歸類為中等（Medium）；大於 250 磅的球員，歸類為重（Heavy）：

```python
import pandas as pd

numbers = [9, 23, 33, 91, 13]
players = ["Ron Harper", "Michael Jordan", "Scottie Pippen", "Dennis
Rodman", "Luc Longley"]
weights = [185, 195, 210, 210, 265]
df = pd.DataFrame()
df["number"] = numbers
df["player"] = players
df["weight"] = weights

def get_weight_category(wt):
  if wt < 200:
    return "Light"
  elif 200 <= wt < 250:
    return "Medium"
  else:
```

```
    return "Heavy"

df["weight_category"] = df["weight"].map(get_weight_category)
df
```

	number	player	weight	weight_category
0	9	Ron Harper	185	Light
1	23	Michael Jordan	195	Light
2	33	Scottie Pippen	210	Medium
3	91	Dennis Rodman	210	Medium
4	13	Luc Longley	265	Heavy

▶️ 依照球員體重歸類為輕、中等與重

R 語言

利用流程控制定義一個函數再使用 sapply() 應用至資料框變數上,在這個函數中我們定義數字的區間與組別,像是低於 200 磅的球員,歸類為輕(Light);介於 200 至 250 磅的球員,歸類為中等(Medium);大於 250磅的球員,歸類為重(Heavy):

```
get_weight_cat <- function(weight) {
  if (weight < 200) {
    return("Light")
  } else if (weight >= 200 & weight < 250) {
    return("Medium")
  } else {
    return("Heavy")
  }
}

numbers <- c(9, 23, 33, 91, 13)
players <- c("Ron Harper", "Michael Jordan", "Scottie Pippen", "Dennis
Rodman", "Luc Longley")
weights <- c(185, 195, 210, 210, 265)
```

```
df <- data.frame(number = numbers,
                 player = players,
                 weight = weights,
                 stringsAsFactors = FALSE) # 避免處理 factor 型別
df$weight_cat <- sapply(df$weight, FUN = get_weight_cat)
View(df)
```

	number	player	weight	weight_cat
1	9	Ron Harper	185	Light
2	23	Michael Jordan	195	Light
3	33	Scottie Pippen	210	Medium
4	91	Dennis Rodman	210	Medium
5	13	Luc Longley	265	Heavy

▶ 低於 200 磅的球員，歸類為輕（Light）；介於 200 至 250 磅的球員，歸類為中等（Medium）；大於 250 磅的球員，歸類為重（Heavy）

或者使用內建函數 cut() 利用四個數線上的位置 -Inf、200、250 與 Inf 作為切點（當然，這裡使用負無限大與無限大處理體重這樣的數值是顯得小題大作），分出三個標籤 Light、Medium 與 Heavy：

```
numbers <- c(9, 23, 33, 91, 13)
players <- c("Ron Harper", "Michael Jordan", "Scottie Pippen", "Dennis Rodman", "Luc Longley")
weights <- c(185, 195, 210, 210, 265)
df <- data.frame(number = numbers,
                 player = players,
                 weight = weights,
                 stringsAsFactors = FALSE) # 避免處理 factor 型別
df$weight_cat <- cut(df$weight, breaks = c(-Inf, 200, 250, Inf), labels = c("Light", "Medium", "Heavy"))
View(df)
```

	number	player	weight	weight_cat
1	9	Ron Harper	185	Light
2	23	Michael Jordan	195	Light
3	33	Scottie Pippen	210	Medium
4	91	Dennis Rodman	210	Medium
5	13	Luc Longley	265	Heavy

▶ 使用內建函數 cut()

8-4 處理遺漏值

Python

在 Python pandas 的資料框中，內建型別 None 以及 NumPy 模組中的 nan 會被視作為遺漏值（NA，Not Available），或者稱作未知原因而不存在的資料（not present for whatever reason）。像是 1995 至 1996 年球季芝加哥公牛隊先發陣容以及最佳第六人 Toni Kukoc 的美國大學學歷資料，由於 Toni Kuoc 是歐洲球員沒有美國大學學歷，在記錄時可以利用 None 或 np.nan。

```
import pandas as pd
import numpy as np

numbers - [9, 23, 33, 91, 13, 7]
players = ["Ron Harper", "Michael Jordan", "Scottie Pippen", "Dennis
Rodman", "Luc Longley", "Toni Kukoc"]
colleges = ["Miami University", "University of North Carolina", "University
of Central Arkansas", "Southeastern Oklahoma State University",
"University of New Mexico", None] # None 替換為 np.nan 亦可
df = pd.DataFrame()
df["number"] = numbers
df["player"] = players
df["college"] = colleges
df
```

	number	player	college
0	9	Ron Harper	Miami University
1	23	Michael Jordan	University of North Carolina
2	33	Scottie Pippen	University of Central Arkansas
3	91	Dennis Rodman	Southeastern Oklahoma State University
4	13	Luc Longley	University of New Mexico
5	7	Toni Kukoc	None

▶ 1995 至 1996 年球季芝加哥公牛隊先發陣容以及最佳第六人 Toni Kukoc 的美國
大學學歷資料

我們可以利用 .isna() 方法來判斷資料中是否存在遺漏值並加以篩選。

```python
import pandas as pd
import numpy as np

numbers = [9, 23, 33, 91, 13, 7]
players = ["Ron Harper", "Michael Jordan", "Scottie Pippen", "Dennis
Rodman", "Luc Longley", "Toni Kukoc"]
colleges = ["Miami University", "University of North Carolina", "University
of Central Arkansas", "Southeastern Oklahoma State University",
"University of New Mexico", None] # None 替換為 np.nan 亦可
df = pd.DataFrame()
df["number"] = numbers
df["player"] = players
df["college"] = colleges
print(df["college"].isna()) # 判斷大學是否有遺漏值
df[df["college"].isna()]     # 篩選出大學為遺漏值的列數
```

```
0    False
1    False
2    False
3    False
4    False
5     True
Name: college, dtype: bool
```

	number	player	college
5	7	Toni Kukoc	None

▶ 利用 .isna() 方法來判斷資料中是否存在遺漏值並加以篩選

或者反過來，利用 .notna() 方法並篩選資料框中完整的列數。

```python
import pandas as pd
import numpy as np

numbers = [9, 23, 33, 91, 13, 7]
players = ["Ron Harper", "Michael Jordan", "Scottie Pippen", "Dennis
Rodman", "Luc Longley", "Toni Kukoc"]
colleges = ["Miami University", "University of North Carolina", "University
of Central Arkansas", "Southeastern Oklahoma State University",
"University of New Mexico", np.nan] # np.nan 替換為 None 亦可
df = pd.DataFrame()
df["number"] = numbers
df["player"] = players
df["college"] = colleges
print(df["college"].notna()) # 判斷大學是否無遺漏值
df[df["college"].notna()]     # 篩選出大學非遺漏值的列數
```

```
0     True
1     True
2     True
3     True
4     True
5     False
Name: college, dtype: bool
```

	number	player	college
0	9	Ron Harper	Miami University
1	23	Michael Jordan	University of North Carolina
2	33	Scottie Pippen	University of Central Arkansas
3	91	Dennis Rodman	Southeastern Oklahoma State University
4	13	Luc Longley	University of New Mexico

▶ 利用 .notna() 方法並篩選資料框中完整的列數

如果希望填補遺漏值，可以利用 .fillna() 方法輸入欲填補的值，像是將 Toni Kukoc 的大學學歷填入克羅埃西亞：

```python
import pandas as pd
import numpy as np

numbers = [9, 23, 33, 91, 13, 7]
players = ["Ron Harper", "Michael Jordan", "Scottie Pippen", "Dennis
Rodman", "Luc Longley", "Toni Kukoc"]
colleges = ["Miami University", "University of North Carolina", "University
of Central Arkansas", "Southeastern Oklahoma State University",
"University of New Mexico", None] # None 替換為 np.nan 亦可
df = pd.DataFrame()
df["number"] = numbers
df["player"] = players
df["college"] = colleges
df["college"] = df["college"].fillna("Croatia")
df
```

	number	player	college
0	9	Ron Harper	Miami University
1	23	Michael Jordan	University of North Carolina
2	33	Scottie Pippen	University of Central Arkansas
3	91	Dennis Rodman	Southeastern Oklahoma State University
4	13	Luc Longley	University of New Mexico
5	7	Toni Kukoc	Croatia

▶ 將 Toni Kukoc 的大學學歷填入克羅埃西亞

R 語言

在 R 語言的資料框中，內建型別 NA 會被視作為遺漏值（NA，Not Available），或者稱作未知原因而不存在的資料（not present for whatever reason）。像是 1995 至 1996 年球季芝加哥公牛隊先發陣容以及最佳第六

人 Toni Kukoc 的美國大學學歷資料，由於 Toni Kuoc 是歐洲球員沒有美國大學學歷，在記錄時可以利用 NA。

```
numbers <- c(9, 23, 33, 91, 13, 7)
players <- c("Ron Harper", "Michael Jordan", "Scottie Pippen", "Dennis
Rodman", "Luc Longley", "Tony Kukoc")
colleges <- c("Miami University", "University of North Carolina",
"University of Central Arkansas", "Southeastern Oklahoma State
University", "University of New Mexico", NA)
df <- data.frame(number = numbers,
                 player = players,
                 college = colleges,
                 stringsAsFactors = FALSE) # 避免處理 factor 型別
View(df)
```

	number	player	college
1	9	Ron Harper	Miami University
2	23	Michael Jordan	University of North Carolina
3	33	Scottie Pippen	University of Central Arkansas
4	91	Dennis Rodman	Southeastern Oklahoma State University
5	13	Luc Longley	University of New Mexico
6	7	Tony Kukoc	*NA*

▶ 1995 至 1996 年球季芝加哥公牛隊先發陣容以及最佳第六人 Toni Kukoc 的美國大學學歷資料

我們可以利用 is.na() 函數來判斷資料中是否存在遺漏值並加以篩選：

```
numbers <- c(9, 23, 33, 91, 13, 7)
players <- c("Ron Harper", "Michael Jordan", "Scottie Pippen", "Dennis
Rodman", "Luc Longley", "Tony Kukoc")
colleges <- c("Miami University", "University of North Carolina",
"University of Central Arkansas", "Southeastern Oklahoma State
University", "University of New Mexico", NA)
df <- data.frame(number = numbers,
                 player = players,
                 college = colleges,
```

```
                    stringsAsFactors = FALSE) # 避免處理 factor 型別
is.na(df$college)
df[is.na(df$college), ]
## [1] FALSE FALSE FALSE FALSE FALSE  TRUE
##   number    player college
## 6       7 Tony Kukoc    <NA>
```

使用！運算符號可以將 is.na() 函數的判斷結果反轉，改為篩選有美國大
學學歷的觀測值：

```
numbers <- c(9, 23, 33, 91, 13, 7)
players <- c("Ron Harper", "Michael Jordan", "Scottie Pippen", "Dennis
Rodman", "Luc Longley", "Tony Kukoc")
colleges <- c("Miami University", "University of North Carolina",
"University of Central Arkansas", "Southeastern Oklahoma State
University", "University of New Mexico", NA)
df <- data.frame(number = numbers,
                 player = players,
                 college = colleges,
                 stringsAsFactors = FALSE) # 避免處理 factor 型別
!(is.na(df$college))
View(df[!(is.na(df$college)), ])
## [1]  TRUE  TRUE  TRUE  TRUE  TRUE FALSE
```

	number	player	college
1	9	Ron Harper	Miami University
2	23	Michael Jordan	University of North Carolina
3	33	Scottie Pippen	University of Central Arkansas
4	91	Dennis Rodman	Southeastern Oklahoma State University
5	13	Luc Longley	University of New Mexico

▶ 篩選有美國大學學歷的觀測值

R 語言另外具備一個 complete.cases() 函數，可以回傳判斷資料框的每
一列觀測值是否完整（完全不含遺漏值 NA）：

```
numbers <- c(9, 23, 33, 91, 13, 7)
players <- c("Ron Harper", "Michael Jordan", "Scottie Pippen", "Dennis
Rodman", "Luc Longley", "Tony Kukoc")
colleges <- c("Miami University", "University of North Carolina",
"University of Central Arkansas", "Southeastern Oklahoma State
University", "University of New Mexico", NA)
df <- data.frame(number = numbers,
                 player = players,
                 college = colleges,
                 stringsAsFactors = FALSE) # 避免處理 factor 型別
complete.cases(df)
View(df[complete.cases(df), ])
## [1]  TRUE  TRUE  TRUE  TRUE  TRUE FALSE
```

	number	player	college
1	9	Ron Harper	Miami University
2	23	Michael Jordan	University of North Carolina
3	33	Scottie Pippen	University of Central Arkansas
4	91	Dennis Rodman	Southeastern Oklahoma State University
5	13	Luc Longley	University of New Mexico

▶ 篩選有美國大學學歷的觀測值

如果希望填補遺漏值，可以篩選出遺漏的元素直接指派欲填補的值，像是
將 Toni Kukoc 的大學學歷填入克羅埃西亞：

```
numbers <- c(9, 23, 33, 91, 13, 7)
players <- c("Ron Harper", "Michael Jordan", "Scottie Pippen", "Dennis
Rodman", "Luc Longley", "Tony Kukoc")
colleges <- c("Miami University", "University of North Carolina",
"University of Central Arkansas", "Southeastern Oklahoma State
University", "University of New Mexico", NA)
df <- data.frame(number = numbers,
                 player = players,
                 college = colleges,
                 stringsAsFactors = FALSE) # 避免處理 factor 型別
df$college[is.na(df$college)] <- "Croatia"
View(df)
```

	number	player	college
1	9	Ron Harper	Miami University
2	23	Michael Jordan	University of North Carolina
3	33	Scottie Pippen	University of Central Arkansas
4	91	Dennis Rodman	Southeastern Oklahoma State University
5	13	Luc Longley	University of New Mexico
6	7	Tony Kukoc	Croatia

▶▶ 將 Toni Kukoc 的大學學歷填入克羅埃西亞

8-5 處理時間序列

Python

如果資料框中記錄的是與日期或日期時間相關的資訊，可以利用 pandas 的 to_datetime() 函數將原本的字元轉換為具備更多功能的日期時間型別，像是如果將 1995 至 1996 年球季芝加哥公牛隊先發陣容的出生年月日轉換為日期時間型別，就可以實踐依照年紀大小排序，而這是在本來以文字記錄出生年月日時候並不具備的功能。

```
import pandas as pd

numbers = [9, 23, 33, 91, 13]
players = ["Ron Harper", "Michael Jordan", "Scottie Pippen", "Dennis
Rodman", "Luc Longley"]
birth_dates = ["January 20, 1964", "February 17, 1963", "September 25,
1965", "May 13, 1961", "January 19, 1969"]
df = pd.DataFrame()
df["number"] = numbers
df["player"] = players
df["birth_date"] = birth_dates
print(df["birth_date"].dtype) # 字元型別
df
```

```
object
```

	number	player	birth_date
0	9	Ron Harper	January 20, 1964
1	23	Michael Jordan	February 17, 1963
2	33	Scottie Pippen	September 25, 1965
3	91	Dennis Rodman	May 13, 1961
4	13	Luc Longley	January 19, 1969

▶ birth_date 為字元型別

pandas 的 `to_datetime()` 函數有預設辨別的日期時間格式，例子中的 `%B` `%d`, `%Y` 是能夠被解析的格式，因此不需另外指定：

```python
import pandas as pd

numbers = [9, 23, 33, 91, 13]
players = ["Ron Harper", "Michael Jordan", "Scottie Pippen", "Dennis Rodman", "Luc Longley"]
birth_dates = ["January 20, 1964", "February 17, 1963", "September 25, 1965", "May 13, 1961", "January 19, 1969"]
df = pd.DataFrame()
df["number"] = numbers
df["player"] = players
df["birth_date"] = birth_dates
df["birth_date"] = pd.to_datetime(df["birth_date"]) # 轉換字元為日期時間型別
print(df["birth_date"].dtype)
df
```

```
datetime64[ns]
```

	number	player	birth_date
0	9	Ron Harper	1964-01-20
1	23	Michael Jordan	1963-02-17
2	33	Scottie Pippen	1965-09-25
3	91	Dennis Rodman	1961-05-13
4	13	Luc Longley	1969-01-19

▶ birth_date 為日期時間型別

轉換成為日期時間型別之後就能夠依照年紀排序，這是在本來以文字記錄時候並不具備的功能：

```
import pandas as pd

numbers = [9, 23, 33, 91, 13]
players = ["Ron Harper", "Michael Jordan", "Scottie Pippen", "Dennis
Rodman", "Luc Longley"]
birth_dates = ["January 20, 1964", "February 17, 1963", "September 25,
1965", "May 13, 1961", "January 19, 1969"]
df = pd.DataFrame()
df["number"] = numbers
df["player"] = players
df["birth_date"] = birth_dates
df["birth_date"] = pd.to_datetime(df["birth_date"]) # 轉換字元為日期時間型
別
df.sort_values("birth_date")
```

	number	player	birth_date
3	91	Dennis Rodman	1961-05-13
1	23	Michael Jordan	1963-02-17
0	9	Ron Harper	1964-01-20
2	33	Scottie Pippen	1965-09-25
4	13	Luc Longley	1969-01-19

▶ 轉換成為日期時間型別之後就能夠依照年紀排序

處理常見時間序列資料（例如股價、匯率或利率等）更普遍的作法會將日期時間擺放至列索引值，只要使用 .set_index() 方法就能完成：

```python
import pandas as pd

numbers = [9, 23, 33, 91, 13]
players = ["Ron Harper", "Michael Jordan", "Scottie Pippen", "Dennis Rodman", "Luc Longley"]
birth_dates = ["January 20, 1964", "February 17, 1963", "September 25, 1965", "May 13, 1961", "January 19, 1969"]
df = pd.DataFrame()
df["number"] = numbers
df["player"] = players
df["birth_date"] = birth_dates
df["birth_date"] = pd.to_datetime(df["birth_date"]) # 轉換字元為日期時間型別
df = df.set_index("birth_date", drop=True)    # 將日期時間擺放至列索引值
df
```

birth_date	number	player
1964-01-20	9	Ron Harper
1963-02-17	23	Michael Jordan
1965-09-25	33	Scottie Pippen
1961-05-13	91	Dennis Rodman
1969-01-19	13	Luc Longley

▶ 將日期時間擺放至列索引值

R 語言

如果資料框中記錄的是與日期或日期時間相關的資訊，可以利用 as.Date() 或者 as.POSIXct() 函數將原本的字元轉換為具備更多功能的日期或日期時間型別，像是如果將 1995 至 1996 年球季芝加哥公牛隊先發陣容的出生年月日轉換為日期型別，就可以實踐依照年紀大小排序，而這是在本來以文字記錄出生年月日時候並不具備的功能。

```r
numbers <- c(9, 23, 33, 91, 13)
players <- c("Ron Harper", "Michael Jordan", "Scottie Pippen", "Dennis
Rodman", "Luc Longley")
birth_dates <- c("January 20, 1964", "February 17, 1963", "September 25,
1965", "May 13, 1961", "January 19, 1969")
df <- data.frame(number = numbers,
                 player = players,
                 birth_date = birth_dates,
                 stringsAsFactors = FALSE) # 避免處理 factor 型別
class(df$birth_date)
View(df)
## [1] "character"
```

	number	player	birth_date
1	9	Ron Harper	January 20, 1964
2	23	Michael Jordan	February 17, 1963
3	33	Scottie Pippen	September 25, 1965
4	91	Dennis Rodman	May 13, 1961
5	13	Luc Longley	January 19, 1969

▶ birth_date 原本為字元型別

as.Date() 函數預設僅能辨別 %Y-%m-%d 或 %Y/%m/%d 的格式，像例子中的 %B %d, %Y 就需要另外指定 format：

```r
numbers <- c(9, 23, 33, 91, 13)
players <- c("Ron Harper", "Michael Jordan", "Scottie Pippen", "Dennis
Rodman", "Luc Longley")
```

```
birth_dates <- c("January 20, 1964", "February 17, 1963", "September 25,
1965", "May 13, 1961", "January 19, 1969")
df <- data.frame(number = numbers,
                 player = players,
                 birth_date = birth_dates,
                 stringsAsFactors = FALSE) # 避免處理 factor 型別
df$birth_date <- as.Date(df$birth_date, format = "%B %d, %Y")
class(df$birth_date)
View(df)
## [1] "Date"
```

	number	player	birth_date
1	9	Ron Harper	1964-01-20
2	23	Michael Jordan	1963-02-17
3	33	Scottie Pippen	1965-09-25
4	91	Dennis Rodman	1961-05-13
5	13	Luc Longley	1969-01-19

▶ birth_date 為日期型別

轉換成為日期型別之後就能夠依照年紀排序，這是在本來以文字記錄時候並不具備的功能：

```
library(dplyr)

numbers <- c(9, 23, 33, 91, 13)
players <- c("Ron Harper", "Michael Jordan", "Scottie Pippen", "Dennis
Rodman", "Luc Longley")
birth_dates <- c("January 20, 1964", "February 17, 1963", "September 25,
1965", "May 13, 1961", "January 19, 1969")
df <- data.frame(number = numbers,
                 player = players,
                 birth_date = birth_dates,
                 stringsAsFactors = FALSE) # 避免處理 factor 型別
df$birth_date <- as.Date(df$birth_date, format = "%B %d, %Y")
df %>%
  arrange(birth_date) %>%
  View()
```

	number	player	birth_date
1	91	Dennis Rodman	1961-05-13
2	23	Michael Jordan	1963-02-17
3	9	Ron Harper	1964-01-20
4	33	Scottie Pippen	1965-09-25
5	13	Luc Longley	1969-01-19

▶ 轉換成為日期型別之後就能夠依照年紀排序

8-6 轉置資料框

轉置常見的應用是寬表格（Wide Format）與長表格（Long Format）之間的互相轉換，寬表格是比較熟悉的資料框樣式，一列是獨立的觀測值，加入資訊是以增添欄位方式實踐，故得其名為寬表格；長表格是比較陌生的資料框樣式，具有以一欄 key 搭配一欄 value 來紀錄資料的項目與值，加入資訊是以增添列數方式實踐，故得其名為長表格。

Python

像是 1995 至 1996 年球季芝加哥公牛隊先發球員的身高與體重資訊就能以一個寬表格記錄：

```
import pandas as pd

players = ["Ron Harper", "Michael Jordan", "Scottie Pippen", "Dennis
Rodman", "Luc Longley"]
heights = ["6-6", "6-6", "6-8", "6-7", "7-2"]
weights = [185, 195, 210, 210, 265]
df = pd.DataFrame()
df["player"] = players
df["height"] = heights
df["weight"] = weights
df = df.set_index("player", drop=True)    # 將球員姓名設定為列索引
df                                         # 原始外觀為寬表格
```

	height	weight
player		
Ron Harper	6-6	185
Michael Jordan	6-6	195
Scottie Pippen	6-8	210
Dennis Rodman	6-7	210
Luc Longley	7-2	265

▶ 原始外觀為寬表格

利用 .stack() 方法可以將寬表格轉換為長表格，成為一個多重索引值（multi-index）的 Series：

```python
import pandas as pd

players = ["Ron Harper", "Michael Jordan", "Scottie Pippen", "Dennis
Rodman", "Luc Longley"]
heights = ["6-6", "6-6", "6-8", "6-7", "7-2"]
weights = [185, 195, 210, 210, 265]
df = pd.DataFrame()
df["player"] = players
df["height"] = heights
df["weight"] = weights
df = df.set_index("player", drop=True) # 將球員姓名設定為列索引
long_format = df.stack()                # 寬表格轉長表格
long_format
```

```
player
Ron Harper        height    6-6
                  weight    185
Michael Jordan    height    6-6
                  weight    195
Scottie Pippen    height    6-8
                  weight    210
Dennis Rodman     height    6-7
                  weight    210
Luc Longley       height    7-2
                  weight    265
dtype: object
```

▶ 利用 .stack() 方法可以將寬表格轉換為長表格

利用 .unstack() 方法可以將長表格轉換回原始的寬表格：

```
import pandas as pd

players = ["Ron Harper", "Michael Jordan", "Scottie Pippen", "Dennis
Rodman", "Luc Longley"]
heights = ["6-6", "6-6", "6-8", "6-7", "7-2"]
weights = [185, 195, 210, 210, 265]
df = pd.DataFrame()
df["player"] = players
df["height"] = heights
df["weight"] = weights
df = df.set_index("player", drop=True)  # 將球員姓名設定為列索引
long_format = df.stack()                # 寬表格轉長表格
wide_format = long_format.unstack()     # 長表格轉寬表格
wide_format
```

player	height	weight
Ron Harper	6-6	185
Michael Jordan	6-6	195
Scottie Pippen	6-8	210
Dennis Rodman	6-7	210
Luc Longley	7-2	265

利用 .unstack() 方法可以將長表格轉換回原始的寬表格

R 語言

像是 1995 至 1996 年球季芝加哥公牛隊先發球員的身高與體重資訊就能以一個寬表格記錄：

```
players <- c("Ron Harper", "Michael Jordan", "Scottie Pippen", "Dennis
Rodman", "Luc Longley")
heights <- c("6-6", "6-6", "6-8", "6-7", "7-2")
weights <- c(185, 195, 210, 210, 265)
```

```
df <- data.frame(player = players,
                 height = heights,
                 weight = weights,
                 stringsAsFactors = FALSE) # 避免處理 factor 型別
View(df)
```

	player	height	weight
1	Ron Harper	6-6	185
2	Michael Jordan	6-6	195
3	Scottie Pippen	6-8	210
4	Dennis Rodman	6-7	210
5	Luc Longley	7-2	265

▶ 原始外觀為寬表格

利用 tidyr 套件中的 gather() 函數可以將寬表格轉換為長表格，參數 key
要給轉換後的項目名稱、參數 value 要給轉換後的值名稱，然後再指定有哪
些變數要轉換為以 key 跟 value 對照的欄位：

```
library(tidyr)

players <- c("Ron Harper", "Michael Jordan", "Scottie Pippen", "Dennis
Rodman", "Luc Longley")
heights <- c("6-6", "6-6", "6-8", "6-7", "7-2")
weights <- c(185, 195, 210, 210, 265)
df <- data.frame(player = players,
                 height = heights,
                 weight = weights,
                 stringsAsFactors = FALSE) # 避免處理 factor 型別
df %>%
  gather(key = "key", value = "value", height, weight) %>% # 轉換為長表格
  View()
```

	player	key	value
1	Ron Harper	height	6-6
2	Michael Jordan	height	6-6
3	Scottie Pippen	height	6-8
4	Dennis Rodman	height	6-7
5	Luc Longley	height	7-2
6	Ron Harper	weight	185
7	Michael Jordan	weight	195
8	Scottie Pippen	weight	210
9	Dennis Rodman	weight	210
10	Luc Longley	weight	265

▶ 利用 tidyr 套件中的 gather() 函數可以將寬表格轉換為長表格

利用 tidyr 套件中的 spread() 函數可以將長表格轉換為寬表格，參數 key
要給項目的變數名稱、參數 value 要給值的變數名稱：

```r
library(tidyr)

players <- c("Ron Harper", "Michael Jordan", "Scottie Pippen", "Dennis
Rodman", "Luc Longley")
heights <- c("6-6", "6-6", "6-8", "6-7", "7-2")
weights <- c(185, 195, 210, 210, 265)
df <- data.frame(player = players,
                 height = heights,
                 weight = weights,
                 stringsAsFactors = FALSE) # 避免處理 factor 型別
long_format <- df %>%
  gather(key = "key", value = "value", height, weight) # 轉換為長表格
long_format %>%
  spread(key = "key", value = "value") %>% # 轉換為寬表格
  View()
```

	player	height	weight
1	Dennis Rodman	6-7	210
2	Luc Longley	7-2	265
3	Michael Jordan	6-6	195
4	Ron Harper	6-6	185
5	Scottie Pippen	6-8	210

▶ 利用 tidyr 套件中的 spread() 函數可以將長表格轉換為寬表格

8-7 聯結資料框

當資訊分開儲存在兩個以上的資料框，可以使用資料框之間彼此關聯的變數作為對照，進而將資訊集中至同一個資料框之中。

Python

像是 1995 至 1996 年球季芝加哥公牛隊先發陣容若是將球員的背號與就讀大學分別儲存在不同資料框中：

```
import pandas as pd

players = ["Ron Harper", "Michael Jordan", "Scottie Pippen", "Dennis
Rodman", "Luc Longley"]
numbers = [9, 23, 33, 91, 13]
colleges = ["Miami University", "University of North Carolina", "University
of Central Arkansas", "Southeastern Oklahoma State University",
"University of New Mexico"]
number_df = pd.DataFrame()
number_df["player"] = players
number_df["number"] = numbers
college_df = pd.DataFrame()
college_df["player"] = players
college_df["college"] = colleges
print(number_df)
print(college_df)
```

```
        player  number
0     Ron Harper       9
1  Michael Jordan      23
2  Scottie Pippen      33
3   Dennis Rodman      91
4     Luc Longley      13
        player                               college
0     Ron Harper                     Miami University
1  Michael Jordan       University of North Carolina
2  Scottie Pippen       University of Central Arkansas
3   Dennis Rodman  Southeastern Oklahoma State University
4     Luc Longley          University of New Mexico
```

▶ 球員的背號與就讀大學分別儲存在不同資料框中

我們可以使用 pd.merge() 函數，輸入對照的變數欄位 player 合併兩個資料框：

```
import pandas as pd

players = ["Ron Harper", "Michael Jordan", "Scottie Pippen", "Dennis
Rodman", "Luc Longley"]
numbers = [9, 23, 33, 91, 13]
colleges = ["Miami University", "University of North Carolina", "University
of Central Arkansas", "Southeastern Oklahoma State University",
"University of New Mexico"]
number_df = pd.DataFrame()
number_df["player"] = players
number_df["number"] = numbers
college_df = pd.DataFrame()
college_df["player"] = players
college_df["college"] = colleges
pd.merge(number_df, college_df, on='player')
```

	player	number	college
0	Ron Harper	9	Miami University
1	Michael Jordan	23	University of North Carolina
2	Scottie Pippen	33	University of Central Arkansas
3	Dennis Rodman	91	Southeastern Oklahoma State University
4	Luc Longley	13	University of New Mexico

▶ 輸入對照的變數欄位 player 合併兩個資料框

我們也可以使用 .join() 方法，根據兩個資料框的列索引（row index）來做合併，注意由於兩個資料框都有同樣名稱的 player 變數，在使用 .join() 方法之前可以去除其中一個資料框的 player 變數。

```python
import pandas as pd

players = ["Ron Harper", "Michael Jordan", "Scottie Pippen", "Dennis
Rodman", "Luc Longley"]
numbers = [9, 23, 33, 91, 13]
colleges = ["Miami University", "University of North Carolina", "University
of Central Arkansas", "Southeastern Oklahoma State University",
"University of New Mexico"]
number_df = pd.DataFrame()
number_df["player"] = players
number_df["number"] = numbers
college_df = pd.DataFrame()
college_df["player"] = players
college_df["college"] = colleges
number_df.join(college_df[["college"]])
```

	player	number	college
0	Ron Harper	9	Miami University
1	Michael Jordan	23	University of North Carolina
2	Scottie Pippen	33	University of Central Arkansas
3	Dennis Rodman	91	Southeastern Oklahoma State University
4	Luc Longley	13	University of New Mexico

▶ 使用 .join() 方法，根據兩個資料框的列索引（row index）來做合併

前述兩個聯結資料框的作法不同之處在於 pd.merge() 函數依據兩個資料框關聯的變數，而 .join() 方法依據兩個資料框的列索引值。

R 語言

1995 至 1996 年球季芝加哥公牛隊先發陣容若是將球員的背號與就讀大學分別儲存在不同資料框中：

```
players <- c("Ron Harper", "Michael Jordan", "Scottie Pippen", "Dennis
Rodman", "Luc Longley")
numbers <- c(9, 23, 33, 91, 13)
colleges <- c("Miami University", "University of North Carolina",
"University of Central Arkansas", "Southeastern Oklahoma State
University", "University of New Mexico")
number_df <- data.frame(player = players,
                        number = numbers,
                        stringsAsFactors = FALSE) # 避免處理 factor 型別
college_df <- data.frame(player = players,
                         college = colleges,
                         stringsAsFactors = FALSE) # 避免處理 factor 型別
View(number_df)
View(college_df)
```

	player	number
1	Ron Harper	9
2	Michael Jordan	23
3	Scottie Pippen	33
4	Dennis Rodman	91
5	Luc Longley	13

▶ 球員的背號

	player	college
1	Ron Harper	Miami University
2	Michael Jordan	University of North Carolina
3	Scottie Pippen	University of Central Arkansas
4	Dennis Rodman	Southeastern Oklahoma State University
5	Luc Longley	University of New Mexico

▶ 球員就讀的大學

我們可以使用 merge() 函數，輸入對照的變數欄位 player 合併兩個資料框：

```
players <- c("Ron Harper", "Michael Jordan", "Scottie Pippen", "Dennis
Rodman", "Luc Longley")
numbers <- c(9, 23, 33, 91, 13)
colleges <- c("Miami University", "University of North Carolina",
"University of Central Arkansas", "Southeastern Oklahoma State
University", "University of New Mexico")
number_df <- data.frame(player = players,
                number = numbers,
                stringsAsFactors = FALSE) # 避免處理 factor 型別
college_df <- data.frame(player = players,
                    college = colleges,
                    stringsAsFactors = FALSE) # 避免處理 factor 型別
View(merge(number_df, college_df, by = "player"))
```

	player	number	college
1	Dennis Rodman	91	Southeastern Oklahoma State University
2	Luc Longley	13	University of New Mexico
3	Michael Jordan	23	University of North Carolina
4	Ron Harper	9	Miami University
5	Scottie Pippen	33	University of Central Arkansas

▶ 使用 merge() 函數，輸入對照的變數欄位 player 合併兩個資料框

或者使用 dplyr 套件中的 inner_join() 函數合併（在我們舉的栗子中，不論使用內部連結、左外部連結或右外部連結結果都是相同的）：

```
library(dplyr)

players <- c("Ron Harper", "Michael Jordan", "Scottie Pippen", "Dennis
Rodman", "Luc Longley")
numbers <- c(9, 23, 33, 91, 13)
colleges <- c("Miami University", "University of North Carolina",
"University of Central Arkansas", "Southeastern Oklahoma State
University", "University of New Mexico")
number_df <- data.frame(player = players,
                number = numbers,
```

```
                    stringsAsFactors = FALSE) # 避免處理 factor 型別
college_df <- data.frame(player = players,
                        college = colleges,
                        stringsAsFactors = FALSE) # 避免處理 factor 型別
number_df %>%
  inner_join(college_df) %>%
  View()
```

	player	number	college
1	Ron Harper	9	Miami University
2	Michael Jordan	23	University of North Carolina
3	Scottie Pippen	33	University of Central Arkansas
4	Dennis Rodman	91	Southeastern Oklahoma State University
5	Luc Longley	13	University of New Mexico

▶ 使用 dplyr 套件中的 inner_join() 函數合併

小結

本章説明了 Python pandas 與 R 語言中的進階資料框操作技巧，包含調整變數的型別、對文字變數重新編碼、對數字重新歸類分組為文字變數、處理遺漏值、處理時間序列、轉置資料框與聯結資料框。

Chapter 9

關於文字

Tidy datasets are all alike, but every messy dataset is messy in its own way.

Hadley Wickham

學習程式語言的第一個章節通常是認識變數型別，這個名詞聽起來陌生，簡單的想法是將它視為一種純量（scalar）的資料樣式，如果匯集了多個純量就能夠組合成為我們先前在認識常見的資料結構中所介紹的各種資料結構；不論是寫作 Python、R 語言或其他程式語言，或多或少都必須要暸解三個大類：

✦ 數值：可再細分為整數、浮點數或複數等的值

✦ 文字：以單引號或雙引號包括起來的值

✦ 布林：僅包含真、假判斷的二元值

對多數資料科學團隊來說面對以及處理文字是工作中非常重要的一環，因為不論是清理從網路上擷取而得的資料（從 html 擷取的資料都為文字）、合併從資料庫查詢所得的表格或者整備要進行探勘的文本，我們處理許多包含文字的資料結構。

 **9-1 建立**

使用單引號或雙引號將值包括起來，不論是在引號中放置數值、文字或者布林，都會以文字型別儲存。

Python

在 Python 文字的型別稱為 str ，是 string 的簡寫。

```python
asset_tony_stark = "12.4 billion"
print(type(asset_tony_stark))
asset_tony_stark = "12400000000"
print(type(asset_tony_stark))
tony_stark_is_rich = "True"
print(type(tony_stark_is_rich))
## <class 'str'>
## <class 'str'>
## <class 'str'>
```

R 語言

在 R 語言文字的型別稱為 character。

```r
asset_tony_stark <- "12.4 billion"
class(asset_tony_stark)
asset_tony_stark <- "12400000000"
class(asset_tony_stark)
tony_stark_is_rich <- "True"
class(tony_stark_is_rich)
## [1] "character"
## [1] "character"
## [1] "character"
```

在所有狀況下單引號與雙引號都可以任意使用嗎？其實不是的，在文字內容中有出現雙引號或單引號的時候，就要特別留意，像是 NBA 球星俠客歐尼爾 Shaquille O'Neal 的姓氏 O'Neal 有一個單引號，如果貿然使用單引號包括他的姓名，就會產生錯誤。

Python

```
print('Shaquille O'Neal')
## SyntaxError: invalid syntax
```

R 語言

```
'Shaquille O'Neal'
## Error: unexpected symbol in "'Shaquille O'Neal"
```

Python

這個時候有兩種解法，一種是在 O'Neal 的單引號前面加上跳脫符號　另一種則是改以雙引號包括姓名：

```
print("Shaquille O'Neal")
print('Shaquille O\'Neal')
## Shaquille O'Neal
## Shaquille O'Neal
```

R 語言

```
"Shaquille O'Neal"
'Shaquille O\'Neal'
## [1] "Shaquille O'Neal"
## [1] "Shaquille O'Neal"
```

Python

同樣道理也可以套用至文字中有雙引號或者兩種引號都有的文字段落中：

```
print("Okay. Let's put aside the fact that you \"accidentally\" picked up
my grandmother's ring and you \"accidentally\" proposed to Rachel.")
## Okay. Let's put aside the fact that you "accidentally" picked up my
grandmother's ring and you "accidentally" proposed to Rachel.
```

R 語言

```
writeLines("Okay. Let's put aside the fact that you \"accidentally\" picked
up my grandmother's ring and you \"accidentally\" proposed to Rachel.")
## Okay. Let's put aside the fact that you "accidentally" picked up my
grandmother's ring and you "accidentally" proposed to Rachel.
```

9-2 量測長度

Python

在 Python 中 `len()` 函數除了可以量測陣列的長度也能夠量測單一文字的長度。

```
shaq = "Shaquille O'Neal"
print(len(shaq))
## 16
```

R 語言

在 R 語言中 `length()` 函數僅能用來量測陣列長度，若要用來量測單一文字的長度，則應該使用 `nchar()` 函數，即 number of characters 的縮寫。

```
shaq <- "Shaquille O'Neal"
nchar(shaq)
## [1] 16
```

值得注意的是，即便是空格或者單引號，也都佔有長度 1，因此雖然 shaq 中只有 14 個英文字母，但長度計算為 16。

9-3 調整大小寫

Python

在 Python 中可以使用幾個方法調整英文字母的大小寫：

+ `.upper()`：全數變成大寫

+ `.lower()`：全數變成小寫

+ `.title()`：單字字首大寫

+ `.capitalize()`：字首變成大寫

+ `.swapcase()`：大小寫轉換

```python
shaq = "Shaquille O'Neal"
print(shaq.upper())
print(shaq.lower())
print(shaq.lower().title())
print(shaq.capitalize())
print(shaq.swapcase())
## SHAQUILLE O'NEAL
## shaquille o'neal
## Shaquille O'Neal
## Shaquille o'neal
## sHAQUILLE o'nEAL
```

R 語言

R 語言可以運用 `toupper()` 與 `tolower()` 函數來調整大小寫。

```r
shaq <- "Shaquille O'Neal"
toupper(shaq)
tolower(shaq)
```

```
## [1] "SHAQUILLE O'NEAL"
## [1] "shaquille o'neal"
```

9-4 去除多餘空格

從網頁或者資料庫擷取下來的文字資料，常會發生左邊或者右邊有多餘的空格。

Python

在 Python 中可以使用下列幾個方法將它們去除：

+ `.lstrip()`：去除文字左邊的空格

+ `.rstrip()`：去除文字右邊的空格

+ `.strip()`：去除文字左邊與右邊的空格

```
shaq = "      Shaquille O'Neal      "
print(shaq)
print(shaq.lstrip())
print(shaq.rstrip())
print(shaq.strip())
##       Shaquille O'Neal
## Shaquille O'Neal
##       Shaquille O'Neal
## Shaquille O'Neal
```

R 語言

在 R 語言使用 `trimws()` 函數清除文字中多餘的空格，搭配 `which` 參數調整：

+ `trimws(x, which = "left")`：去除文字左邊的空格

+ `trimws(x, which = "right")`：去除文字右邊的空格

+ `trimws(x, which = "both")`：去除文字左邊與右邊的空格

```
shaq <- "      Shaquille O'Neal       "
trimws(shaq, which = "left")
trimws(shaq, which = "right")
trimws(shaq, which = "both")
## [1] "Shaquille O'Neal       "
## [1] "      Shaquille O'Neal"
## [1] "Shaquille O'Neal"
```

9-5 格式化輸出

完成一段程式撰寫後，常有需求將生成的變數輸出檢視，這時會利用格式化輸出（print with format）將結果以文字呈現。

Python

在 Python 中以大括號 {} 搭配 .format() 方法做格式化輸出：

```
asset_tony_stark = 12400000000
print("The net worth of Stark Industries is ${}
USD.".format(asset_tony_stark))
print("The net worth of Stark Industries is ${:,}
USD.".format(asset_tony_stark))
print("The net worth of Stark Industries is ${:,.2f}
USD.".format(asset_tony_stark))
## The net worth of Stark Industries is $12400000000 USD.
## The net worth of Stark Industries is $12,400,000,000 USD.
## The net worth of Stark Industries is $12,400,000,000.00 USD.
```

R 語言

在 R 語言中透過 sprintf() 搭配 format() 函數做格式化輸出，其中值得注意的是在 R 語言中高量級數字像是 Stark Industries 的淨值，預設是以科學記號呈現的，使用 scientific = FALSE 設定可以取消科學記號呈現格式。

```
asset_tony_stark <- 12400000000
sprintf("The net worth of Stark Industries is $%s USD.",
format(asset_tony_stark, scientific = FALSE))
sprintf("The net worth of Stark Industries is $%s USD.",
format(asset_tony_stark, scientific = FALSE, big.mark = ","))
sprintf("The net worth of Stark Industries is $%s USD.",
format(asset_tony_stark, scientific = FALSE, big.mark = ",", nsmall = 2))
## [1] "The net worth of Stark Industries is $12400000000 USD."
## [1] "The net worth of Stark Industries is $12,400,000,000 USD."
## [1] "The net worth of Stark Industries is $12,400,000,000.00 USD."
```

值得注意的地方是此刻我們以 % 符號來標記對哪個變數做格式化輸出，而當文字中真實要出現 % 文字時，得以 %% 來標記。

```
sprintf("相似度有 %s%% 像", 87)
## [1] "相似度有 87% 像"
```

9-6 擷取部份文字

資料科學團隊常需要利用文字中的某部分的協助判斷程式邏輯，例如身分證字號中的第二個文字，'1' 可以判斷是生理男性，'2' 可以判斷是生理女性；生日中的西元年份則可以協助判斷年齡。

Python

在 Python 中由於文字具備可迭代（iterable）的特性，所以使用中括號搭配索引值與 slicing 的技巧就能夠擷取出部分文字，特別要注意 Python 慣例中索引值由 0 起始、不包含終止值。

```
shaq = "Shaquille O'Neal"
nickname = shaq[:4]
family_name = shaq[10:]
print(nickname)
print(family_name)
```

```
## Shaq
## O'Neal
```

R 語言

在 R 語言中可以使用 substr() 函數擷取部份文字，利用 start 與 stop 參數來調整。

```
shaq <- "Shaquille O'Neal"
nickname <- substr(shaq, start = 1, stop = 4)
family_name <- substr(shaq, start = 11, stop = nchar(shaq))
nickname
family_name
## [1] "Shaq"
## [1] "O'Neal"
```

 9-7 轉換為日期時間格式

同樣是日期時間的資訊，以日期時間格式的型別較之以文字型別儲存還具備了額外功能，像是支援運算與格式調整；資料科學團隊時常會利用 strptime 的技巧（String Parse Time）將文字解析成為日期時間；常見的 strptime 符號有：

✦ %a：縮寫的星期幾，從 Sun 至 Sat

✦ %A：全稱的星期幾，從 Sunday 至 Saturday

✦ %b：縮寫的月份，從 Jan 至 Dec

✦ %B：全稱的月份，從 January 至 December

✦ %d：月份中的第幾天，從 01 至 31

✦ %m：以兩位數字表示的月份，從 01 至 12

✦ %Y：以四位數字表示的西元年份，從 0 至 9999

- **+** `%H`：以兩位數字表示的小時，從 00 至 23
- **+** `%M`：以兩位數字表示的分鐘，從 00 至 59
- **+** `%S`：以兩位數字表示的秒數，從 00 至 61

Python

在 Python 中可以利用 datetime 模組中的 `datetime.strptime()` 函數將文字轉換為日期時間格式，並進而利用 datetime 模組中的 `timedelta()` 函數來運算、利用 `.strftime()` 方法（意即 String Format Time）來調整格式。

```
from datetime import datetime, timedelta

first_day_of_2019 = datetime.strptime('2019-01-01', '%Y-%m-%d')
second_day_of_2019 = first_day_of_2019 + timedelta(days = 1)
last_day_of_2018 = first_day_of_2019 - timedelta(days = 1)
print(first_day_of_2019)
print(second_day_of_2019)
print(last_day_of_2018)
print(first_day_of_2019.strftime('%d, %B, %Y %H:%M:%S'))
## 2019-01-01 00:00:00
## 2019-01-02 00:00:00
## 2018-12-31 00:00:00
## 01, January, 2019 00:00:00
```

R 語言

在 R 語言中使用 `as.Date()` 函數或者 `as.POSIXct()` 函數來轉換為日期或日期時間格式，strptime 的技巧也能適用。R 語言會以電腦的語系設定決定時區，為了讓顯示結果一致，我將時區設為格林尼治（GMT + 0）而非預設的中原標準時間（GMT + 8）。

```
first_day_of_2019 <- as.Date('2019-01-01')
second_day_of_2019 <- first_day_of_2019 + 1
```

```
last_day_of_2018 <- first_day_of_2019 - 1
first_day_of_2019 <- as.POSIXct(first_day_of_2019)
format(first_day_of_2019, '%Y-%m-%d %H:%M:%S', tz = 'GMT')
format(second_day_of_2019, '%Y-%m-%d %H:%M:%S', tz = 'GMT')
format(last_day_of_2018, '%Y-%m-%d %H:%M:%S', tz = 'GMT')
format(first_day_of_2019, '%d, %B, %Y %H:%M:%S', tz = 'GMT')
## [1] "2019-01-01 00:00:00"
## [1] "2019-01-02 00:00:00"
## [1] "2018-12-31 00:00:00"
## [1] "01, January, 2019 00:00:00"
```

9-8 根據特徵分隔

在前述擷取部分文字的例子中，我們利用索引值將 NBA 球星姓名分開擷取出來，不過，在面對不同 NBA 球星每個人的姓氏、名字的長度都不一致，勢必要用更好的方式。

Python

在 Python 中可以利用 .split() 方法指定一個特徵來將一個文字分隔開來，並依序儲存在 list 之中。

```
shaq = "Shaquille O'Neal"
print(shaq.split(sep=" "))
shaq = "O'Neal, Shaquille"
print(shaq.split(sep=", "))
## ['Shaquille', "O'Neal"]
## ["O'Neal", 'Shaquille']
```

R 語言

在 R 語言可以使用 strsplit() 函數指定一個特徵來將一個文字分隔開來，並依序儲存在 list 之中。

```
shaq <- "Shaquille O'Neal"
strsplit(shaq, split = " ")
shaq <- "O'Neal, Shaquille"
strsplit(shaq, split = ", ")
## [[1]]
## [1] "Shaquille" "O'Neal"

## [[1]]
## [1] "O'Neal"    "Shaquille"
```

9-9 判斷特徵存在與否及存在之位置

如同在檢索文件或網頁時常用的搜尋功能，我們也常需要在文字中判斷某些特徵或關鍵字是否有出現其中。

Python

在 Python 只要使用 in 運算符號可以判斷是否存在、使用 .find() 方法可以判斷第一個出現的索引值在何處。

```
shaq = "Shaquille O'Neal"
print('a' in shaq)
print(shaq.find('a'))
## True
## 2
```

除了 'Shaquille' 中有出現 'a' 在 'O'Neal' 中也有一個 'a'，該如何將所有 'a' 的索引值都找到呢？可以運用一個的 list comprehension 搭配 enumerate() 函數：

```
shaq = "Shaquille O'Neal"
[idx for idx, val in enumerate(shaq) if val == 'a']
## [2, 14]
```

另外一個方法 .index() 也能夠達到 .find() 的類似效果，但是我們推薦使用 .find() ，因為它設計若是搜尋不到則回傳 -1，但使用 .index() 方法搜尋不到會產生錯誤。

```python
shaq = "Shaquille O'Neal"
print('z' in shaq)
print(shaq.find('z'))
try ValueError:
  print(shaq.index('z')) # ValueError
except:
  print("找不到")
## False
## -1
## 找不到
```

R 語言

在 R 語言中可以使用 grepl() 函數來判斷是否存在、使用 gregexpr() 函數將所有特徵的索引值都找出來。

```r
shaq <- "Shaquille O'Neal"
grepl(shaq, pattern = "a")
gregexpr(shaq, pattern = "a")[[1]]
## [1] TRUE
## [1]  3 15
## attr(,"match.length")
## [1] 1 1
## attr(,"useBytes")
## [1] TRUE
```

9-10 根據特徵取代

如同在修訂文件時常用的取代功能，我們常需要在文字中將符合某些特徵或關鍵字的部分搜尋出來後再取代為指定文字。

Python

在 Python 中可以使用 `.replace()` 方法，在其中指定兩個參數，一個是要搜尋的特徵、另一則是要取代的文字。

```
shaq = "Shaquille O'Neal"
print(shaq.replace('a', 'A'))
## "ShAquille O'NeAl"
```

R 語言

在 R 語言中使用 `sub()` 或 `gsub()` 函數指定兩個參數，`pattern` 參數指定搜尋特徵、`replacement` 參數則指定要取代的文字；`sub()` 與 `gsub()` 的差別僅在於前者只取代第一個搜尋到的特徵，後者則是取代所有搜尋到的特徵。

```
shaq <- "Shaquille O'Neal"
sub(shaq, pattern = "a", replacement = "A")
gsub(shaq, pattern = "a", replacement = "A")
## [1] "ShAquille O'Neal"
## [1] "ShAquille O'NeAl"
```

9-11 正規表達特徵

在分隔、判斷與取代的文字操作中常提及以特徵（pattern）來作為根據，在很多的應用情境中，資料科學團隊需要用一個更廣泛的特徵表達方式，這時就會採用正規表達式（Regular Expression）來支援，常用的正規表達特殊字元有：

- ✦ `.`：任意文字
- ✦ `^`：開頭文字
- ✦ `$`：結束文字

- ✦ ？：文字出現零次到一次

- ✦ ＊：文字出現零次到多次

- ✦ ＋：文字出現一次到多次

- ✦ {m}：文字剛好出現 m 次

- ✦ {m, n}：文字出現次數介於 m 次與 n 次之間（m < n）

- ✦ []：文字組合

- ✦ \：跳脫符號

- ✦ \s：空格

Python

在 Python 中使用 re 模組就可以採取正規表達式做為分隔、判斷與取代的特徵，只要呼叫 re 模組中的 split()、findall() 與 sub() 函數即可。

```python
import re

shaq = "Shaquille O'Neal"
print(re.split(pattern="\s+", string=shaq))                 # 以空格分隔
print(len(re.findall(pattern="\s+", string=shaq)) > 0)      # 判斷是否有空格
print(re.sub(pattern="\s+", repl=';', string=shaq))         # 將空格取代為分號
## ['Shaquille', "O'Neal"]
## True
## Shaquille;O'Neal
```

R 語言

R 語言的 strsplit()、grepl() 與 gsub() 函數中的 split 參數與 pattern 參數都支援正規表達式，常用的正規表達特殊字元大致相同，只有在使用到 \ 符號時由於 R 語言的特性，必須使用 \\ 符號。

```r
shaq <- "Shaquille O'Neal"
strsplit(shaq, split = "\\s+")                      # 以空格分隔
```

```
grepl(shaq, pattern = "\\s+")                        # 判斷是否有空格
gsub(shaq, pattern = "\\s+", replacement = ";")      # 將空格取代為分號
## [[1]]
## [1] "Shaquille" "O'Neal"

## [1] TRUE
## [1] "Shaquille;O'Neal"
```

對多數資料科學初學者而言，正規表達式並不是在短時間就能靈活運用的技巧，因此我們在延伸閱讀提供了專門探討正規表達式的連結與參考書。

 9-12 應用文字處理函數至陣列上

如果前述的分隔、判斷與取代這些函數，原本都是處理文字純量（scalar），在希望將這些函數映射到一個陣列上，像是將多位 NBA 球星姓名中的母音（a、e、i、o、u、A、E、I、O、U）移除的操作，必須仰賴像是 map 或者 apply 的技巧。

Python

在 Python 的 re 模組中函數都是以處理文字純量為主的類型，故要實踐將一群球員姓名中的母音（a、e、i、o、u、A、E、I、O、U）取代為空字串，可以透過 map() 函數，值得注意的是 map() 函數輸出的結果是一個 map 物件不能夠很友善地印出來，需要用 list() 函數轉換為一個 list 檢視。

```python
import re

def remove_vowels(x):
  ans = re.sub(pattern="[aeiouAEIOU]+", repl="", string=x)
  return ans

fav_players = ["Steve Nash", "Michael Jordan", "Paul Pierce", "Kevin
Garnett", "Shaquille O'Neal"]
print(fav_players)                          # 移除母音前
print(list(map(remove_vowels, fav_players))) # 移除母音後
```

```
## ['Steve Nash', 'Michael Jordan', 'Paul Pierce', 'Kevin Garnett',
"Shaquille O'Neal"]
## ['Stv Nsh', 'Mchl Jrdn', 'Pl Prc', 'Kvn Grntt', "Shqll 'Nl"]
```

R 語言

而 R 語言中的文字函數則皆是以處理文字陣列為主之類型，故要實踐如前述範例的操作可以直接將文字陣列當作輸入。

```
fav_players <- c("Steve Nash", "Michael Jordan", "Paul Pierce", "Kevin
Garnett", "Shaquille O'Neal")
fav_players                                                    # 移除母音前
gsub(fav_players, pattern = "[aeiouAEIOU]+", replacement = "") # 移除母音後
## [1] "Steve Nash"      "Michael Jordan" "Paul Pierce"      "Kevin Garnett"
"Shaquille O'Neal"
## [1] "Stv Nsh"    "Mchl Jrdn" "Pl Prc"      "Kvn Grntt" "Shqll 'Nl"
```

 小結

本章我們說明了在 Python 與 R 語言中如何處理文字，包含建立、量測長度、調整大小寫、去除多餘空格、格式化輸出、擷取部分文字、轉換為日期時間格式、根據特徵分隔、判斷特徵存在與否及存在位置、根據特徵取代、正規表達特徵，以及應用文字處理函數至陣列上。

Chapter 10

基礎視覺化

The simple graph has brought more information to the data analyst's mind than any other device.

John Tukey

瞭解如何獲取資料、掌控資料之後，接著可以利用視覺化的技能深入探索與查看資料，這樣的技能被資料科學團隊稱為探索性資料分析（Exploratory Data Analysis，EDA）。透過探索性資料分析將會大大加深我們對資料分佈、相關與組成等的理解程度，進而協助資料科學團隊開展出富含價值的資訊，像是：

+ 發想撈取資料（Extract）、資料轉換（Transformation）與資料載入（Load）的流程優化設計

+ 直觀回答業務問題的資料樣態（明顯的趨勢增減、組成比例落差或者絕對數值差距）

+ 建立待驗證的統計檢定假說與機器學習模型預測目標

探索性資料分析包含但不僅限於視覺化，有時候在如何掌控資料篇基礎資料框操作技巧 中介紹的簡單摘要、分組或者排序，亦能提供對業務有助益的高附加價值資訊。

10-1　視覺化的基本單位速記

Python 與 R 語言中常為資料科學團隊採用來進行探索性資料分析的視覺化套件，包括 matplotlib 中的 pyplot 模組、seaborn 模組、pandas 模組、base plotting system 與 ggplot2。不同的視覺化套件在生成圖形的單位上也有所差異，主要分兩類型：

✦ 以一維陣列作為圖形的基本單位，像是 Python matplotlib 中的 pyplot 模組、R 語言的 base plotting system

✦ 以資料框（DataFrames）作為圖形的基本單位，像是 Python pandas 模組、R 語言的 ggplot2

10-2　一組文字資料的相異觀測值數量

長條圖（bar chart）是資料科學團隊慣常用作探索一組文字資料相異觀測值組成與數量排名的圖形，例如想知道 1995 至 1996 年球季中的芝加哥公牛隊球員陣容，各個鋒衛位置的人數，就能用長條圖探索。

Python

	No.	Player	Pos	Ht	Wt	Birth Date	College
0	0	Randy Brown	PG	6-2	190	May 22, 1968	University of Houston, New Mexico State Univer...
1	30	Jud Buechler	SF	6-6	220	June 19, 1968	University of Arizona
2	35	Jason Caffey	PF	6-8	255	June 12, 1973	University of Alabama
3	53	James Edwards	C	7-0	225	November 22, 1955	University of Washington
4	54	Jack Haley	C	6-10	240	January 27, 1964	University of California, Los Angeles
5	9	Ron Harper	PG	6-6	185	January 20, 1964	Miami University
6	23	Michael Jordan	SG	6-6	195	February 17, 1963	University of North Carolina
7	25	Steve Kerr	PG	6-3	175	September 27, 1965	University of Arizona
8	7	Toni Kukoc	SF	6-10	192	September 18, 1968	NaN
9	13	Luc Longley	C	7-2	265	January 19, 1969	University of New Mexico
10	33	Scottie Pippen	SF	6-8	210	September 25, 1965	University of Central Arkansas
11	91	Dennis Rodman	PF	6-7	210	May 13, 1961	Southeastern Oklahoma State University
12	22	John Salley	PF	6-11	230	May 16, 1964	Georgia Institute of Technology
13	8	Dickey Simpkins	PF	6-9	248	April 6, 1972	Providence College
14	34	Bill Wennington	C	7-0	245	April 26, 1963	St. John's University

▶ 1995 至 1996 年球季中的芝加哥公牛隊球員陣容

於 Python 中使用 pyplot 作圖之前，得先透過我們在基礎資料框操作技巧介
紹過的分組與摘要來計算相異觀測值的分組計數，在 plt.bar() 函數中輸
入長條所在的 X 座標位置以及長條對應的高度。

```python
import pandas as pd
import matplotlib.pyplot as plt

csv_url =
"https://storage.googleapis.com/ds_data_import/chicago_bulls_1995_1996.
csv"
df = pd.read_csv(csv_url)
grouped = df.groupby("Pos")
pos = grouped["Pos"].count()
plt.bar([1, 2, 3, 4, 5], pos)
plt.xticks([1, 2, 3, 4, 5], pos.index)
plt.yticks([1, 2, 3, 4], [1, 2, 3, 4])
plt.show()
```

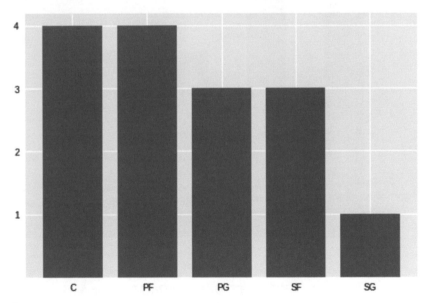

▶ 1995 至 1996 年球季中的芝加哥公牛隊球員陣容，各個鋒衛位置的人數

假如透過 pandas 模組作圖，輸入的語法更加簡潔，可以直接在分組摘要的物件上應用 .plot.bar()。

```
import pandas as pd
import matplotlib.pyplot as plt

csv_url =
"https://storage.googleapis.com/ds_data_import/chicago_bulls_1995_1996.
csv"
df = pd.read_csv(csv_url)
grouped = df.groupby("Pos")
pos = grouped["Pos"].count()
pos.plot.bar()
plt.yticks([1, 2, 3, 4], [1, 2, 3, 4])
plt.show()
```

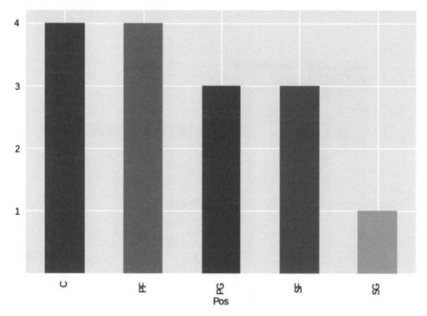

▶ 1995 至 1996 年球季中的芝加哥公牛隊球員陣容，各個鋒衛位置的人數

R 語言

	No.	Player	Pos	Ht	Wt	Birth.Date	College
1	0	Randy Brown	PG	6-2	190	May 22, 1968	University of Houston, New Mexico State University
2	30	Jud Buechler	SF	6-6	220	June 19, 1968	University of Arizona
3	35	Jason Caffey	PF	6-8	255	June 12, 1973	University of Alabama
4	53	James Edwards	C	7-0	225	November 22, 1955	University of Washington
5	54	Jack Haley	C	6-10	240	January 27, 1964	University of California, Los Angeles
6	9	Ron Harper	PG	6-6	185	January 20, 1964	Miami University
7	23	Michael Jordan	SG	6-6	195	February 17, 1963	University of North Carolina
8	25	Steve Kerr	PG	6-3	175	September 27, 1965	University of Arizona
9	7	Toni Kukoc	SF	6-10	192	September 18, 1968	
10	13	Luc Longley	C	7-2	265	January 19, 1969	University of New Mexico
11	33	Scottie Pippen	SF	6-8	210	September 25, 1965	University of Central Arkansas
12	91	Dennis Rodman	PF	6-7	210	May 13, 1961	Southeastern Oklahoma State University
13	22	John Salley	PF	6-11	230	May 16, 1964	Georgia Institute of Technology
14	8	Dickey Simpkins	PF	6-9	248	April 6, 1972	Providence College
15	34	Bill Wennington	C	7-0	245	April 26, 1963	St. John's University

▶ 1995 至 1996 年球季中的芝加哥公牛隊球員陣容

利用 R 語言的 base plotting system 作圖同樣需要先計算好相異觀測值的分組計數，再呼叫 barplot() 函數，參數依序輸入長條對應的高度與長條所在的 X 座標標籤。

```r
library(dplyr)

csv_url <-
"https://storage.googleapis.com/ds_data_import/chicago_bulls_1995_1996.
csv"
df <- read.csv(csv_url)
pos <- df %>%
  group_by(Pos) %>%
  summarise(freq = n())
barplot(pos$freq, names.arg = pos$Pos)
```

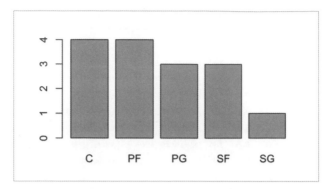

🔵 1995 至 1996 年球季中的芝加哥公牛隊球員陣容，各個鋒衛位置的人數

假如透過 ggplot2 作圖，由於 geom_bar() 函數預設為計算相異觀測值分組計數，因此不需要在作圖先行分組摘要。

```
library(dplyr)
library(ggplot2)

csv_url <-
"https://storage.googleapis.com/ds_data_import/chicago_bulls_1995_1996.
csv"
df <- read.csv(csv_url)
df %>%
  ggplot(aes(x = Pos)) +
    geom_bar()
```

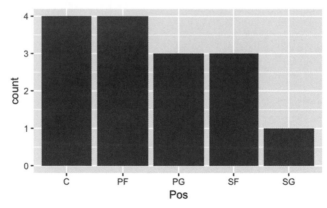

🔵 1995 至 1996 年球季中的芝加哥公牛隊球員陣容，各個鋒衛位置的人數

10-3 一組數值資料依類別分組摘要排序

長條圖（bar chart）也常用來探索一組數值資料依類別分組摘要排序，例如想知道 1995 至 1996 年球季中的芝加哥公牛隊球員陣容，各個鋒衛位置的平均每場得分，同樣能透過長條圖探索。先前使用的資料中欠缺球員的每場球賽得分統計，必須從另外一個資料取得並透過球員姓名聯結。

Python

```python
import pandas as pd
import matplotlib.pyplot as plt

per_game_url = 
"https://storage.googleapis.com/ds_data_import/stats_per_game_chicago_b
ulls_1995_1996.csv"
player_info_url = 
"https://storage.googleapis.com/ds_data_import/chicago_bulls_1995_1996.
csv"
per_game = pd.read_csv(per_game_url)
player_info = pd.read_csv(player_info_url)
df = pd.merge(player_info, per_game[["Name", "PTS/G"]], left_on="Player",
right_on="Name")
grouped = df.groupby("Pos")
points_per_game = grouped["PTS/G"].mean()
plt.bar([1, 2, 3, 4, 5], points_per_game)
plt.xticks([1, 2, 3, 4, 5], points_per_game.index)
plt.show()
```

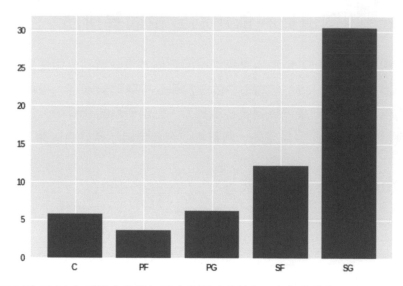

▶ 1995 至 1996 年球季中的芝加哥公牛隊球員陣容，各個鋒衛位置的平均每場得分

透過 pandas 模組與先前作法相同。

```python
import pandas as pd
import matplotlib.pyplot as plt

per_game_url =
"https://storage.googleapis.com/ds_data_import/stats_per_game_chicago_b
ulls_1995_1996.csv"
player_info_url =
"https://storage.googleapis.com/ds_data_import/chicago_bulls_1995_1996.
csv"
per_game = pd.read_csv(per_game_url)
player_info = pd.read_csv(player_info_url)
df = pd.merge(player_info, per_game[["Name", "PTS/G"]], left_on="Player",
right_on="Name")
grouped = df.groupby("Pos")
points_per_game = grouped["PTS/G"].mean()
points_per_game.plot.bar()
plt.show()
```

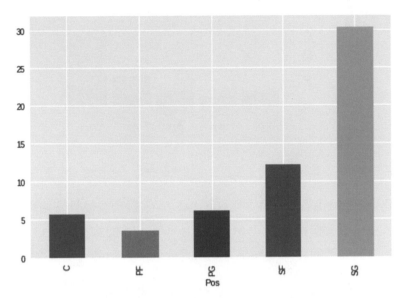

▶ 1995 至 1996 年球季中的芝加哥公牛隊球員陣容，各個鋒衛位置的平均每場得分

R 語言

利用 R 語言的 base plotting system 與先前作法相同。

```
library(dplyr)

per_game_url <-
"https://storage.googleapis.com/ds_data_import/stats_per_game_chicago_b
ulls_1995_1996.csv"
player_info_url <-
"https://storage.googleapis.com/ds_data_import/chicago_bulls_1995_1996.
csv"
per_game <- read.csv(per_game_url)
player_info <- read.csv(player_info_url)
df <- merge(player_info, per_game[, c("Name", "PTS.G")], by.x = "Player",
by.y = "Name")
points_per_game <- df %>%
  group_by(Pos) %>%
  summarise(mean_pts = mean(PTS.G))
barplot(points_per_game$mean_pts, names.arg = points_per_game$Pos)
```

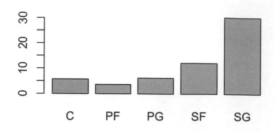

● 1995 至 1996 年球季中的芝加哥公牛隊球員陣容，各個鋒衛位置的平均每場得分

假如透過 ggplot2 作圖，由於 geom_bar() 函數預設為計算相異觀測值分組計數，必須要改參數設定 stat = "identiy" 才能夠在 aes() 中輸入 X 軸資料為鋒衛位置與 Y 軸資料為平均每場得分，否則將出現錯誤訊息：

```
# Error: stat_count() must not be used with a y aesthetic.
library(dplyr)
library(ggplot2)

per_game_url <-
"https://storage.googleapis.com/ds_data_import/stats_per_game_chicago_b
ulls_1995_1996.csv"
player_info_url <-
"https://storage.googleapis.com/ds_data_import/chicago_bulls_1995_1996.
csv"
per_game <- read.csv(per_game_url)
player_info <- read.csv(player_info_url)
df <- merge(player_info, per_game[, c("Name", "PTS.G")], by.x = "Player",
by.y = "Name")
df %>%
  group_by(Pos) %>%
  summarise(mean_pts = mean(PTS.G)) %>%
  ggplot(aes(x = Pos, y = mean_pts)) +
    geom_bar()
## Error: stat_count() must not be used with a y aesthetic.
library(dplyr)
library(ggplot2)
```

```
per_game_url <-
"https://storage.googleapis.com/ds_data_import/stats_per_game_chicago_b
ulls_1995_1996.csv"
player_info_url <-
"https://storage.googleapis.com/ds_data_import/chicago_bulls_1995_1996.
csv"
per_game <- read.csv(per_game_url)
player_info <- read.csv(player_info_url)
df <- merge(player_info, per_game[, c("Name", "PTS.G")], by.x = "Player",
by.y = "Name")
df %>%
  group_by(Pos) %>%
  summarise(mean_pts = mean(PTS.G)) %>%
  ggplot(aes(x = Pos, y = mean_pts)) +
    geom_bar(stat = "identity")
```

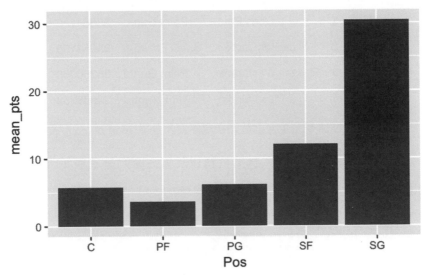

▶ 1995 至 1996 年球季中的芝加哥公牛隊球員陣容，各個鋒衛位置的平均每場得分

10-4 一組數值資料的分佈

直方圖（histogram chart）是資料科學團隊慣常用作探索一組數值資料分佈情形的圖形，藉著圖形可以觀察該組數值資料的峰度（kurtosis）以及偏態（skewness）。例如想知道美國職籃聯盟 NBA 球員的年薪分佈概況，就能夠用直方圖探索，NBA 球員的年薪我們撰寫網頁爬蟲從 sportrac.com 擷取，有關於擷取網頁資料的技巧，可以參考靜態擷取網頁內容。

Python

	player	pos	salary
0	Stephen Curry	Point Guard	37457154
1	Chris Paul	Point Guard	35654150
2	LeBron James	Small Forward	35654150
3	Russell Westbrook	Point Guard	35350000
4	Blake Griffin	Power Forward	32088932

▶ NBA 球員的年薪我們撰寫網頁爬蟲從 sportrac.com 擷取

在 plt.hist() 函數中輸入數值資料以及直方圖的分箱數（bins）。

```python
from pyquery import PyQuery as pq
import pandas as pd
import matplotlib.pyplot as plt

def get_nba_salary():
    """
    Get NBA players' salary from SPORTRAC.COM
    """
    nba_salary_ranking_url = "https://www.spotrac.com/nba/rankings/"
    html_doc = pq(nba_salary_ranking_url)
    player_css = ".team-name"
    pos_css = ".rank-position"
    salary_css = ".info"
```

```
    players = [p.text for p in html_doc(player_css)]
    positions = [p.text for p in html_doc(pos_css)]
    salaries = [s.text.replace("$", "") for s in html_doc(salary_css)]
    salaries = [int(s.replace(",", "")) for s in salaries]
    df = pd.DataFrame()
    df["player"] = players
    df["pos"] = positions
    df["salary"] = salaries
    return df

nba_salary = get_nba_salary()
plt.hist(nba_salary["salary"], bins=15)
plt.show()
```

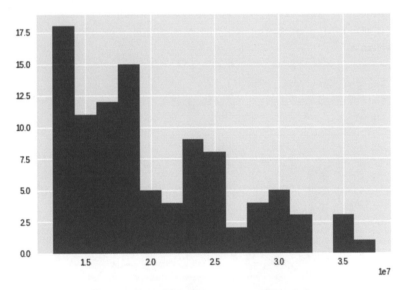

▶ 美國職籃聯盟 NBA 球員的年薪分佈概況

透過 pandas 模組作圖就直接在 salary 陣列上應用 .plot.hist()。

```
from pyquery import PyQuery as pq
import pandas as pd
import matplotlib.pyplot as plt


def get_nba_salary():
```

```python
"""
Get NBA players' salary from SPORTRAC.COM
"""
nba_salary_ranking_url = "https://www.spotrac.com/nba/rankings/"
html_doc = pq(nba_salary_ranking_url)
player_css = ".team-name"
pos_css = ".rank-position"
salary_css = ".info"
players = [p.text for p in html_doc(player_css)]
positions = [p.text for p in html_doc(pos_css)]
salaries = [s.text.replace("$", "") for s in html_doc(salary_css)]
salaries = [int(s.replace(",", "")) for s in salaries]
df = pd.DataFrame()
df["player"] = players
df["pos"] = positions
df["salary"] = salaries
return df

nba_salary = get_nba_salary()
nba_salary["salary"].plot.hist(bins=15)
plt.show()
```

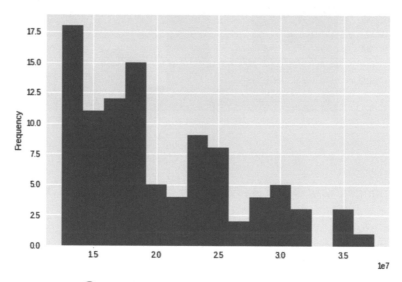

▶ 美國職籃聯盟 NBA 球員的年薪分佈概況

R 語言

呼叫 R 語言的 hist() 函數可以繪製直方圖，輸入數值資料以及分箱數 breaks。

	player	pos	salary
1	Stephen Curry	Point Guard	37457154
2	Chris Paul	Point Guard	35654150
3	LeBron James	Small Forward	35654150
4	Russell Westbrook	Point Guard	35350000
5	Blake Griffin	Power Forward	32088932
6	Gordon Hayward	Shooting Guard	31214295

▶ NBA 球員的年薪我們撰寫網頁爬蟲從 sportrac.com 擷取

```r
library(rvest)

get_nba_salary <- function() {
  nba_salary_ranking_url <- "https://www.spotrac.com/nba/rankings/"
  html_doc <- nba_salary_ranking_url %>%
    read_html()
  player_css <- ".team-name"
  pos_css <- ".rank-position"
  salary_css <- ".info"
  players <- html_doc %>%
    html_nodes(css = player_css) %>%
    html_text()
  positions <- html_doc %>%
    html_nodes(css = pos_css) %>%
    html_text()
  salaries <- html_doc %>%
    html_nodes(css = salary_css) %>%
    html_text() %>%
    gsub(pattern = "\\$", replacement = "", .) %>%
    gsub(pattern = ",", replacement = "", .) %>%
    as.numeric()
  df <- data.frame(player = players,
```

```
                        pos = positions,
                        salary = salaries,
                        stringsAsFactors = FALSE)
  return(df)
}
nba_salary <- get_nba_salary()
hist(nba_salary$salary, breaks = 15)
```

Histogram of nba_salary$salary

🔹 美國職籃聯盟 NBA 球員的年薪分佈概況

ggplot2 使用 geom_histogram() 函數繪製直方圖，預設的分箱數為 30，
如果沒有指定，console 會回傳訊息提醒：

```
## `stat_bin()` using `bins = 30`. Pick better value with `binwidth`.
library(rvest)
library(ggplot2)

get_nba_salary <- function() {
  nba_salary_ranking_url <- "https://www.spotrac.com/nba/rankings/"
  html_doc <- nba_salary_ranking_url %>%
    read_html()
  player_css <- ".team-name"
  pos_css <- ".rank-position"
  salary_css <- ".info"
  players <- html_doc %>%
    html_nodes(css = player_css) %>%
    html_text()
```

```
  positions <- html_doc %>%
    html_nodes(css = pos_css) %>%
    html_text()
  salaries <- html_doc %>%
    html_nodes(css = salary_css) %>%
    html_text() %>%
    gsub(pattern = "\\$", replacement = "", .) %>%
    gsub(pattern = ",", replacement = "", .) %>%
    as.numeric()
  df <- data.frame(player = players,
                   pos = positions,
                   salary = salaries,
                   stringsAsFactors = FALSE)
  return(df)
}
nba_salary <- get_nba_salary()
ggplot(nba_salary, aes(x = salary)) +
  geom_histogram(bins = 15)
```

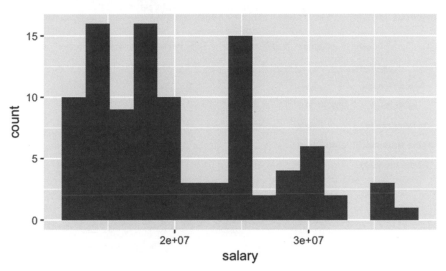

美國職籃聯盟 NBA 球員的年薪分佈概況

10-5 一組數值資料依類別分組的分佈

盒鬚圖（box-and-whisker plot）是資料科學團隊慣常用作探索一組數值資料依類別分組的分佈情況之圖形，藉著圖形可以觀察不同類別分組數值資料的峰度（kurtosis）以及偏態（skewness）。例如想知道美國職籃聯盟 NBA 球員依照不同的鋒衛位置年薪分佈，就能夠用盒鬚圖探索。

Python

利用 `plt.boxplot()` 函數作圖之前，我們必須將資料整理為符合函數規定的格式：

```
## Make a box and whisker plot for each column of ``x`` or each vector in
sequence ``x``.
```

使用 `.pivot()` 方法將資料整理為寬表格的外觀：

pos player	Center	Point Guard	Power Forward	Shooting Guard	Small Forward
Aaron Gordon	NaN	NaN	18750000.0	NaN	NaN
Al Horford	28928709.0	NaN	NaN	NaN	NaN
Allen Crabbe	NaN	NaN	NaN	18500000.0	NaN
Andre Drummond	25434263.0	NaN	NaN	NaN	NaN
Andre Iguodala	NaN	NaN	NaN	NaN	16000000.0

▶ 寬表格的外觀

將每個欄位選取出來清除 NaN 再放入一個 list 中，如此就是一個符合繪圖函數規定的格式，然後輸入 `plt.boxplot()` 函數中、調整一下 X 軸刻度的樣式。

```
from pyquery import PyQuery as pq
import numpy as np
import pandas as pd
```

```python
import matplotlib.pyplot as plt

def get_nba_salary():
    """
    Get NBA players' salary from SPORTRAC.COM
    """
    nba_salary_ranking_url = "https://www.spotrac.com/nba/rankings/"
    html_doc = pq(nba_salary_ranking_url)
    player_css = ".team-name"
    pos_css = ".rank-position"
    salary_css = ".info"
    players = [p.text for p in html_doc(player_css)]
    positions = [p.text for p in html_doc(pos_css)]
    salaries = [s.text.replace("$", "") for s in html_doc(salary_css)]
    salaries = [int(s.replace(",", "")) for s in salaries]
    df = pd.DataFrame()
    df["player"] = players
    df["pos"] = positions
    df["salary"] = salaries
    return df

nba_salary = get_nba_salary()
box_df = nba_salary.pivot(index='player', columns='pos', values='salary')
data_to_plot = [box_df[col].values[~np.isnan(box_df[col].values)] for col
in box_df.columns]
plt.boxplot(data_to_plot)
plt.xticks(range(1, 6), box_df.columns)
plt.show()
```

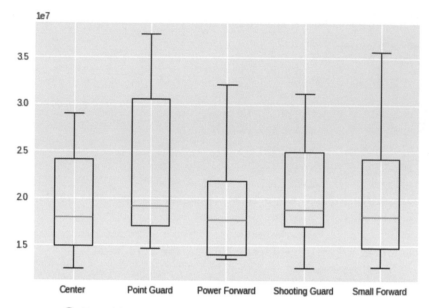

🔰 美國職籃聯盟 NBA 球員依照不同的鋒衛位置年薪分佈

如果透過 pandas 模組作圖，在使用 .pivot() 方法將資料整理為寬表格之後就可以直接作圖，節省清除遺漏值與調整輸入格式的心力。

```python
from pyquery import PyQuery as pq
import pandas as pd
import matplotlib.pyplot as plt

def get_nba_salary():
    """
    Get NBA players' salary from SPORTRAC.COM
    """
    nba_salary_ranking_url = "https://www.spotrac.com/nba/rankings/"
    html_doc = pq(nba_salary_ranking_url)
    player_css = ".team-name"
    pos_css = ".rank-position"
    salary_css = ".info"
    players = [p.text for p in html_doc(player_css)]
    positions = [p.text for p in html_doc(pos_css)]
    salaries = [s.text.replace("$", "") for s in html_doc(salary_css)]
    salaries = [int(s.replace(",", "")) for s in salaries]
```

```
    df = pd.DataFrame()
    df["player"] = players
    df["pos"] = positions
    df["salary"] = salaries
    return df

nba_salary = get_nba_salary()
box_df = nba_salary.pivot(index='player', columns='pos', values='salary')
box_df.plot.box()
plt.show()
```

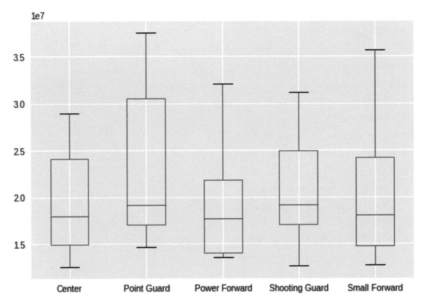

▶ 美國職籃聯盟 NBA 球員依照不同的鋒衛位置年薪分佈

R 語言

R 語言的 boxplot() 函數接受的輸入格式為長表格型態，因此可以直接由我們從 sportrac.com 擷取後所儲存的資料框生成盒鬚圖，formula 參數輸入 salary ~ pos 即可。

	player	pos	salary
1	Stephen Curry	Point Guard	37457154
2	Chris Paul	Point Guard	35654150
3	LeBron James	Small Forward	35654150
4	Russell Westbrook	Point Guard	35350000
5	Blake Griffin	Power Forward	32088932
6	Gordon Hayward	Shooting Guard	31214295

▶ NBA 球員的年薪我們撰寫網頁爬蟲從 sportrac.com 擷取

```r
library(rvest)

get_nba_salary <- function() {
  nba_salary_ranking_url <- "https://www.spotrac.com/nba/rankings/"
  html_doc <- nba_salary_ranking_url %>%
    read_html()
  player_css <- ".team-name"
  pos_css <- ".rank-position"
  salary_css <- ".info"
  players <- html_doc %>%
    html_nodes(css = player_css) %>%
    html_text()
  positions <- html_doc %>%
    html_nodes(css = pos_css) %>%
    html_text()
  salaries <- html_doc %>%
    html_nodes(css = salary_css) %>%
    html_text() %>%
    gsub(pattern = "\\$", replacement = "", .) %>%
    gsub(pattern = ",", replacement = "", .) %>%
    as.numeric()
  #salaries <- gsub(pattern = "\\$", replacement = "", salaries)
  df <- data.frame(player = players,
                   pos = positions,
                   salary = salaries,
                   stringsAsFactors = FALSE)
  return(df)
```

```
}
nba_salary <- get_nba_salary()
boxplot(salary ~ pos, data = nba_salary)
```

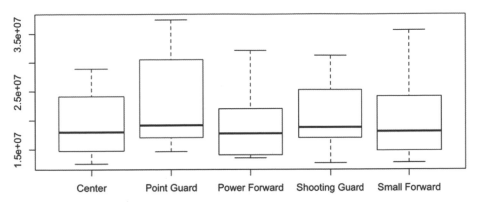

🔘 美國職籃聯盟 NBA 球員依照不同的鋒衛位置年薪分佈

ggplot2 使用 geom_boxplot() 函數繪製盒鬚圖，接受輸入的格式同樣為長表格型態，因此可以直接由我們從 sportrac.com 擷取後所儲存的資料框生成盒鬚圖，X 軸資料輸入鋒衛位置 pos、Y 軸資料輸入 salary。

```
library(rvest)
library(ggplot2)

get_nba_salary <- function() {
  nba_salary_ranking_url <- "https://www.spotrac.com/nba/rankings/"
  html_doc <- nba_salary_ranking_url %>%
    read_html()
  player_css <- ".team-name"
  pos_css <- ".rank-position"
  salary_css <- ".info"
  players <- html_doc %>%
    html_nodes(css = player_css) %>%
    html_text()
  positions <- html_doc %>%
    html_nodes(css = pos_css) %>%
    html_text()
```

```
salaries <- html_doc %>%
  html_nodes(css = salary_css) %>%
  html_text() %>%
  gsub(pattern = "\\$", replacement = "", .) %>%
  gsub(pattern = ",", replacement = "", .) %>%
  as.numeric()
df <- data.frame(player = players,
                 pos = positions,
                 salary = salaries,
                 stringsAsFactors = FALSE)
  return(df)
}
nba_salary <- get_nba_salary()
ggplot(nba_salary, aes(x = pos, y = salary)) +
  geom_boxplot()
```

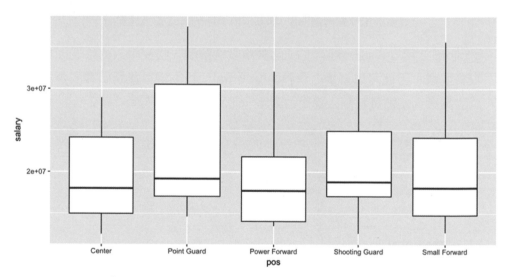

▶ 美國職籃聯盟 NBA 球員依照不同的鋒衛位置年薪分佈

10-6 兩組數值資料的相關

散佈圖（scatter plot）是資料科學團隊慣常用作探索兩組數值資料相關情況之圖形，藉著圖形可以觀察兩組數值資料之間是否有負相關、正相關或者無相關之特徵。例如想知道美國職籃聯盟 NBA 球員年薪與平均每場得分的相關概況，就能夠用散佈圖探索。年薪的資料我們已經撰寫網頁爬蟲從 sportrac.com 獲得，平均每場得分可以從 nba.com 擷取，再依球員姓名內部合併。

Python

	player	pos	salary	pts_game
0	James Harden	Shooting Guard	30421854	30.4
1	Anthony Davis	Power Forward	25434263	28.1
2	LeBron James	Small Forward	35654150	27.5
3	Giannis Antetokounmpo	Small Forward	24157303	26.9
4	Damian Lillard	Point Guard	27977689	26.9

▶ 美國職籃聯盟 NBA 球員年薪與平均每場得分

利用 `plt.scatter()` 函數，X 軸、Y 軸資料分別輸入平均每場得分與年薪。

```python
from pyquery import PyQuery as pq
from requests import get
import pandas as pd
import matplotlib.pyplot as plt

def get_nba_salary():
    """
    Get NBA players' salary from SPORTRAC.com
    """
    nba_salary_ranking_url = "https://www.spotrac.com/nba/rankings/"
    html_doc = pq(nba_salary_ranking_url)
```

```python
    player_css = ".team-name"
    pos_css = ".rank-position"
    salary_css = ".info"
    players = [p.text for p in html_doc(player_css)]
    positions = [p.text for p in html_doc(pos_css)]
    salaries = [s.text.replace("$", "") for s in html_doc(salary_css)]
    salaries = [int(s.replace(",", "")) for s in salaries]
    df = pd.DataFrame()
    df["player"] = players
    df["pos"] = positions
    df["salary"] = salaries
    return df

def get_pts_game():
    """
    Get NBA players' PTS/G from NBA.com
    """
    nba_stats_url =
"https://stats.nba.com/stats/leagueLeaders?LeagueID=00&PerMode=PerGame&
Scope=S&Season=2017-18&SeasonType=Regular+Season&StatCategory=PTS"
    pts_game_dict = get(nba_stats_url).json()
    players = [pts_game_dict["resultSet"]["rowSet"][i][2] for i in
range(len(pts_game_dict["resultSet"]["rowSet"]))]
    pts_game = [pts_game_dict["resultSet"]["rowSet"][i][22] for i in
range(len(pts_game_dict["resultSet"]["rowSet"]))]
    df = pd.DataFrame()
    df["player"] = players
    df["pts_game"] = pts_game
    return df

nba_salary = get_nba_salary()
pts_game = get_pts_game()
df = pd.merge(nba_salary, pts_game)
plt.scatter(df["pts_game"], df["salary"])
plt.show()
```

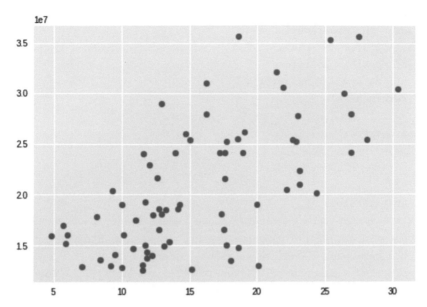

▶ 美國職籃聯盟 NBA 球員年薪與平均每場得分的相關概況

透過 pandas 模組使用 .plot.scatter() 方法作圖，X 軸、Y 軸資料分別輸入平均每場得分與年薪。

```python
from pyquery import PyQuery as pq
from requests import get
import pandas as pd
import matplotlib.pyplot as plt

def get_nba_salary():
    """
    Get NBA players' salary from SPORTRAC.com
    """
    nba_salary_ranking_url = "https://www.spotrac.com/nba/rankings/"
    html_doc = pq(nba_salary_ranking_url)
    player_css = ".team-name"
    pos_css = ".rank-position"
    salary_css = ".info"
    players = [p.text for p in html_doc(player_css)]
    positions = [p.text for p in html_doc(pos_css)]
    salaries = [s.text.replace("$", "") for s in html_doc(salary_css)]
```

```python
    salaries = [int(s.replace(",", "")) for s in salaries]
    df = pd.DataFrame()
    df["player"] = players
    df["pos"] = positions
    df["salary"] = salaries
    return df

def get_pts_game():
    """
    Get NBA players' PTS/G from NBA.com
    """
    nba_stats_url =
"https://stats.nba.com/stats/leagueLeaders?LeagueID=00&PerMode=PerGame&
Scope=S&Season=2017-18&SeasonType=Regular+Season&StatCategory=PTS"
    pts_game_dict = get(nba_stats_url).json()
    players = [pts_game_dict["resultSet"]["rowSet"][i][2] for i in
range(len(pts_game_dict["resultSet"]["rowSet"]))]
    pts_game = [pts_game_dict["resultSet"]["rowSet"][i][22] for i in
range(len(pts_game_dict["resultSet"]["rowSet"]))]
    df = pd.DataFrame()
    df["player"] = players
    df["pts_game"] = pts_game
    return df

nba_salary = get_nba_salary()
pts_game = get_pts_game()
df = pd.merge(nba_salary, pts_game)
df.plot.scatter("pts_game", "salary")
plt.show()
```

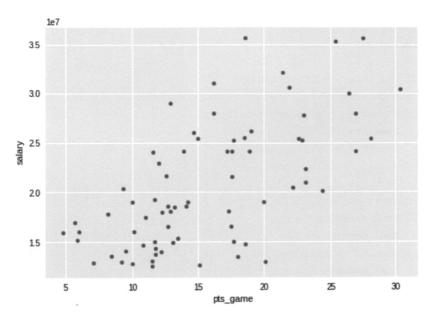

▶ 美國職籃聯盟 NBA 球員年薪與平均每場得分的相關概況

R 語言

R 語言的 `plot()` 函數可以繪製散佈圖，X 軸、Y 軸資料分別輸入平均每場得分與年薪，並且指派 `type` 參數為 `'p'`，意即 points。

	player	pos	salary	pts_game
1	James Harden	Shooting Guard	30421854	30.4
2	Anthony Davis	Power Forward	25434263	28.1
3	LeBron James	Small Forward	35654150	27.5
4	Damian Lillard	Point Guard	27977689	26.9
5	Giannis Antetokounmpo	Small Forward	24157303	26.9
6	Kevin Durant	Small Forward	30000000	26.4

▶ 美國職籃聯盟 NBA 球員年薪與平均每場得分

```r
library(rvest)
library(jsonlite)
library(dplyr)


get_nba_salary <- function() {
  nba_salary_ranking_url <- "https://www.spotrac.com/nba/rankings/"
  html_doc <- nba_salary_ranking_url %>%
    read_html()
  player_css <- ".team-name"
  pos_css <- ".rank-position"
  salary_css <- ".info"
  players <- html_doc %>%
    html_nodes(css = player_css) %>%
    html_text()
  positions <- html_doc %>%
    html_nodes(css = pos_css) %>%
    html_text()
  salaries <- html_doc %>%
    html_nodes(css = salary_css) %>%
    html_text() %>%
    gsub(pattern = "\\$", replacement = "", .) %>%
    gsub(pattern = ",", replacement = "", .) %>%
    as.numeric()
  #salaries <- gsub(pattern = "\\$", replacement = "", salaries)
  df <- data.frame(player = players,
                   pos = positions,
                   salary = salaries,
                   stringsAsFactors = FALSE)
  return(df)
}


get_pts_game <- function() {
  nba_stats_url <-
"https://stats.nba.com/stats/leagueLeaders?LeagueID=00&PerMode=PerGame&Scope=S&Season=2017-18&SeasonType=Regular+Season&StatCategory=PTS"
  res <- fromJSON(nba_stats_url)
  players <- res$resultSet$rowSet[, 3]
  pts_game <- as.numeric(res$resultSet$rowSet[, 23])
  df <- data.frame(player = players,
                   pts_game = pts_game,
```

```
                    stringsAsFactors = FALSE)
  return(df)
}

nba_salary <- get_nba_salary()
pts_game <- get_pts_game()
df <- merge(nba_salary, pts_game) %>%
  arrange(desc(pts_game))
plot(df$pts_game, df$salary, type = "p")
```

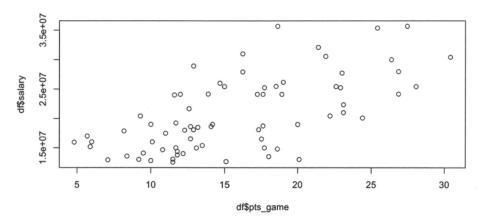

▶ 美國職籃聯盟 NBA 球員年薪與平均每場得分的相關概況

ggplot2 使用 geom_point() 函數繪製散佈圖，X 軸、Y 軸資料分別輸入平
均每場得分與年薪。

```
library(rvest)
library(jsonlite)
library(ggplot2)
library(dplyr)

get_nba_salary <- function() {
  nba_salary_ranking_url <- "https://www.spotrac.com/nba/rankings/"
  html_doc <- nba_salary_ranking_url %>%
    read_html()
  player_css <- ".team-name"
  pos_css <- ".rank-position"
```

```r
  salary_css <- ".info"
  players <- html_doc %>%
    html_nodes(css = player_css) %>%
    html_text()
  positions <- html_doc %>%
    html_nodes(css = pos_css) %>%
    html_text()
  salaries <- html_doc %>%
    html_nodes(css = salary_css) %>%
    html_text() %>%
    gsub(pattern = "\\$", replacement = "", .) %>%
    gsub(pattern = ",", replacement = "", .) %>%
    as.numeric()
  #salaries <- gsub(pattern = "\\$", replacement = "", salaries)
  df <- data.frame(player = players,
                   pos = positions,
                   salary = salaries,
                   stringsAsFactors = FALSE)
  return(df)
}


get_pts_game <- function() {
  nba_stats_url <-
"https://stats.nba.com/stats/leagueLeaders?LeagueID=00&PerMode=PerGame&
Scope=S&Season=2017-18&SeasonType=Regular+Season&StatCategory=PTS"
  res <- fromJSON(nba_stats_url)
  players <- res$resultSet$rowSet[, 3]
  pts_game <- as.numeric(res$resultSet$rowSet[, 23])
  df <- data.frame(player = players,
                   pts_game = pts_game,
                   stringsAsFactors = FALSE)
  return(df)
}


nba_salary <- get_nba_salary()
pts_game <- get_pts_game()
df <- merge(nba_salary, pts_game) %>%
  arrange(desc(pts_game))
ggplot(df, aes(x = pts_game, y = salary)) +
  geom_point()
```

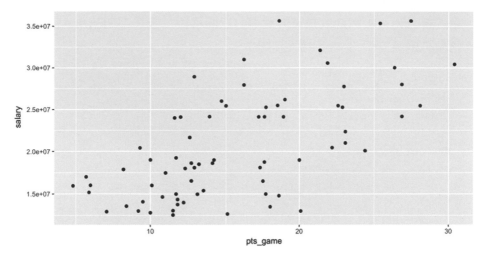

▶ 美國職籃聯盟 NBA 球員年薪與平均每場得分的相關概況

10-7 數值資料隨著日期時間的變動趨勢

線圖（line graph）是資料科學團隊慣常用作探索數值資料隨著日期時間的變動趨勢之圖形，藉著圖形可以觀察數值資料是否具有上升、下降、持平、季節性或循環性等的特徵。例如想知道我最喜歡的美國職籃聯盟 NBA 球員 Paul Pierce（The Truth）每一個例行賽季的平均每場得分、助攻與籃板變動趨勢，就能夠用線圖探索，我們撰寫網頁爬蟲從 basketball-reference.com 獲得。

Python

year	pts	ast	reb
1999-01-01	16.5	2.4	6.4
2000-01-01	19.5	3.0	5.4
2001-01-01	25.3	3.1	6.4
2002-01-01	26.1	3.2	6.9
2003-01-01	25.9	4.4	7.3

▶ Paul Pierce（The Truth）每一個例行賽季的平均每場得分、助攻與籃板

由於得分、籃板與助攻是資料框中的三個欄位，我們呼叫三次 `plt.plot()`
函數分別將三個 Series 加入到圖中。

```python
from pyquery import PyQuery as pq
import pandas as pd
import matplotlib.pyplot as plt

def get_pp_stats():
    """
    Get Paul Pierce stats from basketball-reference.com
    """
    stats_url = "https://www.basketball-reference.com/players/p/piercpa01.html"
    html_doc = pq(stats_url)
    pts_css = "#per_game .full_table .right:nth-child(30)"
    ast_css = "#per_game .full_table .right:nth-child(25)"
    reb_css = "#per_game .full_table .right:nth-child(24)"
    year = [str(i)+"-01-01" for i in range(1999, 2018)]
    pts = [float(p.text) for p in html_doc(pts_css)]
    ast = [float(a.text) for a in html_doc(ast_css)]
    reb = [float(r.text) for r in html_doc(reb_css)]
    df = pd.DataFrame()
    df["year"] = year
    df["pts"] = pts
    df["ast"] = ast
    df["reb"] = reb
    return df

pp_stats = get_pp_stats()
pp_stats["year"] = pd.to_datetime(pp_stats["year"])
pp_stats = pp_stats.set_index("year")
plt.plot(pp_stats["pts"])
plt.plot(pp_stats["reb"])
plt.plot(pp_stats["ast"])
plt.legend(['PTS', 'REB', 'AST'], loc='upper right')
plt.show()
```

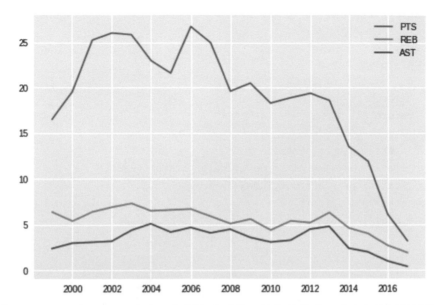

▶ Paul Pierce（The Truth）每一個例行賽季的平均每場得分、助攻與籃板變動趨勢

透過 pandas 模組使用 .plot.line() 方法作圖，預設輸入格式為寬表格，因此不需要輸入任何參數，也不用指定繪製圖例。

```python
from pyquery import PyQuery as pq
import pandas as pd
import matplotlib.pyplot as plt

def get_pp_stats():
    """
    Get Paul Pierce stats from basketball-reference.com
    """
    stats_url =
"https://www.basketball-reference.com/players/p/piercpa01.html"
    html_doc = pq(stats_url)
    pts_css = "#per_game .full_table .right:nth-child(30)"
    ast_css = "#per_game .full_table .right:nth-child(25)"
    reb_css = "#per_game .full_table .right:nth-child(24)"
    year = [str(i)+"-01-01" for i in range(1999, 2018)]
    pts = [float(p.text) for p in html_doc(pts_css)]
    ast = [float(a.text) for a in html_doc(ast_css)]
```

```
    reb = [float(r.text) for r in html_doc(reb_css)]
    df = pd.DataFrame()
    df["year"] = year
    df["pts"] = pts
    df["ast"] = ast
    df["reb"] = reb
    return df

pp_stats = get_pp_stats()
pp_stats["year"] = pd.to_datetime(pp_stats["year"])
pp_stats = pp_stats.set_index("year")
pp_stats.plot.line()
plt.show()
```

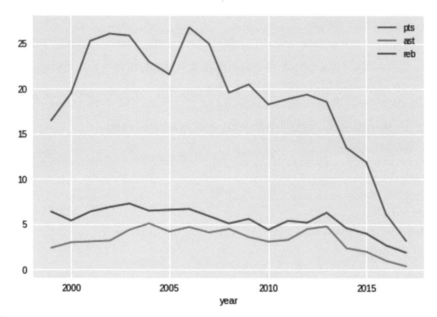

▶ Paul Pierce（The Truth）每一個例行賽季的平均每場得分、助攻與籃板變動趨勢

R 語言

	year	pts	ast	reb
1	1999-01-01	16.5	2.4	6.4
2	2000-01-01	19.5	3.0	5.4
3	2001-01-01	25.3	3.1	6.4
4	2002-01-01	26.1	3.2	6.9
5	2003-01-01	25.9	4.4	7.3
6	2004-01-01	23.0	5.1	6.5

▶ Paul Pierce（The Truth）每一個例行賽季的平均每場得分、助攻與籃板

由於得分、籃板與助攻是資料框中的三個欄位，我們呼叫 R 語言的 plot() 函數一次並指派 type 參數為 'l'，意即 lines 將得分的線圖先會治好；接著搭配 lines() 函數兩次，藉此分別將籃板與助攻加到圖上。

```
library(rvest)

get_pp_stats <- function() {
  stats_url <-
"https://www.basketball-reference.com/players/p/piercpa01.html"
  html_doc <- stats_url %>%
    read_html()
  pts_css <- "#per_game .full_table .right:nth-child(30)"
  ast_css <- "#per_game .full_table .right:nth-child(25)"
  reb_css <- "#per_game .full_table .right:nth-child(24)"
  pts <- html_doc %>%
    html_nodes(pts_css) %>%
    html_text() %>%
    as.numeric()
  ast <- html_doc %>%
    html_nodes(ast_css) %>%
    html_text() %>%
    as.numeric()
  reb <- html_doc %>%
    html_nodes(reb_css) %>%
    html_text() %>%
```

```
    as.numeric()
  year <- paste(1999:2017, "01", "01", sep = "-") %>%
    as.Date()
  df <- data.frame(year = year,
                   pts = pts,
                   ast = ast,
                   reb = reb,
                   stringsAsFactors = FALSE)
  return(df)
}


pp_stats <- get_pp_stats()
plot(pp_stats$year, pp_stats$pts, type = "l", lwd = 3, col = rgb(1, 0, 0,
0.5),
     ylim = c(min(pp_stats$ast), max(pp_stats$pts)))
lines(pp_stats$year, pp_stats$reb, lwd = 3, col = rgb(0, 1, 0, 0.5))
lines(pp_stats$year, pp_stats$ast, lwd = 3, col = rgb(0, 0, 1, 0.5))
legend("topright", legend=c("PTS", "REB", "AST"), cex = 0.5, bty = "n",
       col = c("red", "green", "blue"), lty = c(1, 1, 1))
```

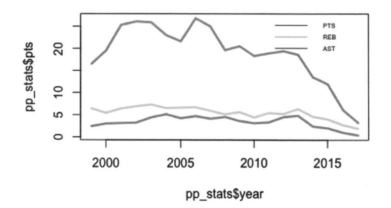

▶ Paul Pierce（The Truth）每一個例行賽季的平均每場得分、助攻與籃板變動趨勢

ggplot2 使用 geom_line() 函數繪製線圖，為了方便建立線條顏色與圖例，我們將寬表格轉置為長表格的樣式。

```r
library(rvest)
library(tidyr)
library(ggplot2)

get_pp_stats <- function() {
  stats_url <-
"https://www.basketball-reference.com/players/p/piercpa01.html"
  html_doc <- stats_url %>%
    read_html()
  pts_css <- "#per_game .full_table .right:nth-child(30)"
  ast_css <- "#per_game .full_table .right:nth-child(25)"
  reb_css <- "#per_game .full_table .right:nth-child(24)"
  pts <- html_doc %>%
    html_nodes(pts_css) %>%
    html_text() %>%
    as.numeric()
  ast <- html_doc %>%
    html_nodes(ast_css) %>%
    html_text() %>%
    as.numeric()
  reb <- html_doc %>%
    html_nodes(reb_css) %>%
    html_text() %>%
    as.numeric()
  year <- paste(1999:2017, "01", "01", sep = "-") %>%
    as.Date()
  df <- data.frame(year = year,
                   pts = pts,
                   ast = ast,
                   reb = reb,
                   stringsAsFactors = FALSE)
  return(df)
}

pp_stats <- get_pp_stats()
pp_stats_long <- gather(pp_stats, key = "stats", value = "value", pts, ast,
reb)
ggplot(pp_stats_long, aes(x = year, y = value, color = stats)) +
  geom_line()
```

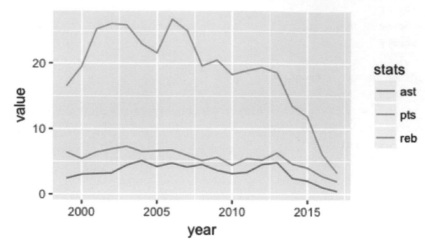

 Paul Pierce（The Truth）每一個例行賽季的平均每場得分、助攻與籃板變動趨勢

小結

本章介紹了如何在 Python 與 R 語言使用視覺化套件，探索不同資料型別的特徵，包含視覺化的基本單位速記、一組文字資料的相異觀測值數量、一組數值資料依類別分組摘要排序、一組數值資料的分佈、一組數值資料依類別分組的分佈、兩組數值資料的相關，以及數值資料隨著日期時間的變動趨勢。

Chapter 11

視覺化中的元件

The simple graph has brought more information to the data analyst's mind than any other device.

John Tukey

在基礎視覺化我們已經掌握如何描繪不同資料的特徵,進而從資料中挖掘富含價值的資訊;不過該文的重點是如何將資料進行處理並依照資料類型與探索需求,映射至對應圖形種類上,與資料無關的調整,像是圖表標題、色系或者刻度標籤等,並不在考量之中,這也表示我們在探索性資料分析(Exploratory Data Analysis)目的:讓資料科學團隊一目瞭然資料特徵,尚有可以進步之空間。

11-1 調整畫布的佈景主題

調整畫布的佈景主題(theme)是讓視覺化立即改頭換面的捷徑,佈景主題涵蓋背景顏色、字型大小與線條樣式等整體外觀的調整。

Python

在 Python 中我們可以查看 pyplot 的 `style.available` 屬性，瞭解能夠使用哪些佈景主題。

```python
import matplotlib.pyplot as plt

style_available = plt.style.available
print("可以使用 {} 個佈景主題。".format(len(style_available)))
print(style_available)
## 可以使用 25 個佈景主題。
## ['seaborn-dark', 'seaborn-colorblind', 'seaborn-muted',
'seaborn-pastel', 'grayscale', 'seaborn-dark-palette', 'seaborn-white',
'_classic_test', 'seaborn-poster', 'seaborn-whitegrid', 'fast',
'seaborn-bright', 'seaborn-talk', 'seaborn-paper', 'Solarize_Light2',
'seaborn-notebook', 'ggplot', 'dark_background', 'seaborn-darkgrid',
'bmh', 'classic', 'seaborn-ticks', 'seaborn-deep', 'fivethirtyeight',
'seaborn']
```

其中 seaborn 相關、ggplot、dark_background、bmh 與 fivethirtyeight 等
是較為鮮明的佈景主題，使用 `plt.style.use()` 方法來指定，讓我們在這
五個佈景主題中分別繪製長條圖探索 1995 至 1996 年球季中的芝加哥公牛
隊陣容各個鋒衛位置的人數：

```python
import pandas as pd
import matplotlib.pyplot as plt

csv_url =
"https://storage.googleapis.com/ds_data_import/chicago_bulls_1995_1996.
csv"
df = pd.read_csv(csv_url)
grouped = df.groupby("Pos")
pos = grouped["Pos"].count()
plt_themes = ["seaborn-darkgrid", "ggplot", "dark_background", "bmh",
"fivethirtyeight"]

for i in range(5):
  plt.style.use(plt_themes[i])
```

```
plt.bar(range(1, 6), pos)
plt.xticks(range(1, 6), pos.index)
plt.title(plt_themes[i])
plt.show()
print("\n")
```

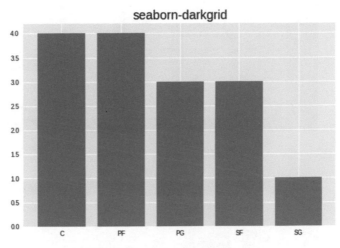

 seaborn-darkgrid 佈景主題

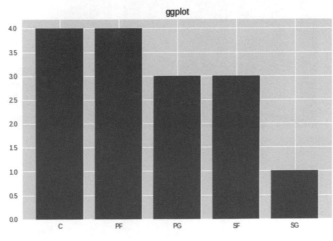

ggplot 佈景主題

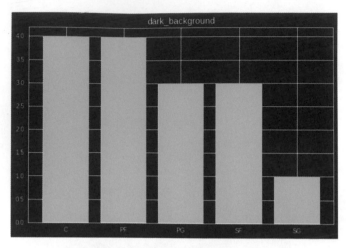

▶ dark_background 佈景主題

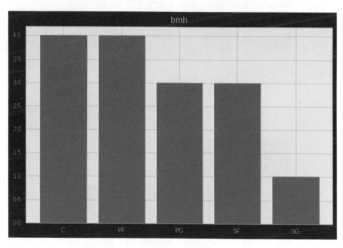

▶ bmh 佈景主題

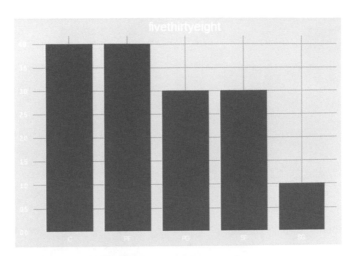

▶ fivethirtyeight 佈景主題

R 語言

R 語言的 ggplot2 套件有 `theme_...()` 函數可以更改佈景主題，除了預設的 `theme_gray()` 其他可以選用的類型有：

```r
library(ggplot2)

csv_url <-
"https://storage.googleapis.com/ds_data_import/chicago_bulls_1995_1996.csv"
df <- read.csv(csv_url)
plt <- df %>%
  ggplot(aes(x = Pos)) +
  geom_bar(fill = "red", alpha = 0.5)

plt + theme_bw()
plt + theme_linedraw()
plt + theme_light()
plt + theme_dark()
plt + theme_minimal()
plt + theme_classic()
plt + theme_void()
```

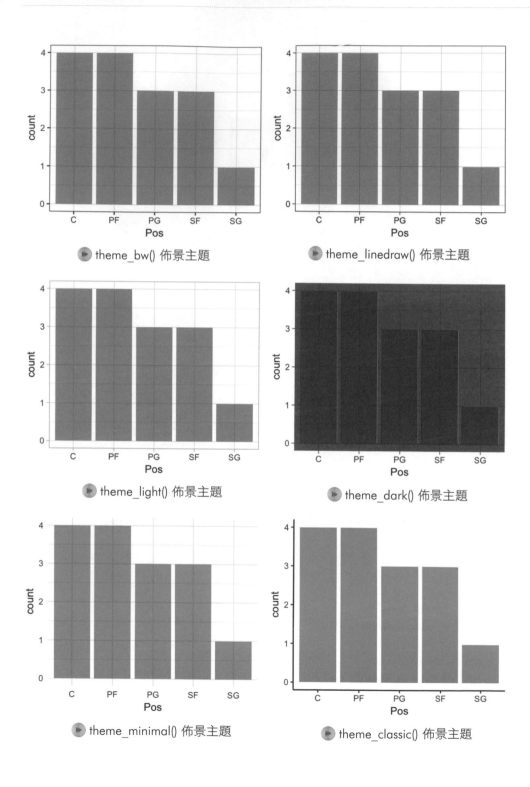

▶ theme_bw() 佈景主題

▶ theme_linedraw() 佈景主題

▶ theme_light() 佈景主題

▶ theme_dark() 佈景主題

▶ theme_minimal() 佈景主題

▶ theme_classic() 佈景主題

▶ theme_void() 佈景主題

 11-2 加入圖標題與軸標籤

一個敘述得當的圖標題能夠為探索性分析帶來畫龍點睛的效果。

Python

在 Python 中利用 `plt.title()` 可以加入正常標題、`plt.suptitle()` 可以加入一個畫布更上方的置中標題，讓標題具有兩個層級，一個大標與一個副標；而 `plt.xlabel()` 與 `plt.ylabel()` 則可以分別為 X 軸與 Y 軸加上變數名稱與單位的敘述。

```python
import pandas as pd
import matplotlib.pyplot as plt

csv_url = "https://storage.googleapis.com/ds_data_import/chicago_bulls_1995_1996.csv"
df = pd.read_csv(csv_url)
grouped = df.groupby("Pos")
pos = grouped["Pos"].count()

plt.bar(range(1, 6), pos)
plt.xticks(range(1, 6), pos.index)
```

```
plt.suptitle("Front court players are the majorities.")
plt.title("Chicago Bulls is relatively weak in the paint.")
plt.xlabel("Positions")
plt.ylabel("Number of Players")
plt.show()
```

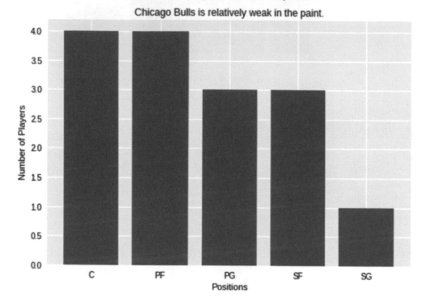

▶ Python：加入圖標題與軸標籤

習慣使用中文的使用者在這時會碰上中文的標題與軸標籤無法顯示的問題，因為 matplotlib 預設的字體（例如我的 matplotlib 是 DejaVuSans.ttf）不支援中文，就會生成空格：

```
import pandas as pd
import matplotlib.pyplot as plt

csv_url =
"https://storage.googleapis.com/ds_data_import/chicago_bulls_1995_1996.
csv"
df = pd.read_csv(csv_url)
grouped = df.groupby("Pos")
```

```
pos = grouped["Pos"].count()

# 無法顯示中文
plt.bar(range(1, 6), pos)
plt.xticks(range(1, 6), ["中鋒", "大前鋒", "小前鋒", "控球後衛", "得分後衛"])
plt.suptitle("前場球員為芝加哥公牛隊的大宗")
plt.title("反映當時為了抗衡其他具有主宰力中前鋒的隊伍之現象")
plt.xlabel("鋒衛位置")
plt.ylabel("球員人數")
plt.show()
```

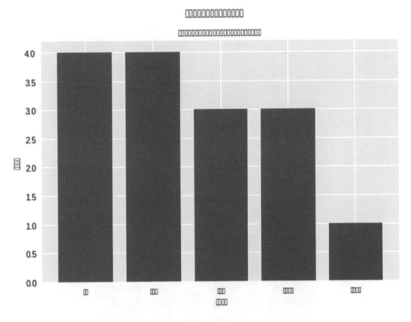

▶ Python：無法顯示中文圖標題與軸標籤

解決方式是另外指定支援中文的字體，例如接下來我要指定的繁體中文細黑體（Heiti TC Light），透過 matplotlib.font_manager 模組所提供的 FontProperties() 函數傳入繁體中文細黑體的路徑（以我的電腦舉例是 /System/Library/Fonts/STHeiti Light.ttc）。

```
import pandas as pd
import matplotlib.pyplot as plt

csv_url =
"https://storage.googleapis.com/ds_data_import/chicago_bulls_1995_1996.
csv"
df = pd.read_csv(csv_url)
grouped = df.groupby("Pos")
pos = grouped["Pos"].count()

# 可以顯示中文
myfont = FontProperties(fname="/System/Library/Fonts/STHeiti Light.ttc")
plt.bar(range(1, 6), pos)
plt.xticks(range(1, 6), ["中鋒", "大前鋒", "小前鋒", "控球後衛", "得分後衛"],
fontproperties=myfont)
plt.suptitle("前場球員為芝加哥公牛隊的大宗", fontproperties=myfont)
plt.title("反映當時為了抗衡其他具有主宰力中前鋒的隊伍之現象",
fontproperties=myfont)
plt.xlabel("鋒衛位置", fontproperties=myfont)
plt.ylabel("球員人數", fontproperties=myfont)
plt.show()
```

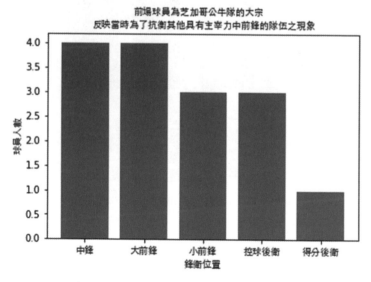

▶ Python：能夠顯示中文圖標題與軸標籤

R 語言

在 R 語言中利用 ggtitle() 可以加入標題、 labs(subtitle = , caption =) 可以加入一個副標題與右下角的資料來源註釋；而 xlab() 與 ylab() 則可以分別為 X 軸與 Y 軸加上變數名稱與單位的敘述。

```r
library(ggplot2)

csv_url <-
"https://storage.googleapis.com/ds_data_import/chicago_bulls_1995_1996.
csv"
df <- read.csv(csv_url)
df %>%
  ggplot(aes(x = Pos)) +
  geom_bar(fill = "red", alpha = 0.5) +
  ggtitle("Front court players are the majorities.") +
  labs(subtitle = "Chicago Bulls is relatively weak in the paint.",
       caption = "Source: basketball-reference.com") +
  xlab("Positions") +
  ylab("Number of Players")
```

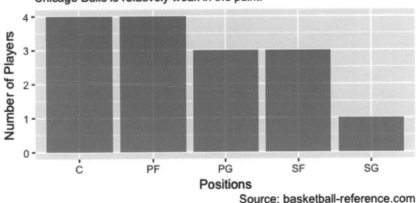

▶ R：加入圖標題與軸標籤

同樣因為 ggplot2 預設的字體（sans）不支援中文，如果試圖在標題與軸標籤上加入中文，就會碰上無法顯示的問題生成空格：

```r
library(ggplot2)

csv_url <-
"https://storage.googleapis.com/ds_data_import/chicago_bulls_1995_1996.
csv"
df <- read.csv(csv_url)
# 無法顯示中文
df %>%
  ggplot(aes(x = Pos)) +
  geom_bar(fill = "red", alpha = 0.5) +
  ggtitle("前場球員為芝加哥公牛隊的大宗") +
  labs(subtitle = "反映當時為了抗衡其他具有主宰力中前鋒的隊伍之現象",
       caption = "資料來源：basketball-reference.com") +
  xlab("鋒衛位置") +
  ylab("球員人數") +
  scale_x_discrete(labels = c("中鋒", "大前鋒", "小前鋒", "控球後衛", "得分
後衛"))
```

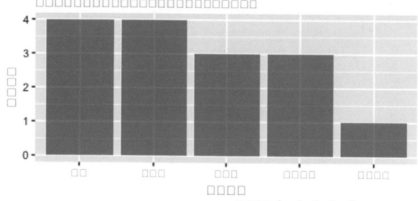

R：無法顯示中文圖標題與軸標籤

解決方式是透過 theme(text = element_text(family =)) 指定支援中文的字體,例如我要指定的繁體中文細黑體(Heiti TC Light)。

```r
library(ggplot2)

csv_url <-
"https://storage.googleapis.com/ds_data_import/chicago_bulls_1995_1996.
csv"
df <- read.csv(csv_url)
# 能夠顯示中文
df %>%
  ggplot(aes(x = Pos)) +
  geom_bar(fill = "red", alpha = 0.5) +
  ggtitle("前場球員為芝加哥公牛隊的大宗") +
  labs(subtitle = "反映當時為了抗衡其他具有主宰力中前鋒的隊伍之現象",
       caption = "資料來源: basketball-reference.com") +
  xlab("鋒衛位置") +
  ylab("球員人數") +
  scale_x_discrete(labels = c("中鋒", "大前鋒", "小前鋒", "控球後衛", "得分
後衛")) +
  theme(text = element_text(family = "Heiti TC Light"))
```

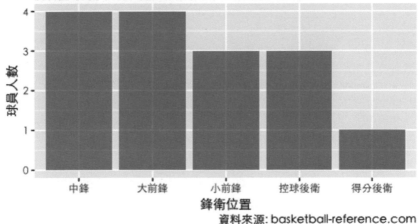

▶ R:能夠顯示中文圖標題與軸標籤

11-3 加入註釋

除了標準的圖標題與軸標籤能幫助資料科學團隊解讀探索性資料分析，我們還可以在繪圖中加入凸顯資訊的元件，像是用來註釋描述性資訊的文字、標註重要數值的水平或垂直線、強調某區域的陰影或是指出特定資料點的箭頭等。

Python

在 Python 中可以使用 `plt.text()` 方法指定文字內容與擺放文字的座標位置，像是將 1995 至 1996 年球季的芝加哥公牛隊各個鋒衛位置的平均每場得分長條圖上方加入得分的數值，特別注意的是擺放文字之位置要做微幅調整，否則會造成註釋文字恰好貼齊長條或者座標軸的情況。

```python
import pandas as pd
import matplotlib.pyplot as plt

per_game_url =
"https://storage.googleapis.com/ds_data_import/stats_per_game_chicago_b
ulls_1995_1996.csv"
player_info_url =
"https://storage.googleapis.com/ds_data_import/chicago_bulls_1995_1996.
csv"
per_game = pd.read_csv(per_game_url)
player_info = pd.read_csv(player_info_url)
df = pd.merge(player_info, per_game[["Name", "PTS/G"]], left_on="Player",
right_on="Name")
grouped = df.groupby("Pos")
points_per_game = grouped["PTS/G"].mean()

plt.bar([1, 2, 3, 4, 5], points_per_game)
plt.xticks([1, 2, 3, 4, 5], points_per_game.index)
plt.ylim(0, points_per_game.max() + 3)
plt.title("Points per game by postions")
plt.xlabel("Positions")
```

```
plt.ylabel("PPG")
for i, v in enumerate(points_per_game):
  plt.text(i + 0.9, v + 0.5, "{:.1f}".format(v))
plt.show()
```

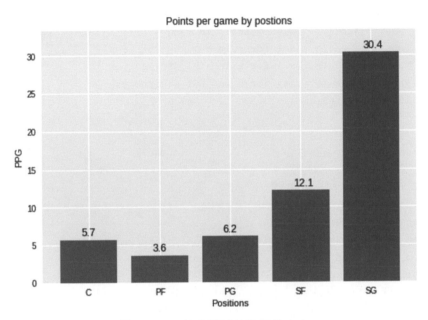

▶ Python：註釋描述性資訊的文字

使用 `plt.axhline()` 可 以 在 圖 形 上 加 入 水 平 線 、 使 用 `plt.fill_between()` 能夠在指定區段加入陰影，藉此達成強調效果。像是我希望在 Paul Pierce 每年場均得分的線圖上標註均值並且強調（高光）高於均值的區段。

```
from pyquery import PyQuery as pq
import pandas as pd
import matplotlib.pyplot as plt

def get_pp_stats():
    """
    Get Paul Pierce stats from basketball-reference.com
    """
```

```
    stats_url = "https://www.basketball-reference.com/players/p/
piercpa01.html"
    html_doc = pq(stats_url)
    pts_css = "#per_game .full_table .right:nth-child(30)"
    ast_css = "#per_game .full_table .right:nth-child(25)"
    reb_css = "#per_game .full_table .right:nth-child(24)"
    year = [str(i)+"-01-01" for i in range(1999, 2018)]
    pts = [float(p.text) for p in html_doc(pts_css)]
    ast = [float(a.text) for a in html_doc(ast_css)]
    reb = [float(r.text) for r in html_doc(reb_css)]
    df = pd.DataFrame()
    df["year"] = year
    df["pts"] = pts
    df["ast"] = ast
    df["reb"] = reb
    return df

pp_stats = get_pp_stats()
pp_stats["year"] = pd.to_datetime(pp_stats["year"])
pp_stats = pp_stats.set_index("year")
plt.plot(pp_stats["pts"]) # 線圖
avg_pts = pp_stats["pts"].mean() # 生涯均值
plt.axhline(y = avg_pts, color="g", ls="--", alpha = 0.5) # 水平線
plt.fill_between(pp_stats.index, avg_pts, pp_stats["pts"],
                where=pp_stats["pts"] >= avg_pts, color="gray",
                alpha=0.5, interpolate=True) # 陰影
plt.title("Points per game: Paul Pierce")
plt.xlabel("Year")
plt.ylabel("PPG")
plt.show()
```

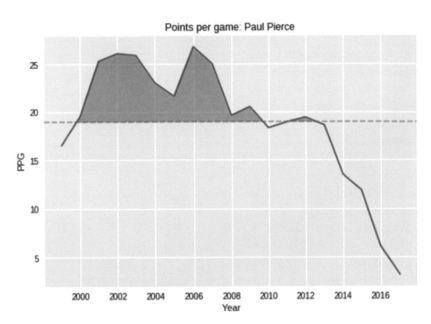

▶ Python：加入水平線與陰影

加上 `plt.annotate()` 函數就可以在圖形上增添箭號與註釋文字，例如我希望在圖上註釋 Paul Pierce 離開波士頓賽爾提克的 2013 年。

```python
from pyquery import PyQuery as pq
import pandas as pd
import matplotlib.pyplot as plt

def get_pp_stats():
    """
    Get Paul Pierce stats from basketball-reference.com
    """
    stats_url =
"https://www.basketball-reference.com/players/p/piercpa01.html"
    html_doc = pq(stats_url)
    pts_css = "#per_game .full_table .right:nth-child(30)"
    ast_css = "#per_game .full_table .right:nth-child(25)"
    reb_css = "#per_game .full_table .right:nth-child(24)"
    year = [str(i)+"-01-01" for i in range(1999, 2018)]
    pts = [float(p.text) for p in html_doc(pts_css)]
```

```python
    ast = [float(a.text) for a in html_doc(ast_css)]
    reb = [float(r.text) for r in html_doc(reb_css)]
    df = pd.DataFrame()
    df["year"] = year
    df["pts"] = pts
    df["ast"] = ast
    df["reb"] = reb
    return df


pp_stats = get_pp_stats()
pp_stats["year"] = pd.to_datetime(pp_stats["year"])
pp_stats = pp_stats.set_index("year")
plt.plot(pp_stats["pts"]) # 線圖
avg_pts = pp_stats["pts"].mean() # 生涯均值
plt.axhline(y = avg_pts, color="g", ls="--", alpha = 0.5) # 水平線
plt.fill_between(pp_stats.index, avg_pts, pp_stats["pts"],
                where=pp_stats["pts"] >= avg_pts, color="gray",
                alpha=0.5, interpolate=True) # 陰影


year_2013 = pp_stats.index[-5] # 2013 年的 index
# 加入箭號與註釋文字
plt.annotate(
    'Left Boston Celtics',
    xy=(year_2013, 19),
    xycoords='data',
    xytext=(year_2013, 25),
    textcoords='data',
    horizontalalignment='center',
    arrowprops=dict(facecolor='black', arrowstyle="fancy")
)
plt.title("Points per game: Paul Pierce")
plt.xlabel("Year")
plt.ylabel("PPG")
plt.show()
```

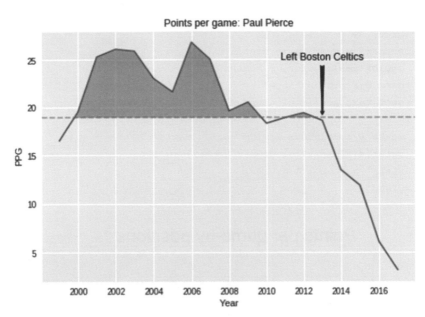

Points per game: Paul Pierce

Left Boston Celtics

▶ Python：加入箭號與註釋文字

R 語言

在 R 語言中利用 geom_text() 函數可以指定加入的數值標籤，並且會自動
與 X 軸的座標對齊，加入 vjust 參數調整數值標籤與長條頂端的距離。

```
library(dplyr)
library(ggplot2)

per_game_url <-
"https://storage.googleapis.com/ds_data_import/stats_per_game_chicago_b
ulls_1995_1996.csv"
player_info_url <-
"https://storage.googleapis.com/ds_data_import/chicago_bulls_1995_1996.
csv"
per_game <- read.csv(per_game_url)
player_info <- read.csv(player_info_url)
df <- merge(player_info, per_game[, c("Name", "PTS.G")], by.x = "Player",
by.y = "Name")
```

```
df %>%
  group_by(Pos) %>%
  summarise(mean_pts = mean(PTS.G)) %>%
  ggplot(aes(x = Pos, y = mean_pts)) +
  geom_bar(stat = "identity", fill = "red", alpha = 0.5) +
  geom_text(aes(label = sprintf("%.1f", mean_pts), y= mean_pts), vjust =
-1) +
  scale_y_continuous(limits = c(0, max(df$PTS.G) + 3)) +
  ggtitle("Points per game by positions") +
  xlab("Positions") +
  ylab("PPG")
```

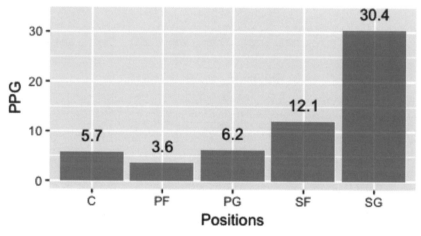

▶ R：註釋描述性資訊的文字

使用 geom_hline() 可以在圖形上加入水平線、使用 geom_ribbon() 能夠在指定區段加入陰影，藉此達成強調效果。

```
library(rvest)
library(ggplot2)

get_pp_stats <- function() {
  stats_url <-
"https://www.basketball-reference.com/players/p/piercpa01.html"
  html_doc <- stats_url %>%
```

```r
    read_html()
  pts_css <- "#per_game .full_table .right:nth-child(30)"
  ast_css <- "#per_game .full_table .right:nth-child(25)"
  reb_css <- "#per_game .full_table .right:nth-child(24)"
  pts <- html_doc %>%
    html_nodes(pts_css) %>%
    html_text() %>%
    as.numeric()
  ast <- html_doc %>%
    html_nodes(ast_css) %>%
    html_text() %>%
    as.numeric()
  reb <- html_doc %>%
    html_nodes(reb_css) %>%
    html_text() %>%
    as.numeric()
  year <- paste(1999:2017, "01", "01", sep = "-") %>%
    as.Date()
  df <- data.frame(year = year,
                   pts = pts,
                   ast = ast,
                   reb = reb,
                   stringsAsFactors = FALSE)
  return(df)
}


pp_stats <- get_pp_stats()
avg_pts <- mean(pp_stats$pts) # 均值
pp_stats %>%
  ggplot(aes(x = year, y = pts)) +
    # 線圖
    geom_line() +
    # 水平線
    geom_hline(yintercept = avg_pts, lty = 2, col = "green") +
    # 陰影
    geom_ribbon(aes(ymin = avg_pts, ymax = pts,
                fill = ifelse(pts >= avg_pts, TRUE, NA)),
                alpha = 0.5) +
    scale_fill_manual(values=c("gray"), name="fill") +
    theme(legend.position="none")
```

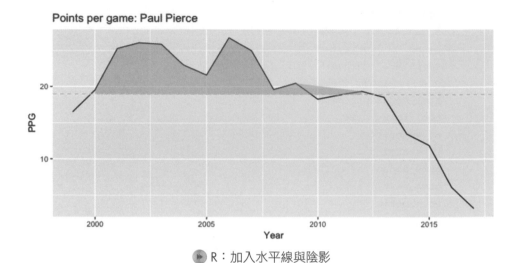

Points per game: Paul Pierce

▶ R：加入水平線與陰影

加上 annotate() 函數可以在圖形上增添箭號與註釋文字。

```r
library(rvest)
library(ggplot2)

get_pp_stats <- function() {
  stats_url <-
"https://www.basketball-reference.com/players/p/piercpa01.html"
  html_doc <- stats_url %>%
    read_html()
  pts_css <- "#per_game .full_table .right:nth-child(30)"
  ast_css <- "#per_game .full_table .right:nth-child(25)"
  reb_css <- "#per_game .full_table .right:nth-child(24)"
  pts <- html_doc %>%
    html_nodes(pts_css) %>%
    html_text() %>%
    as.numeric()
  ast <- html_doc %>%
    html_nodes(ast_css) %>%
    html_text() %>%
    as.numeric()
  reb <- html_doc %>%
    html_nodes(reb_css) %>%
```

```r
    html_text() %>%
    as.numeric()
  year <- paste(1999:2017, "01", "01", sep = "-") %>%
    as.Date()
  df <- data.frame(year = year,
                   pts = pts,
                   ast = ast,
                   reb = reb,
                   stringsAsFactors = FALSE)
  return(df)
}


pp_stats <- get_pp_stats()
avg_pts <- mean(pp_stats$pts)
pp_stats %>%
  ggplot(aes(x = year, y = pts)) +
    geom_line() +
    geom_hline(yintercept = avg_pts, lty = 2, col = "green") +
    geom_ribbon(aes(ymin = avg_pts, ymax = pts,
                fill = ifelse(pts >= avg_pts, TRUE, NA)),
                alpha = 0.5) +
    # 增加註釋文字
    annotate("text", x = as.Date("2013-01-01"), y = 25, label = "Left Boston
Celtics") +
    # 增加箭頭
    geom_segment(aes(x = as.Date("2013-01-01"), y = 23, xend =
as.Date("2013-01-01"), yend = 20),
                arrow = arrow(length = unit(0.2, "cm"))) +
    scale_fill_manual(values=c("gray"), name="fill") +
    theme(legend.position="none") +
    ggtitle("Points per game: Paul Pierce") +
    xlab("Year") +
    ylab("PPG")
```

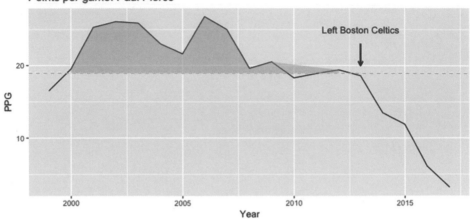

R：加入箭號與註釋文字

11-4 調整座標軸

X 軸與 Y 軸用於描述資料中資料映射，大多數情況下沿用 Python Matplotlib、R 語言 ggplot2 預設的 X 軸與 Y 軸規格已經很足夠，但有些情況下資料科學團隊會想要控制軸的範圍、刻度線或者刻度線標籤等。

Python

在 Python 中可以透過 `plt.xlim()` 與 `plt.ylim()` 輸入最小值與最大值調整軸的範圍，藉此僅顯示某一部份的圖形，像是藉由調整 X 軸的範圍只顯示出 Paul Pierce 在波士頓賽爾提克時期的場均得分。

```python
from pyquery import PyQuery as pq
import pandas as pd
import matplotlib.pyplot as plt

def get_pp_stats():
    """
    Get Paul Pierce stats from basketball-reference.com
    """
```

```
    stats_url =
"https://www.basketball-reference.com/players/p/piercpa01.html"
    html_doc = pq(stats_url)
    pts_css = "#per_game .full_table .right:nth-child(30)"
    ast_css = "#per_game .full_table .right:nth-child(25)"
    reb_css = "#per_game .full_table .right:nth-child(24)"
    year = [str(i)+"-01-01" for i in range(1999, 2018)]
    pts = [float(p.text) for p in html_doc(pts_css)]
    ast = [float(a.text) for a in html_doc(ast_css)]
    reb = [float(r.text) for r in html_doc(reb_css)]
    df = pd.DataFrame()
    df["year"] = year
    df["pts"] = pts
    df["ast"] = ast
    df["reb"] = reb
    return df

pp_stats = get_pp_stats()
pp_stats["year"] = pd.to_datetime(pp_stats["year"])
pp_stats = pp_stats.set_index("year")
plt.plot(pp_stats["pts"]) # 線圖
plt.xlim(pp_stats.index.min(), pp_stats.index[14]) # 調整軸的範圍
plt.ylim(15, 30) # 調整軸的範圍
plt.title("Points per game: Paul Pierce in Boston Celtics")
plt.xlabel("Year")
plt.ylabel("PPG")
plt.show()
```

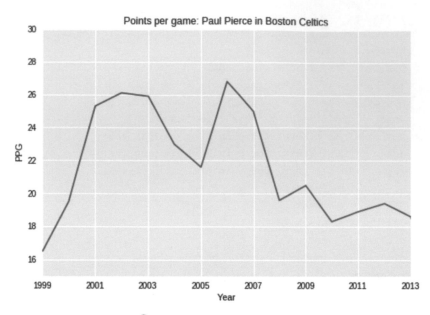

▶ Python：調整座標軸範圍

在 Python 中可以透過 `plt.xticks()` 與 `plt.yticks()` 調整刻度線與刻度線標籤，在未調整前，我們繪製長條圖探索 1995 至 1996 年球季中的芝加哥公牛隊陣容各個鋒衛位置的人數時外觀並不是非常好看，X 軸是 1 至 5 沒有鋒衛的標籤，Y 軸的刻度以 0.5 作為一個刻度間距並且為浮點數外觀。

```
import pandas as pd
import matplotlib.pyplot as plt

csv_url =
"https://storage.googleapis.com/ds_data_import/chicago_bulls_1995_1996.
csv"
df = pd.read_csv(csv_url)
grouped = df.groupby("Pos")
pos = grouped["Pos"].count()

plt.bar(range(1, 6), pos)
plt.suptitle("Front court players are the majorities.")
plt.title("Chicago Bulls is relatively weak in the paint.")
plt.xlabel("Positions")
```

```
plt.ylabel("Number of Players")
plt.show()
```

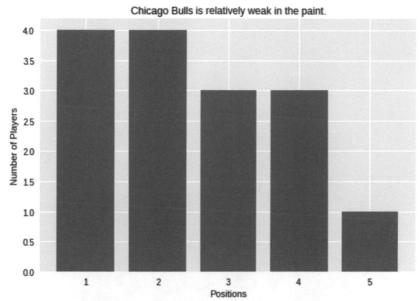

Python：未調整刻度線與刻度線標籤

在 plt.xticks() 函數中將 1 至 5 分別對應給 ["C", "PF", "SF", "PG", "SG"]，然後在 plt.yticks() 函數中輸入 1 至 4 調整預設的樣式。

```
import pandas as pd
import matplotlib.pyplot as plt

csv_url =
"https://storage.googleapis.com/ds_data_import/chicago_bulls_1995_1996.
csv"
df = pd.read_csv(csv_url)
grouped = df.groupby("Pos")
pos = grouped["Pos"].count()

plt.bar(range(1, 6), pos)
```

```
plt.xticks(range(1, 6), ["C", "PF", "SF", "PG", "SG"]) # 調整 X 軸刻度線與
刻度線標籤
plt.yticks(range(1, 5)) # 調整 Y 軸刻度線與刻度線標籤
plt.suptitle("Front court players are the majorities.")
plt.title("Chicago Bulls is relatively weak in the paint.")
plt.xlabel("Positions")
plt.ylabel("Number of Players")
plt.show()
```

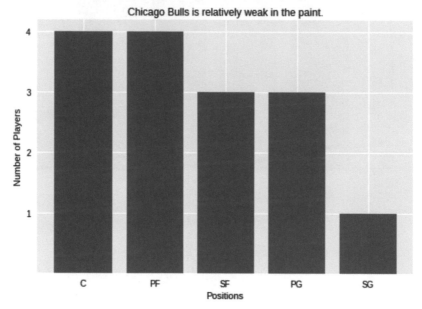

▶ Python：調整刻度線與刻度線標籤之後

R 語言

在 R 語言中使用 scale_x_...() 與 scale_y_...() 函數中的 limits 參數來調整座標軸的範圍，... 必須依 X 軸與 Y 軸的型別決定。

```
library(rvest)
library(ggplot2)
```

```r
get_pp_stats <- function() {
  stats_url <-
"https://www.basketball-reference.com/players/p/piercpa01.html"
  html_doc <- stats_url %>%
    read_html()
  pts_css <- "#per_game .full_table .right:nth-child(30)"
  ast_css <- "#per_game .full_table .right:nth-child(25)"
  reb_css <- "#per_game .full_table .right:nth-child(24)"
  pts <- html_doc %>%
    html_nodes(pts_css) %>%
    html_text() %>%
    as.numeric()
  ast <- html_doc %>%
    html_nodes(ast_css) %>%
    html_text() %>%
    as.numeric()
  reb <- html_doc %>%
    html_nodes(reb_css) %>%
    html_text() %>%
    as.numeric()
  year <- paste(1999:2017, "01", "01", sep = "-") %>%
    as.Date()
  df <- data.frame(year = year,
                   pts = pts,
                   ast = ast,
                   reb = reb,
                   stringsAsFactors = FALSE)
  return(df)
}

pp_stats <- get_pp_stats()
avg_pts <- mean(pp_stats$pts)
pp_stats %>%
  ggplot(aes(x = year, y = pts)) +
    geom_line() +
    ggtitle("Points per game: Paul Pierce in Boston") +
    # 調整 X 軸的範圍與樣式
    scale_x_date(date_breaks = "1 year", date_labels = "%Y", limits =
c(as.Date("1999-01-01"), as.Date("2013-01-01"))) +
    # 調整 Y 軸的範圍
```

```
scale_y_continuous(limits = c(15, 30)) +
xlab("Year") +
ylab("PPG")
```

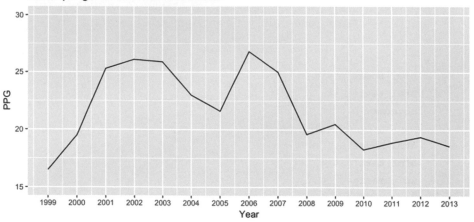

Points per game: Paul Pierce in Boston

▶ R：調整座標軸範圍

刻度線與刻度線標籤同樣在 scale_x_...() 與 scale_y_...() 函數中以
參數 breaks 與 labels 調整。

```
library(dplyr)
library(ggplot2)

csv_url <-
"https://storage.googleapis.com/ds_data_import/chicago_bulls_1995_1996.
csv"
df <- read.csv(csv_url)
labs <- c("Center", "Power Forward", "Point Guard", "Small Forward",
"Shooting Guard")
df %>%
  ggplot(aes(x = Pos)) +
  geom_bar(fill = "red", alpha = 0.5) +
  ggtitle("Front court players are the majorities.") +
  labs(subtitle = "Chicago Bulls is relatively weak in the paint.",
       caption = "Source: basketball-reference.com") +
  xlab("Positions") +
```

```
ylab("Number of Players") +
scale_x_discrete(labels = labs) +
scale_y_continuous(breaks = 1:4)
```

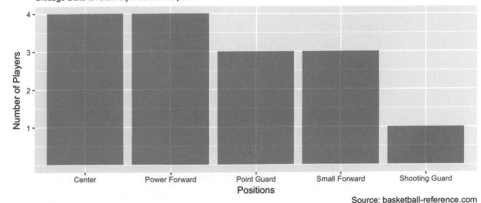

▶ R：調整刻度線與刻度線標籤之後

11-5 加入與調整圖例

圖例（Legends）顯示資料如何映射至顏色或樣式。

Python

在 Python 中我們使用 `plt.legend()` 加入與調整圖例，像是將 1995 至 1996 年球季中的芝加哥公牛隊陣容各個鋒衛位置的人數區分為前場和後場兩種顏色的長條。

```
import pandas as pd
import matplotlib.pyplot as plt

csv_url = "https://storage.googleapis.com/ds_data_import/chicago_bulls_
1995_1996.csv"
df = pd.read_csv(csv_url)
```

```
grouped = df.groupby("Pos")
pos = grouped.count()
bar_1 = pos["Player"].loc[["SG", "PG"]].values
bar_2 = pos["Player"].loc[["SF", "PF", "C"]].values
plt.bar(range(1, 3), bar_1, label="Back Court", alpha=0.6, color="red")
plt.bar(range(3, 6), bar_2, label="Front Court", alpha=0.6, color="green")
plt.legend(title = "Court") # 加入圖例
plt.xticks(range(1, 6), ["SG", "PG", "SF", "PF", "C"]) # 調整 X 軸刻度線與
刻度線標籤
plt.yticks(range(1, 5)) # 調整 Y 軸刻度線與刻度線標籤
plt.suptitle("Front court players are the majorities.")
plt.title("Chicago Bulls is relatively weak in the paint.")
plt.xlabel("Positions")
plt.ylabel("Number of Players")
plt.show()
```

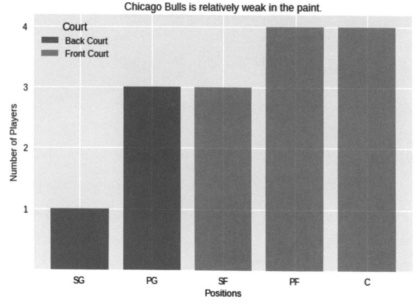

▶ Python：加入與調整圖例

R 語言

如果我們在 aes() 函數中有將資料映射給線條顏色、填滿色彩或線條樣式，R 語言的 ggplot2 就會自動加入圖例。

```r
library(ggplot2)

csv_url <-
"https://storage.googleapis.com/ds_data_import/chicago_bulls_1995_1996.
csv"
df <- read.csv(csv_url)
labs <- c("Center", "Power Forward", "Point Guard", "Small Forward",
"Shooting Guard")
df %>%
  ggplot(aes(x = Pos, fill = Pos)) +
  geom_bar(alpha = 0.7) +
  ggtitle("Front court players are the majorities.") +
  labs(subtitle = "Chicago Bulls is relatively weak in the paint.",
       caption = "Source: basketball-reference.com") +
  xlab("Positions") +
  ylab("Number of Players") +
  scale_x_discrete(labels = labs) +
  scale_y_continuous(breaks = 1:4)
```

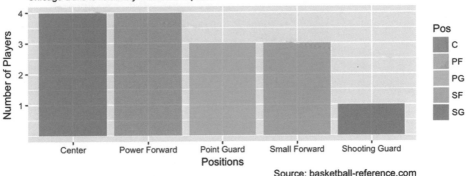

R：將鋒衛位置映射至填滿顏色

如果希望移除圖例，可以加入 `theme(legend.position="none")`。

```
library(ggplot2)

csv_url <-
"https://storage.googleapis.com/ds_data_import/chicago_bulls_1995_1996.
csv"
df <- read.csv(csv_url)
labs <- c("Center", "Power Forward", "Point Guard", "Small Forward",
"Shooting Guard")
df %>%
  ggplot(aes(x = Pos, fill = Pos)) +
  geom_bar(alpha = 0.7) +
  ggtitle("Front court players are the majorities.") +
  labs(subtitle = "Chicago Bulls is relatively weak in the paint.",
       caption = "Source: basketball-reference.com") +
  xlab("Positions") +
  ylab("Number of Players") +
  scale_x_discrete(labels = labs) +
  scale_y_continuous(breaks = 1:4) +
  theme(legend.position = "none") # 移除圖例
```

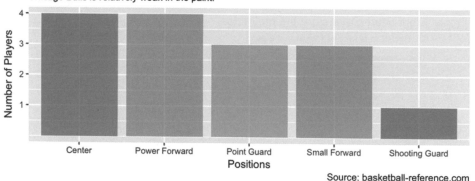

R：移除圖例的顯示

`theme(legend.position=)` 也可以用來指定圖例的擺放位置，像是輸入一組 (1, 1) 座標放置到圖形的右上方。

```
library(ggplot2)

csv_url <-
"https://storage.googleapis.com/ds_data_import/chicago_bulls_1995_1996.
csv"
df <- read.csv(csv_url)
df$Court <- ifelse(df$Pos %in% c("SG", "PG"), "Back Court", "Front Court")
labs <- c("Center", "Power Forward", "Point Guard", "Small Forward",
"Shooting Guard")
df %>%
  ggplot(aes(x = Pos, fill = Court)) +
  geom_bar(alpha = 0.7) +
  ggtitle("Front court players are the majorities.") +
  labs(subtitle = "Chicago Bulls is relatively weak in the paint.",
      caption = "Source: basketball-reference.com") +
  xlab("Positions") +
  ylab("Number of Players") +
  scale_x_discrete(labels = labs) +
  scale_y_continuous(breaks = 1:4) +
  theme_minimal() +
  theme(legend.position=c(1,1), legend.justification = c(1, 1)) + # 調整
圖例的擺放位置
  theme(legend.background=element_blank()) + # 調整圖例背景顏色
  theme(legend.key=element_blank()) # 調整圖例邊框顏色
```

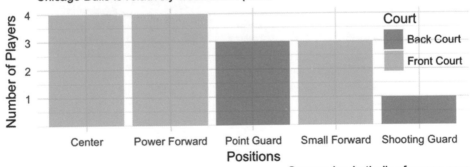

R：調整圖例至右上方

11-6 在一個畫布上繪製多個子圖形

資料科學團隊經常採用的實用技巧是將資料分組並列呈現，進而輕鬆地比較組別之間的差別，在 Python Matplotlib 中慣常使用子圖（subplots）實踐這個技巧；在 R 語言 ggplot2 中則慣常使用 facets，意即映射類別變數至分組條件上以達到類似目的。

Python

Python 可以使用 plt.subplots(m, n) 函數將畫布切割成 mxn 的外觀，然後將子圖形依序填入；在使用子圖形繪製時，普遍的作法是先將畫布與子圖形區隔各指定為一個物件，通常會為畫布取名 fig，為子圖形取名為 axes，然後利用迴圈的語法在畫布上繪製子圖形。

如果想知道美國職籃聯盟 NBA 球員依照不同的鋒衛位置年薪分佈，除了能夠用盒鬚圖探索，其實也可以嘗試用顏色區隔不同位置，繪製重疊的直方圖。

```python
from pyquery import PyQuery as pq
import pandas as pd
import matplotlib.pyplot as plt

def get_nba_salary():
    """
    Get NBA players' salary from ESPN.COM
    """
    player_css = "td:nth-child(2) a"
    pos_css = ".evenrow td:nth-child(2) , .oddrow td:nth-child(2)"
    salary_css = ".evenrow td:nth-child(4) , .oddrow td:nth-child(4)"

    nba_salary_ranking_url =
"http://www.espn.com/nba/salaries/_/page/{}/seasontype/4"
    nba_salary_ranking_urls = [nba_salary_ranking_url.format(i) for i in
range(1, 10)]
```

```
    players = []
    positions = []
    salaries = []
    for nba_salary_ranking_url in nba_salary_ranking_urls:
        html_doc = pq(nba_salary_ranking_url)
        player = [p.text for p in html_doc(player_css)]
        player_pos = html_doc(".evenrow td:nth-child(2) , .oddrow
td:nth-child(2)").text()
        player_pos = player_pos.split(" ")
        position = []
        for pp in player_pos:
            if pp in ["C", "PF", "SF", "SG", "PG", "G"]:
                position.append(pp)
        salary = [s.text for s in html_doc(salary_css)]
        salary = [s.replace(",", "") for s in salary]
        salary = [int(s.replace("$", "")) for s in salary]
        players = players + player
        positions = positions + position
        salaries = salaries + salary

    df = pd.DataFrame()
    df["player"] = players
    df["position"] = positions
    df["salary"] = salaries

    return df

nba_salary = get_nba_salary()
nba_salary[nba_salary["position"] == "PG"]["salary"].plot.hist(bins = 15,
label = "PG")
nba_salary[nba_salary["position"] == "SG"]["salary"].plot.hist(bins = 15,
label = "SG")
nba_salary[nba_salary["position"] == "G"]["salary"].plot.hist(bins = 15,
label = "G")
nba_salary[nba_salary["position"] == "SF"]["salary"].plot.hist(bins = 15,
label = "SF")
nba_salary[nba_salary["position"] == "PF"]["salary"].plot.hist(bins = 15,
label = "PF")
nba_salary[nba_salary["position"] == "C"]["salary"].plot.hist(bins = 15,
label = "C")
```

```
plt.legend()
plt.title("Player salary by positions")
plt.xlabel("Salary")
plt.show()
```

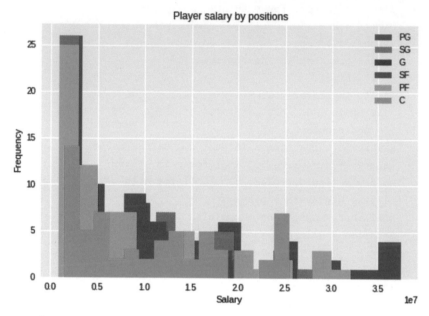

▶ Python 重疊的直方圖：NBA 球員依照不同的鋒衛位置年薪分佈

但是在資料有六個鋒衛位置的情況下，使用一個重疊直方圖探索不夠清晰、分開繪製六個圖形又不方便觀察，因此可以透過 plt.subplots() 將畫布分割為 2x3 的外觀再添加子圖。

```
from pyquery import PyQuery as pq
import pandas as pd
import matplotlib.pyplot as plt

def get_nba_salary():
    """
    Get NBA players' salary from ESPN.COM
    """
    player_css = "td:nth-child(2) a"
    pos_css = ".evenrow td:nth-child(2) , .oddrow td:nth-child(2)"
```

```
    salary_css = ".evenrow td:nth-child(4) , .oddrow td:nth-child(4)"

    nba_salary_ranking_url =
"http://www.espn.com/nba/salaries/_/page/{}/seasontype/4"
    nba_salary_ranking_urls = [nba_salary_ranking_url.format(i) for i in
range(1, 10)]
    players = []
    positions = []
    salaries = []
    for nba_salary_ranking_url in nba_salary_ranking_urls:
      html_doc = pq(nba_salary_ranking_url)
      player = [p.text for p in html_doc(player_css)]
      player_pos = html_doc(".evenrow td:nth-child(2) , .oddrow
td:nth-child(2)").text()
      player_pos = player_pos.split(" ")
      position = []
      for pp in player_pos:
        if pp in ["C", "PF", "SF", "SG", "PG", "G"]:
          position.append(pp)
      salary = [s.text for s in html_doc(salary_css)]
      salary = [s.replace(",", "") for s in salary]
      salary = [int(s.replace("$", "")) for s in salary]
      players = players + player
      positions = positions + position
      salaries = salaries + salary

    df = pd.DataFrame()
    df["player"] = players
    df["position"] = positions
    df["salary"] = salaries

    return df

nba_salary = get_nba_salary()
fig, axes = plt.subplots(2, 3, figsize=(14, 4))

positions = nba_salary["position"].unique()
# 繪製子圖
for (ax, pos) in zip(axes.ravel(), positions):
```

```
    ax.hist(nba_salary[nba_salary["position"] == pos]["salary"], bins=15)
    ax.set_xticks([])
    ax.set_title(pos)

plt.suptitle("Player salary by positions")
plt.subplots_adjust(top=0.8)
plt.show()
```

▶ Python 2x3 的直方圖：NBA 球員依照不同的鋒衛位置年薪分佈

R 語言

在 R 語言中嘗試重疊的直方圖，也覺得不夠清晰。

```
library(rvest)
library(ggplot2)

# Get NBA players' salary data from ESPN.com
get_nba_salary_data <- function() {
  salary_urls <-
sprintf("http://www.espn.com/nba/salaries/_/page/%s/seasontype/4", 1:9)
  players <- c()
  positions <- c()
  salaries <- c()
  for (salary_url in salary_urls) {
    player_pos_css <- ".evenrow td:nth-child(2) , .oddrow td:nth-child(2)"
    salary_css <- ".evenrow td:nth-child(4) , .oddrow td:nth-child(4)"
    player_pos <- salary_url %>%
      read_html() %>%
```

```r
    html_nodes(player_pos_css) %>%
    html_text()
  player_pos_split <- player_pos %>%
    strsplit(split = ", ")
  player <- c()
  position <- c()
  for (i in 1:length(player_pos_split)) {
    player <- c(player, player_pos_split[[i]][1])
    position <- c(position, player_pos_split[[i]][2])
  }
  salary <- salary_url %>%
    read_html() %>%
    html_nodes(salary_css) %>%
    html_text() %>%
    gsub(pattern = "\\$", replacement = "") %>%
    gsub(pattern = ",", replacement = "") %>%
    as.numeric()
  positions <- c(positions, position)
  players <- c(players, player)
  salaries <- c(salaries, salary)
  }
  df <- data.frame(player = players, position = positions, salary =
salaries, stringsAsFactors = FALSE)
  return(df)
}

df <- get_nba_salary_data()
ggplot(df, aes(x = salary, color = position)) +
  geom_histogram(alpha = 0.7, bins = 15)

ggplot(df, aes(x = salary, color = position)) +
  geom_freqpoly(alpha = 0.7, bins = 15)
```

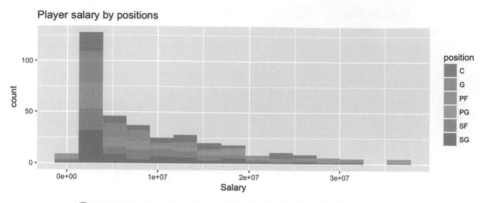

▶ R 重疊的直方圖：NBA 球員依照不同的鋒衛位置年薪分佈

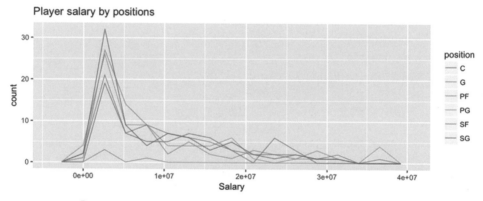

▶ R 重疊的直方圖：NBA 球員依照不同的鋒衛位置年薪分佈

R 語言使用 facet_wrap(~類別變數) 將不同類別變數對應的直方圖映射至不同直方圖上。

```r
library(rvest)
library(ggplot2)

# Get NBA players' salary data from ESPN.com
get_nba_salary_data <- function() {
  salary_urls <-
sprintf("http://www.espn.com/nba/salaries/_/page/%s/seasontype/4", 1:9)
  players <- c()
  positions <- c()
```

```
    salaries <- c()
  for (salary_url in salary_urls) {
    player_pos_css <- ".evenrow td:nth-child(2) , .oddrow td:nth-child(2)"
    salary_css <- ".evenrow td:nth-child(4) , .oddrow td:nth-child(4)"
    player_pos <- salary_url %>%
      read_html() %>%
      html_nodes(player_pos_css) %>%
      html_text()
    player_pos_split <- player_pos %>%
      strsplit(split = ", ")
    player <- c()
    position <- c()
    for (i in 1:length(player_pos_split)) {
      player <- c(player, player_pos_split[[i]][1])
      position <- c(position, player_pos_split[[i]][2])
    }
    salary <- salary_url %>%
      read_html() %>%
      html_nodes(salary_css) %>%
      html_text() %>%
      gsub(pattern = "\\$", replacement = "") %>%
      gsub(pattern = ",", replacement = "") %>%
      as.numeric()
    positions <- c(positions, position)
    players <- c(players, player)
    salaries <- c(salaries, salary)
  }
  df <- data.frame(player = players, position = positions, salary =
salaries, stringsAsFactors = FALSE)
  return(df)
}

df <- get_nba_salary_data()
ggplot(df, aes(x = salary)) +
  geom_histogram(alpha = 0.7, bins = 15) +
  ggtitle("Player salary by positions") +
  xlab("Salary") +
  facet_wrap(~position)
```

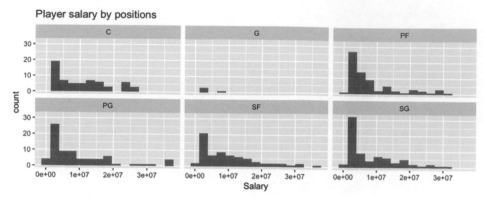

▶ R 2x3 的直方圖：NBA 球員依照不同的鋒衛位置年薪分佈

小結

本章說明了如何在 Python 與 R 語言使用視覺化套件中不同元件，適當調整圖形的外觀與添加資訊，進而讓視覺化可以完成探索性資料分析的目的；調整畫布的佈景主題、加入圖標題與軸標籤、加入註釋、調整座標軸、加入與調整圖例，以及在一個畫布上繪製多個子圖形。

值得注意的是，視覺化中允許資料科學團隊自行調整的元件或延伸外掛如過江之鯽，因此能夠調整的元件絕對包含但不限於本篇文章所提及的內容。

## Chapter 12

其他視覺化類型

The simple graph has brought more information to the data analyst's mind than any other device.

John Tukey

在基礎視覺化中我們瞭解如何在 Python 與 R 語言中使用長條圖探索一組文字資料的相異觀測值數量與一組數值資料依類別分組摘要排序；使用直方圖探索一組數值資料的分佈；使用盒鬚圖探索一組數值資料依類別分組的分佈；使用散佈圖探索兩組數值資料的相關以及使用線圖探索數值資料隨著日期時間的變動趨勢。

除了這五種基礎視覺化，尚有許多其他較為亮麗的類型可以協助資料科學團隊方法進行探索性資料分析，有些非基礎的視覺化類型必須引用不同的模組或套件，記得在引用 Python 模組之前使用 pip install MODULENAME 指令在終端機進行安裝（如果開發環境在 Google Colaboratory 則在單元格中輸入 !pip install MODULE_NAME 然後執行；）在引用 R 語言套件之前使用 install.packages(PACKAGE_NAME) 指令在 R 的開發環境（我們使用 RStudio）安裝。

12-1 一組文字資料的相異觀測值數量

除了長條圖以外，樹狀圖（Treemap）也常用來探索文字資料相異值，觀察數量多寡與比例組成；它會將類別資料顯示為一組矩形，每個獨特分類都各自是一個矩形，用矩形的面積大小表示觀測值個數。例如想知道 1995 至 1996 年球季中的芝加哥公牛隊陣容組成。

Python

在 Python 中我們引用 squarify 模組來繪製樹狀圖。

```python
# treemap
import pandas as pd
import matplotlib.pyplot as plt
import squarify

csv_url = "https://storage.googleapis.com/ds_data_import/chicago_bulls_
1995_1996.csv"
df = pd.read_csv(csv_url)
grouped = df.groupby("Pos")
pos = grouped["Pos"].count()
squarify.plot(sizes=pos.values, label=pos.index, color=["red", "green",
"blue", "grey", "yellow"], alpha=0.4)
plt.axis('off')
plt.title("1995-1996 Chicago Bulls roster")
plt.show()
```

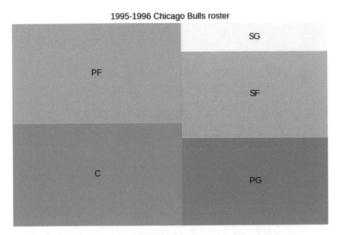

⏺ 1995 至 1996 年球季中的芝加哥公牛隊陣容組成

R 語言

在 R 語言中我們引用 treemapify 套件中的 geom_treemap() 函數來繪製樹狀圖。

```r
# treemap
library(treemapify)
library(ggplot2)
library(dplyr)

csv_url <-
"https://storage.googleapis.com/ds_data_import/chicago_bulls_1995_1996.csv"
df <- read.csv(csv_url)
pos <- df %>%
  group_by(Pos) %>%
  summarise(freq = n())
ggplot(pos, aes(area = freq, label = Pos, fill = Pos)) +
  geom_treemap() +
  geom_treemap_text(fontface = "italic", colour = "white", place = "centre") +
  ggtitle("1995-1996 Chicago Bulls roster") +
  theme(legend.position = "none")
```

1995-1996 Chicago Bulls roster

PG

SG

SF

C

PF

▶ 1995 至 1996 年球季中的芝加哥公牛隊陣容組成

 12-2 一組數值資料依類別分組摘要排序

除了長條圖以外，棒棒糖圖（Lollipop）也能用來將數值資料分組排序後的結果呈現，這是結合散佈圖（Scatter plot）與長條圖（Bar chart）的混合圖形，顯示數值與一個類別之間的關係。原則上使用水平的棒棒糖圖並且將數值最大的放在上方，依序往下遞減。

Python

在 Python 中我們使用 `plt.plot()` 完成散佈圖描繪數值的位置，再利用 `plt.hline()` 繪製水平線表現出高度。

```
import pandas as pd
import matplotlib.pyplot as plt
import seaborn as sns

per_game_url = "https://storage.googleapis.com/ds_data_import/stats_per
_game_chicago_bulls_1995_1996.csv"
player_info_url = https://storage.googleapis.com/ds_data_import/chicago
_bulls_1995_1996.csv
```

```
per_game = pd.read_csv(per_game_url)
player_info = pd.read_csv(player_info_url)
df = pd.merge(player_info, per_game[["Name", "PTS/G"]], left_on="Player",
right_on="Name")
grouped = df.groupby("Pos")
points_per_game = grouped["PTS/G"].mean()
points_per_game = points_per_game.sort_values()
sns.set_style("white")
plt.plot(points_per_game, range(1, points_per_game.size + 1), 'o')
plt.hlines(y=range(1, points_per_game.size + 1), xmin=0, xmax=points
_per_game, color='skyblue')
plt.yticks(range(1, points_per_game.size + 1), points_per_game.index)
plt.xlim(0, 33)
for i, v in enumerate(points_per_game):
  plt.text(v + 0.5, i + 0.95, "{:.1f}".format(v))
plt.title("1995-1996 Chicago Bulls PPG by positions")
plt.show()
```

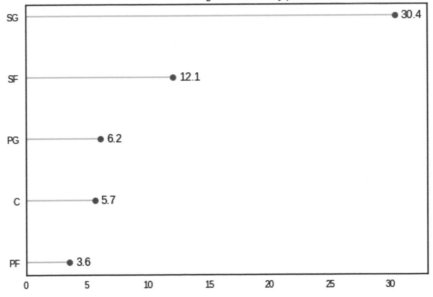

1995 至 1996 年球季中的芝加哥公牛隊各位置的場均得分

R 語言

在 R 語言中我們使用 geom_point() 函數描繪數值的位置，再利用 geom_segment() 函數描繪高度。

```
library(dplyr)
library(ggplot2)

per_game_url <- "https://storage.googleapis.com/ds_data_import/stats
_per_game_chicago_bulls_1995_1996.csv"
player_info_url <- "https://storage.googleapis.com/ds_data_import/
chicago_bulls_1995_1996.csv"
per_game <- read.csv(per_game_url)
player_info <- read.csv(player_info_url)
df <- merge(player_info, per_game[, c("Name", "PTS.G")], by.x = "Player",
by.y = "Name")
df %>%
  group_by(Pos) %>%
  summarise(mean_pts = mean(PTS.G)) %>%
  arrange(mean_pts) %>%
  mutate(x = 1:5) %>%
  ggplot(aes(x=x, y=mean_pts)) +
  geom_segment(aes(x=x, xend=x, y=0, yend=mean_pts), color="grey") +
  geom_point(color="orange", size=4) +
  geom_text(aes(label = sprintf("%.1f", mean_pts), y= mean_pts), hjust =
-1) +
  theme_light() +
  scale_x_continuous(breaks = 1:5, labels = c("PF", "C", "PG", "SF", "SG"))
+
  scale_y_continuous(limits = c(0, 35)) +
  coord_flip() +
  theme(
    panel.grid.major.x = element_blank(),
    panel.border = element_blank(),
    axis.ticks.x = element_blank()
  ) +
  ggtitle("1995-1996 Chicago Bulls PPG by positions") +
  xlab("") +
  ylab("")
```

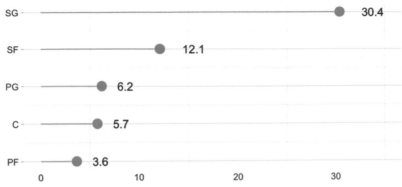

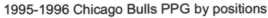1995 至 1996 年球季中的芝加哥公牛隊各位置的場均得分

12-3　一組數值資料的分佈

與直方圖的呈現相似，密度圖（Density plot）亦常被用來顯示數值資料的分佈，與直方圖相同只需要輸入一組數值資料。

Python

在 Python 中我們可以使用 Seaborn 模組的 `kdeplot()` 繪製出密度圖。

```python
from pyquery import PyQuery as pq
import pandas as pd
import matplotlib.pyplot as plt
import seaborn as sns

def get_nba_salary():
    """
    Get NBA players' salary from SPORTRAC.COM
    """
    nba_salary_ranking_url = "https://www.spotrac.com/nba/rankings/"
    html_doc = pq(nba_salary_ranking_url)
    player_css = ".team-name"
    pos_css = ".rank-position"
```

```
    salary_css = ".info"
    players = [p.text for p in html_doc(player_css)]
    positions = [p.text for p in html_doc(pos_css)]
    salaries = [s.text.replace("$", "") for s in html_doc(salary_css)]
    salaries = [int(s.replace(",", "")) for s in salaries]
    df = pd.DataFrame()
    df["player"] = players
    df["pos"] = positions
    df["salary"] = salaries
    return df

nba_salary = get_nba_salary()
sns.kdeplot(nba_salary['salary'], shade=True)
plt.title("Salary of NBA players seems left-skewed.")
plt.show()
```

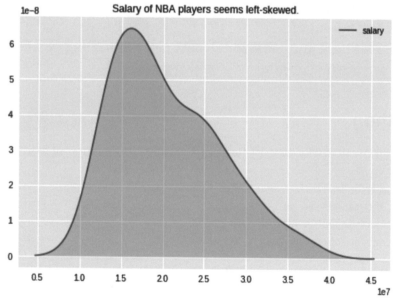

▶ 美國職籃聯盟 NBA 球員的年薪分佈

R 語言

可以使用 ggplot2 套件中的 geom_density() 函數繪製出密度圖。

```r
library(rvest)
library(ggplot2)

get_nba_salary <- function() {
  nba_salary_ranking_url <- "https://www.spotrac.com/nba/rankings/"
  html_doc <- nba_salary_ranking_url %>%
    read_html()
  player_css <- ".team-name"
  pos_css <- ".rank-position"
  salary_css <- ".info"
  players <- html_doc %>%
    html_nodes(css = player_css) %>%
    html_text()
  positions <- html_doc %>%
    html_nodes(css = pos_css) %>%
    html_text()
  salaries <- html_doc %>%
    html_nodes(css = salary_css) %>%
    html_text() %>%
    gsub(pattern = "\\$", replacement = "", .) %>%
    gsub(pattern = ",", replacement = "", .) %>%
    as.numeric()
  df <- data.frame(player = players,
                   pos = positions,
                   salary = salaries,
                   stringsAsFactors = FALSE)
  return(df)
}
nba_salary <- get_nba_salary()
nba_salary %>%
  ggplot(aes(x = salary)) +
    geom_density(alpha = 0.5, fill = "blue") +
    ggtitle("Salary of NBA players seems left-skewed.")
```

美國職籃聯盟 NBA 球員的年薪分佈

 12-4 一組數值資料依類別分組的分佈

當需要觀察不同類別分組數值資料的分佈來理解峰度（kurtosis）以及偏態（skewness）情況時，可以將前面我們使用的密度圖依照類別在同一個圖形軸上堆疊呈現或者使用 facet 的技法分組描繪。而另外一種與盒鬚圖極為相似的小提琴圖（Violin plot）也是資料科學團隊在探索這類型資料組合的一個熱門選項，小提琴圖是加入密度訊息的盒鬚圖。

Python

在 Python 中，我們可以呼叫多次 seaborn 模組的 `kdeplot()` 在同一個圖形軸上堆疊密度圖。

```python
from pyquery import PyQuery as pq
import pandas as pd
import matplotlib.pyplot as plt
import seaborn as sns

def get_nba_salary():
    """
    Get NBA players' salary from SPORTRAC.COM
    """
    nba_salary_ranking_url = "https://www.spotrac.com/nba/rankings/"
    html_doc = pq(nba_salary_ranking_url)
    player_css = ".team-name"
    pos_css = ".rank-position"
```

```
    salary_css = ".info"
    players = [p.text for p in html_doc(player_css)]
    positions = [p.text for p in html_doc(pos_css)]
    salaries = [s.text.replace("$", "") for s in html_doc(salary_css)]
    salaries = [int(s.replace(",", "")) for s in salaries]
    df = pd.DataFrame()
    df["player"] = players
    df["pos"] = positions
    df["salary"] = salaries
    return df

nba_salary = get_nba_salary()
wide_format = nba_salary.pivot(index='player', columns='pos', values=
'salary')
colors = ["r", "g", "b", "c", "m"]
positions = nba_salary["pos"].unique()
for color, pos in zip(colors, positions):
  sns.kdeplot(wide_format[pos][wide_format[pos].notna()], shade=True,
color=color, alpha = 0.5)

plt.title("Salary of NBA players by positions.")
plt.show()
```

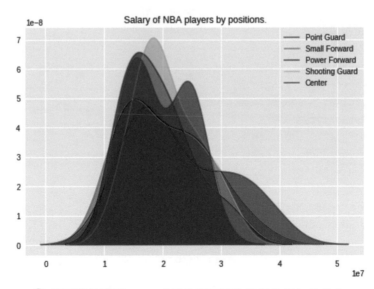

▶ 美國職籃聯盟 NBA 球員依照不同的鋒衛位置年薪分佈

亦可以使用 subplots() 將五個密度圖以子圖方式合併在一個畫布之上。

```python
from pyquery import PyQuery as pq
import pandas as pd
import matplotlib.pyplot as plt
import seaborn as sns

def get_nba_salary():
    """
    Get NBA players' salary from SPORTRAC.COM
    """
    nba_salary_ranking_url = "https://www.spotrac.com/nba/rankings/"
    html_doc = pq(nba_salary_ranking_url)
    player_css = ".team-name"
    pos_css = ".rank-position"
    salary_css = ".info"
    players = [p.text for p in html_doc(player_css)]
    positions = [p.text for p in html_doc(pos_css)]
    salaries = [s.text.replace("$", "") for s in html_doc(salary_css)]
    salaries = [int(s.replace(",", "")) for s in salaries]
    df = pd.DataFrame()
    df["player"] = players
    df["pos"] = positions
    df["salary"] = salaries
    return df

nba_salary = get_nba_salary()
fig, axes = plt.subplots(2, 3)
wide_format = nba_salary.pivot(index='player', columns='pos',
values='salary')
colors = ["r", "g", "b", "c", "m"]
positions = nba_salary["pos"].unique()
ax_rows = [0, 0, 0, 1, 1]
ax_cols = [0, 1, 2, 0, 1]
for pos, color, ax_row, ax_col in zip(positions, colors, ax_rows, ax_cols):
    sns.kdeplot(wide_format[pos][wide_format[pos].notna()], shade=True,
color=color, alpha = 0.5, ax=axes[ax_row, ax_col], legend=False)
    axes[ax_row, ax_col].set_title(pos)

axes[1, 2].set_visible(False) # hiding the sixth subplot
```

```
fig.suptitle("Salary of NBA players by positions")
fig.tight_layout(rect=[0, 0.03, 1, 0.95])
plt.show()
```

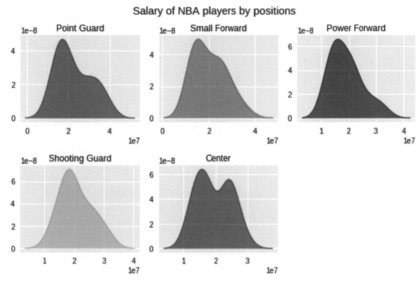

▶️ 美國職籃聯盟 NBA 球員依照不同的鋒衛位置年薪分佈

或者使用 seaborn 模組的 violinplot() 函數繪製小提琴圖。

```
from pyquery import PyQuery as pq
import pandas as pd
import matplotlib.pyplot as plt
import seaborn as sns

def get_nba_salary():
    """
    Get NBA players' salary from SPORTRAC.COM
    """
    nba_salary_ranking_url = "https://www.spotrac.com/nba/rankings/"
    html_doc = pq(nba_salary_ranking_url)
    player_css = ".team-name"
    pos_css = ".rank-position"
    salary_css = ".info"
    players = [p.text for p in html_doc(player_css)]
    positions = [p.text for p in html_doc(pos_css)]
```

```
    salaries = [s.text.replace("$", "") for s in html_doc(salary_css)]
    salaries = [int(s.replace(",", "")) for s in salaries]
    df = pd.DataFrame()
    df["player"] = players
    df["pos"] = positions
    df["salary"] = salaries
    return df

nba_salary = get_nba_salary()
sns.violinplot(x=nba_salary["pos"], y=nba_salary["salary"])
plt.title("Salary of NBA players by positions")
plt.xlabel("Positions")
plt.show()
```

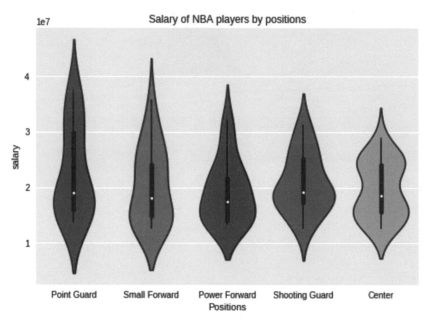

美國職籃聯盟 NBA 球員依照不同的鋒衛位置年薪分佈

R 語言

在 R 語言中，我們可以在 ggplot(aes()) 函數中將鋒衛位置指派給 colour 與 fill 參數，如此一來密度圖就會以顏色堆疊不同位置的年薪密度。

```r
library(rvest)
library(ggplot2)

get_nba_salary <- function() {
  nba_salary_ranking_url <- "https://www.spotrac.com/nba/rankings/"
  html_doc <- nba_salary_ranking_url %>%
    read_html()
  player_css <- ".team-name"
  pos_css <- ".rank-position"
  salary_css <- ".info"
  players <- html_doc %>%
    html_nodes(css = player_css) %>%
    html_text()
  positions <- html_doc %>%
    html_nodes(css = pos_css) %>%
    html_text()
  salaries <- html_doc %>%
    html_nodes(css = salary_css) %>%
    html_text() %>%
    gsub(pattern = "\\$", replacement = "", .) %>%
    gsub(pattern = ",", replacement = "", .) %>%
    as.numeric()
  df <- data.frame(player = players,
                   pos = positions,
                   salary = salaries,
                   stringsAsFactors = FALSE)
  return(df)
}
nba_salary <- get_nba_salary()
nba_salary %>%
  ggplot(aes(x = salary, colour=pos, fill=pos)) +
    geom_density(alpha = 0.5) +
    ggtitle("Salary of NBA players by positions")
```

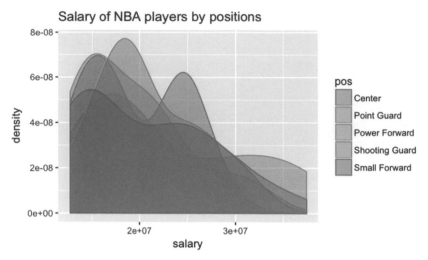

▶ 美國職籃聯盟 NBA 球員依照不同的鋒衛位置年薪分佈

亦可以使用 facet_wrap() 函數將不同鋒衛位置的密度圖合併在一個畫布之上。

```r
library(rvest)
library(ggplot2)

get_nba_salary <- function() {
  nba_salary_ranking_url <- "https://www.spotrac.com/nba/rankings/"
  html_doc <- nba_salary_ranking_url %>%
    read_html()
  player_css <- ".team-name"
  pos_css <- ".rank-position"
  salary_css <- ".info"
  players <- html_doc %>%
    html_nodes(css = player_css) %>%
    html_text()
  positions <- html_doc %>%
    html_nodes(css = pos_css) %>%
    html_text()
  salaries <- html_doc %>%
    html_nodes(css = salary_css) %>%
    html_text() %>%
```

```
    gsub(pattern = "\\$", replacement = "", .) %>%
    gsub(pattern = ",", replacement = "", .) %>%
    as.numeric()
  df <- data.frame(player = players,
                   pos = positions,
                   salary = salaries,
                   stringsAsFactors = FALSE)
  return(df)
}
nba_salary <- get_nba_salary()
nba_salary %>%
  ggplot(aes(x = salary, colour=pos, fill=pos)) +
    geom_density(alpha = 0.5) +
    ggtitle("Salary of NBA players by positions") +
    facet_wrap(~pos) +
    theme(legend.position = "none")
```

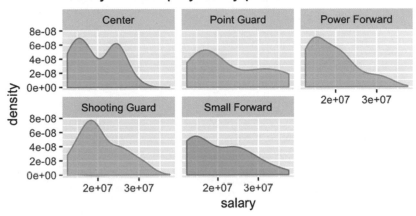

● 美國職籃聯盟 NBA 球員依照不同的鋒衛位置年薪分佈

或者使用 geom_violin() 函數繪製小提琴圖。

```
library(rvest)
library(ggplot2)

get_nba_salary <- function() {
  nba_salary_ranking_url <- "https://www.spotrac.com/nba/rankings/"
```

```
    html_doc <- nba_salary_ranking_url %>%
        read_html()
    player_css <- ".team-name"
    pos_css <- ".rank-position"
    salary_css <- ".info"
    players <- html_doc %>%
        html_nodes(css = player_css) %>%
        html_text()
    positions <- html_doc %>%
        html_nodes(css = pos_css) %>%
        html_text()
    salaries <- html_doc %>%
        html_nodes(css = salary_css) %>%
        html_text() %>%
        gsub(pattern = "\\$", replacement = "", .) %>%
        gsub(pattern = ",", replacement = "", .) %>%
        as.numeric()
    df <- data.frame(player = players,
                     pos = positions,
                     salary = salaries,
                     stringsAsFactors = FALSE)
    return(df)
}
nba_salary <- get_nba_salary()
nba_salary %>%
    ggplot(aes(x = pos, y = salary, colour=pos, fill=pos)) +
        geom_violin(alpha = 0.5) +
        ggtitle("Salary of NBA players by positions") +
        theme(legend.position = "none") +
        scale_x_discrete(labels = c("C", "PG", "PF", "SG", "SF"))
```

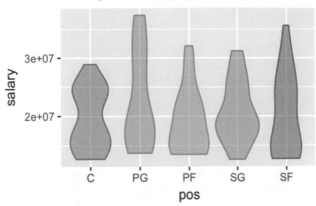

▶ 美國職籃聯盟 NBA 球員依照不同的鋒衛位置年薪分佈

12-5 多組數值資料的相關

使用散佈圖（Scatter plot）描繪兩組數值資料的相關是最直觀且廣泛的方式；當資料科學團隊需要將多組數值資料兩兩成對觀察相關特徵的時候，會改而採用熱圖（Heatmap）將這些數值資料彼此的相關係數（從 -1 至 1）以色彩地圖（colormap）來表現。例如我們想探索 1995 至 1996 年球季中的芝加哥公牛隊球員陣容，各個球員的場均數據（例如上場時間、場均得分與場均籃板等）相關性，因為數據眾多的緣故可以採用熱圖作為視覺化。

在製作熱圖之前得先算出所有場均數據兩兩成對的相關係數，這個計算過程是取得相關矩陣（correlation matrix），在 Python 與 R 語言中計算相關矩陣都有可以直接使用的函數或方法，我們只需要注意輸入的資料是否都是數值類型即可。

Python

在 Python 中可以使用 `df.corr()` 方法取得相關矩陣，再利用 seaborn 模組的 `heatmap()` 函數即可繪製出熱圖。

```
import pandas as pd
import matplotlib.pyplot as plt
import seaborn as sns

df = pd.read_csv("https://storage.googleapis.com/ds_data_import/chicago
_bulls_1995_1996_per_game.csv")
df_numerics = df.iloc[:, 4:]
corr_matrix = df_numerics.corr()
sns.heatmap(corr_matrix)
plt.show()
```

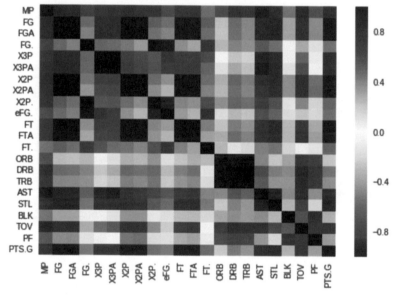

▶ 1995 至 1996 年球季中的芝加哥公牛隊球員場均數據相關性

R 語言

在 R 語言中可以使用 cor() 函數取得相關矩陣，由於 ggplot2 並不能直接
輸入相關矩陣，因此我們另外引用 reshape2 套件中的 melt() 函數將相關
矩陣轉換為長表格，再以 geom_tile() 函數繪製出熱圖。

```
library(ggplot2)
library(reshape2)

df <-
read.csv("https://storage.googleapis.com/ds_data_import/chicago_bulls_1
995_1996_per_game.csv")
cor_matrix <- cor(df[, 5:ncol(df)])
melt_cor_matrix <- melt(cor_matrix)
ggplot(data = melt_cor_matrix, aes(x = Var1, y = Var2, fill = value)) +
  geom_tile() +
  xlab("") +
  ylab("") +
  scale_fill_gradient2(low = "blue", mid = "white", high = "red",
                       midpoint = 0, limits = c(-1, 1), name = "Corr")
```

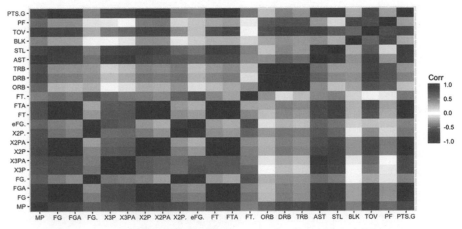

▶ 1995 至 1996 年球季中的芝加哥公牛隊球員場均數據相關性

12-6　證券的 OHLC 趨勢

使用線圖（Line graph）觀察數值隨著日期時間變動趨勢已是該類型視覺化最直觀且廣泛的應用，但是在從事證券投資相關工作的資料科學團隊中，使用傳統線圖不足以描繪證券在交易日的開盤價（Open）、最高價（High）、最低價（Low）與收盤價（Close）四組數值資料，這時候會改而採用 Candlestick 圖形。

在繪製之前得先將交易日、開盤價（Open）、最高價（High）、最低價（Low）
與收盤價（Close）的資料備妥，可以利用財經網站的 API 或者證券交易所
擷取，我們選擇台灣證券交易所取得台積電（2330）在本月所有交易日的
OHLC 資訊。

Python

在 Python 中原本多數人在使用的 mpl_finance 模組已經沒有在維護，因此
我們改使用 plotly 的 Candlestick() 函數來繪製，值得注意的是要繪製
plotly 圖形得使用該服務的 API 認證，所以得先去 Plotly 網站註冊一個帳號
並產出 API 金鑰。

```python
import requests
import datetime
import pandas as pd
import plotly.plotly as py
import plotly.graph_objs as go


def get_ohlc(twse_ticker):
    """
    Get ohlc data for current month
    """
    today = datetime.datetime.today().strftime('%Y%m%d')
    twse_url = \
"http://www.twse.com.tw/exchangeReport/STOCK_DAY?response=json&date={}&\
stockNo={}".format(today, twse_ticker)
    stock = requests.get(twse_url).json()
    trading_dates = []
    opens = []
    highs = []
    lows = []
    closes = []
    for i in range(len(stock["data"])):
        trading_dates.append(stock["data"][i][0])
        opens.append(float(stock["data"][i][3]))
        highs.append(float(stock["data"][i][4]))
        lows.append(float(stock["data"][i][5]))
```

```
        closes.append(float(stock["data"][i][6]))

    trading_dates_year = [str(int(td.split("/")[0]) + 1911) for td in
trading_dates]
    trading_dates_month = [td.split("/")[1] for td in trading_dates]
    trading_dates_day = [td.split("/")[2] for td in trading_dates]
    trading_dates = ["{}-{}-{}".format(yr, m, d) for yr, m, d in
zip(trading_dates_year, trading_dates_month, trading_dates_day)]
    trading_dates = pd.to_datetime(trading_dates)
    df = pd.DataFrame()
    df["trading_date"] = trading_dates
    df["open"] = opens
    df["high"] = highs
    df["low"] = lows
    df["close"] = closes
    df = df.set_index("trading_date")
    return df

tsmc = get_ohlc('2330')
py.sign_in('USERNAME', 'APIKEY') # Use your own plotly Username / API Key
trace = go.Candlestick(x=tsmc.index,
                       open=tsmc["open"],
                       high=tsmc["high"],
                       low=tsmc["low"],
                       close=tsmc["close"])
layout = go.Layout(
    xaxis = dict(
        rangeslider = dict(
            visible = False
        )
    )
)
data = [trace]
fig = go.Figure(data=data,layout=layout)
py.iplot(fig, filename='simple_candlestick')
```

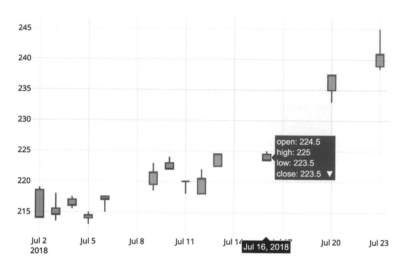

🔺 台積電（2330）在本月所有交易日的 OHLC 資訊

R 語言

在 R 語言可以使用 plotly 的 `plot_ly()` 函數，在其中指定 type = `"candlestick"`。

```
library(jsonlite)
library(plotly)
library(magrittr)

get_ohlc <- function(twse_ticker) {
  today <- as.character(Sys.Date())
  today <- gsub(pattern = "-", replacement = "", today)
  twse_url <- sprintf("http://www.twse.com.tw/exchangeReport/STOCK_DAY?
response=json&date=%s&stockNo=%s",today, twse_ticker)
  stock <- fromJSON(twse_url)
  data <- stock$data
  trading_dates <- data[, 1]
  trading_dates <- strsplit(trading_dates, split = "/")
  trading_dates_yr <- c()
  trading_dates_month <- c()
  trading_dates_day <- c()
```

```
  for (i in 1:length(trading_dates)) {
    trading_dates_yr <- c(trading_dates_yr, as.numeric(trading_dates
[[i]][1]) + 1911)
    trading_dates_month <- c(trading_dates_month, trading_dates[[i]][2])
    trading_dates_day <- c(trading_dates_day, trading_dates[[i]][3])
  }
  trading_dates <- paste(trading_dates_yr, trading_dates_month, trading
_dates_day,
                       sep = "-")
  trading_dates <- as.Date(trading_dates)
  opens <- as.numeric(data[, 4])
  highs <- as.numeric(data[, 5])
  lows <- as.numeric(data[, 6])
  closes <- as.numeric(data[, 7])
  ohlc <- data.frame(trading_date = trading_dates,
                     open = opens,
                     high = highs,
                     low = lows,
                     close = closes,
                     stringsAsFactors = FALSE)
  return(ohlc)
}

tsmc <- get_ohlc("2330")
p <- tsmc %>%
  plot_ly(x = ~trading_date,
          type="candlestick",
          open = ~open,
          close = ~close,
          high = ~high,
          low = ~low) %>%
  layout(xaxis = list(rangeslider = list(visible = FALSE)))
p
```

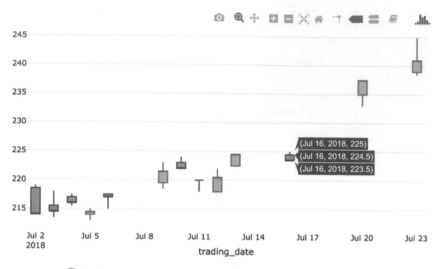

🔺 台積電（2330）在本月所有交易日的 OHLC 資訊

12-7 數值資料依地理資訊的摘要

資料科學團隊有時會面臨數值資料對應地理區域的探索資料分析，入門的視覺化圖形稱之為 Choropleth map，協助使用者快速將數值摘要對應至地圖上，是一種被廣泛應用且效果極佳的視覺化圖形。

想要繪製 Choropleth map 我們需要兩份資料，一是地理區域的 geojson 檔案，另一則是欲映射至地理區域上的數值資料。假如想要將 2017 年 1 至 11 月台灣各縣市平均空氣中細懸浮微粒（PM 2.5）濃度以 Choropleth map 呈現，我們需要空氣品質資料（來自行政院環境保護署）以及台灣的 geojson 檔案（來自 g0v 零時政府）。

Python

在 Python 中我們可以引用 folium 模組的 Map() 函數先建立出以 OpenStreetMap 為地圖圖層的物件，然後指定台灣 geojson 檔案的 COUNTYNAME 作為 key_on= 的參數跟空氣品質資料的 county 變數關聯。

```python
import pandas as pd
import folium

pm25_url =
"https://storage.googleapis.com/ds_data_import/2017_avg_pm25.csv"
pm25 = pd.read_csv(pm25_url)
# 調整臺為台
pm25["county"] = pm25["county"].str.replace("臺", "台")
# 調整桃園市為桃園縣
pm25["county"] = pm25["county"].str.replace("桃園市", "桃園縣")
geojson = "twCounty2010.geo.json"

m = folium.Map(location=[24, 121], zoom_start=7)

m.choropleth(
    geo_data=geojson,
    name='choropleth',
    data=pm25,
    columns=['county', 'avg_pm25'],
    key_on='feature.properties.COUNTYNAME',
    fill_color='RdYlGn_r',
    fill_opacity=0.7,
    line_opacity=0.2,
    legend_name='PM2.5'
)

folium.LayerControl().add_to(m)
m
```

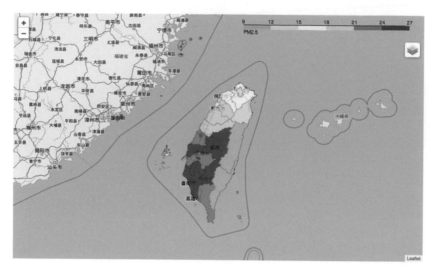

⏵2017 年 1 至 11 月台灣各縣市平均空氣中細懸浮微粒（PM 2.5）濃度

R 語言

在 R 語言中我們需要先引用 geojsonio 套件中的 `geojson_read()` 函數將 geojson 檔案讀取成為 spatial data 的清單；接著利用 tigris 套件中的 `geo_join()` 函數將空氣品質資料加入 spatial data；最後才是引用 leaflet 套件的 `addPolygons()` 函數完成 Choropleth map。

```
library(leaflet)
library(geojsonio)
library(tigris)

pm25_url <- "https://storage.googleapis.com/ds_data_import/2017_avg
_pm25.csv"
pm_25 <- read.csv(pm25_url, stringsAsFactors = FALSE)
# 取代臺為台
pm_25$county <- gsub(pattern = "臺", replacement = "台", pm_25$county)
# 取代桃園市為桃園縣
pm_25$county <- gsub(pattern = "桃園市", replacement = "桃園縣",
pm_25$county)
sp_data <- geojson_read("~/twgeojson/json/twCounty2010.geo.json", what =
"sp")
```

```
my_pal <- colorNumeric(palette = "RdYlGn", domain = pm_25$avg_pm25, n = 5,
reverse = TRUE)
merged <- geo_join(sp_data, pm_25, "COUNTYNAME", "county")

merged %>%
  leaflet() %>%
  addTiles() %>%
  setView(lat = 24, lng = 121, zoom = 7) %>%
  addPolygons(stroke = FALSE, smoothFactor = 0.2, fillOpacity = 0.6,
              fillColor = ~my_pal(avg_pm25)) %>%
  addLegend(position = "bottomright", pal = my_pal, values = ~avg_pm25,
              title = "PM2.5",
              opacity = 0.7)
```

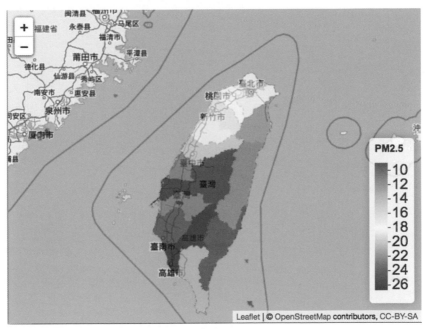

▶ 2017 年 1 至 11 月台灣各縣市平均空氣中細懸浮微粒（PM 2.5）濃度

小結

本章介紹了如何在 Python 與 R 語言使用不同於基礎視覺化的圖形，
像是樹狀圖、棒棒糖圖、密度圖、小提琴圖、熱圖、Candlestick 圖
與 Choropleth Map 來探索不同資料型別的特徵，像是一組文字資料
的相異觀測值數量、一組數值資料依類別分組摘要排序、一組數值資
料的分佈、一組數值資料依類別分組的分佈、多組數值資料的相關、
證券的 OHLC 趨勢，以及數值資料依地理資訊的摘要。

## Chapter 13

尋找迴歸模型的係數

A computer program is said to learn from experience E with respect to some class of tasks T and performance measure P if its performance at tasks in T, as measured by P, improves with experience E.

Tom Mitchel

歷經如何獲取資料、如何掌控資料與如何探索資料等系列的洗禮，現在我們已經具備使用 Python 與 R 語言撰寫程式碼，完成資料科學專案中建立機器學習模型前置任務的能力，包含自動化擷取網頁資料、大範圍清理整併資料以及快速瞭解資料特徵，許多頂尖的資料科學團隊會建立自己的 Data PIpeline 將前置任務標準以及規模化（像是 Airbnb 的 AirFlow。）該是時候利用資料訓練機器學習模型來協助團隊預測或挖掘隱含特徵的時機，其中利用模型作預測稱為監督式學習（Supervised Learning），而挖掘特徵則稱為非監督式學習（Unsupervised Learning。）

13-1 關於迴歸模型

機器學習是透過輸入資料將預測或挖掘特徵能力內化於電腦程式之中的方法，模型涵蓋三個元素一個但書：資料（Experience）、任務（Task）與評估（Performance），以一個房價預測模型為例，它的三要素是：

+ 資料（Experience）：一定數量具備坪數、屋齡、類型與成交價等變數的觀測值

+ 任務（Task）：利用模型預測市場上尚未成交的房價

+ 評估（Performance）：模型預測的房價與未來實際成交房價的誤差大小

一個但書為：隨著資料增加，預測誤差應該要減少；而因為房價預測模型所輸出的是數值，屬於監督式學習中的一個分支：迴歸模型（Regression Model）。

13-2 學習資料集

眾多資料科學專欄中都諄諄告誡面試者不應該將學習資料集（Toy Datasets）的使用經驗寫入簡歷中，但這並不代表這些學習資料集是不好的教材，常見用來學習迴歸模型的資料集有波士頓房價（Boston, Massachusetts）與艾姆斯房價（Imes, Iowa）。本文我們會在 Python 與 R 語言中使用部分艾姆斯房價資料集中的觀測值與變數藉此瞭解機器學習與迴歸模型的二三事。

13-3 什麼是訓練、驗證與測試資料

取得艾姆斯房價資料以後，會發現有兩個 .csv 檔案，一個是具有實際值的資料（變數名稱為 SalePrice），另一個則是不具有實際值的資料；針對具有實際值的資料，通常會用 70% 與 30% 或者 80% 與 20% 的比例切割為訓練以及驗證，而不具有實際值的資料，就稱為測試。

- ✦ 訓練（Train）：從具有實際值的資料中隨機排序後取出 70% 或 80% 的觀測值作為建構迴歸模型的基石

- ✦ 驗證（Validation）：從具有實際值的資料中隨機排序後取出 30% 或 20% 的觀測值，這些觀測值將被輸入到訓練資料所建構之迴歸模型中獲得預測值，並藉由比對這些預測值與實際值的誤差，來評估迴歸模型的品質，通常資料科學團隊會使用與集成多種模型並從中選擇評估表現最好的模型準備輸入測試資料

- ✦ 測試（Test）：不具有實際值的資料，這些觀測值輸入迴歸模型之後所得到的預測值將投入正式營運環境或者作為競賽的繳交資料，而因不具有實際值的特性，僅能在應用過後設計實驗（常見的如 AB Test）或者透過競賽方公布的評估結果來檢視迴歸模型在測試資料上的配適情況。

我們可以自行撰寫函數切割訓練、驗證資料，首先將資料框中的觀測值隨機排列，像是撲克牌在發牌之前要洗牌一般，接著將位於前 30% 或 20% 的觀測值篩選給驗證，將位於後 70% 或 80% 的觀測值篩選給訓練。其中最重要的洗牌函數，在 Python 中可以引用 random 模組中的 shuffle() 函數；在 R 語言中則可以使用 sample() 函數。

Python

在 Python 中可以引用 random 模組中的 `shuffle()` 函數。

```python
import pandas as pd
import random


def get_train_validation(labeled_df, validation_size=0.3,
random_state=123):
    """
    Getting train/validation data from labeled dataframe
    """
    m = labeled_df.shape[0]
    row_indice = list(labeled_df.index)
    random.Random(random_state).shuffle(row_indice)
    shuffled = labeled_df.loc[row_indice, :]
    validation_threshold = int(validation_size * m)
    validation = shuffled.iloc[0:validation_threshold, :]
    train = shuffled.iloc[validation_threshold:, :]
    return train, validation


labeled_url = "https://storage.googleapis.com/kaggle_datasets/House-
Prices-Advanced-Regression-Techniques/train.csv"
labeled_df = pd.read_csv(labeled_url)
train_df, validation_df = get_train_validation(labeled_df)
print(train_df.shape)
print(validation_df.shape)
## (1022, 81)
## (438, 81)
```

亦可以使用已經寫好的函數來切割，引用 sklearn.model_selection 中的 `train_test_split()` 函數。

```python
import pandas as pd
from sklearn.model_selection import train_test_split

labeled_url = "https://storage.googleapis.com/kaggle_datasets/House-
Prices-Advanced-Regression-Techniques/train.csv"
```

```
labeled_df = pd.read_csv(labeled_url)
train_df, validation_df = train_test_split(labeled_df, test_size=0.3,
random_state=123)
print(train_df.shape)
print(validation_df.shape)
## (1022, 81)
## (438, 81)
```

R 語言

在 R 語言中則可以使用 sample() 函數。

```
get_train_validation <- function(labeled_df, validation_size=0.3,
random_state=123) {
  m <- nrow(labeled_df)
  row_indice <- 1:m
  set.seed(random_state)
  shuffled_row_indice <- sample(row_indice)
  labeled_df <- labeled_df[shuffled_row_indice, ]
  validation_threshold <- as.integer(validation_size * m)
  validation <- labeled_df[1:validation_threshold, ]
  train <- labeled_df[(validation_threshold+1):m, ]
  return(list(
    validation = validation,
    train = train
  ))
}

labeled_url <- "https://storage.googleapis.com/kaggle_datasets/House-
Prices-Advanced-Regression-Techniques/train.csv"
labeled_df <- read.csv(labeled_url)
split_result <- get_train_validation(labeled_df)
train <- split_result$train
validation <- split_result$validation
dim(train)
dim(validation)
## (1022, 81)
## (438, 81)
```

在 R 語言中引用 caret 套件中的 `createDataPartition()` 函數。

```
library(caret)

labeled_url <- "https://storage.googleapis.com/kaggle_datasets/House-
Prices-Advanced-Regression-Techniques/train.csv"
labeled_df <- read.csv(labeled_url)
train_index <- createDataPartition(labeled_df$Id, p = 0.7,
                                   list = FALSE,
                                   times = 1)
train <- labeled_df[train_index, ]
validation <- labeled_df[-train_index, ]
dim(train)
dim(validation)
## [1] 1024   81
## [1] 436   81
```

13-4　單變數的迴歸模型

在具有實際值的資料中除去 SalePrice 還有 80 個變數，從中尋找一個與 SalePrice 高相關的變數作為建構迴歸模型的依據。

Python

在 Python 中可以使用 `.corr()` 方法獲得相關係數矩陣，然後將 SalePrice 的相關係數取絕對值以後排序觀察大於 0.6 的變數。

```
import pandas as pd

labeled_url = "https://storage.googleapis.com/kaggle_datasets/House-
Prices-Advanced-Regression-Techniques/train.csv"
labeled_df = pd.read_csv(labeled_url)
df_corr = labeled_df.corr()
sale_price_corr =
df_corr["SalePrice"].abs().sort_values(ascending=False)
sale_price_corr[sale_price_corr >= 0.6]
```

```
[→   SalePrice       1.000000
     OverallQual     0.790982
     GrLivArea       0.708624
     GarageCars      0.640409
     GarageArea      0.623431
     TotalBsmtSF     0.613581
     1stFlrSF        0.605852
     Name: SalePrice, dtype: float64
```

▶ 觀察相關係數大於 0.6 的變數

R 語言

在 R 語言中可以使用 cor() 函數獲得相關係數矩陣。

```
labeled_url <- "https://storage.googleapis.com/kaggle_datasets/House-
Prices-Advanced-Regression-Techniques/train.csv"
labeled_df <- read.csv(labeled_url)
is_numeric_col <- unlist(lapply(labeled_df, FUN = is.numeric))
corr_mat <- cor(labeled_df[, is_numeric_col], use = "complete.obs")
sorted_corr_mat <- sort(corr_mat[, "SalePrice"], decreasing = TRUE)
sorted_corr_mat[sorted_corr_mat >= 0.6]
```

SalePrice	OverallQual	GrLivArea	GarageCars	GarageArea
1.0000000	0.7978807	0.7051536	0.6470336	0.6193296
TotalBsmtSF	X1stFlrSF			
0.6156122	0.6079691			

▶ 觀察相關係數大於 0.6 的變數

GrLivArea 變數（Ground Living Area）代表房屋扣除地下室後的日常生活空間大小，也許能作為預測房價的依據，除了觀察相關係數，資料科學家團隊通常也會將相關係數高的變數與實際值繪製成散佈圖，我們可以藉此機會複習在如何探索資料系列中的作圖技巧。

Python

```
import pandas as pd
import matplotlib.pyplot as plt

labeled_url = "https://storage.googleapis.com/kaggle_datasets/House-
Prices-Advanced-Regression-Techniques/train.csv"
labeled_df = pd.read_csv(labeled_url)
labeled_df.plot.scatter("GrLivArea", "SalePrice")
plt.show()
```

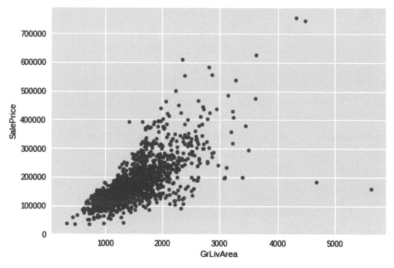

▶ GrLivArea 變數與 SalePrice 變數

R 語言

```
library(ggplot2)

labeled_url <- "https://storage.googleapis.com/kaggle_datasets/House-
Prices-Advanced-Regression-Techniques/train.csv"
labeled_df <- read.csv(labeled_url)
ggplot(labeled_df, aes(x = GrLivArea, y = SalePrice)) +
  geom_point()
```

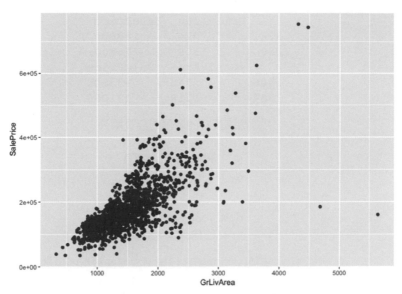

▶ GrLivArea 變數與 SalePrice 變數

假設 GrLivArea 與 SalePrice 之間存在一個迴歸模型 f，但是這個模型無從得知，只能假定有另一個迴歸模型 h，能夠讓我們將 GrLivArea 輸入以後得到預測值，如果預測值與實際值之間的誤差愈小，則就更有信心可以說 h 與 f 的相似程度高，而均方誤差（Mean Square Error）就是用來衡量的評估，任務也被簡化成尋找一組能夠讓均方誤差最小的係數（常數項係數與 GrLivArea 係數。）

```python
import pandas as pd
from sklearn.model_selection import train_test_split

labeled_url = "https://storage.googleapis.com/kaggle_datasets/House-
Prices-Advanced-Regression-Techniques/train.csv"
labeled_df = pd.read_csv(labeled_url)
train_df, validation_df = train_test_split(labeled_df, test_size=0.3,
random_state=123)
print(train_df[["GrLivArea", "SalePrice"]].head(2))
print(train_df[["GrLivArea", "SalePrice"]].tail(2))
```

```
        GrLivArea   SalePrice
376         914      148000
250        1306       76500
        GrLivArea   SalePrice
1406        768      133000
1389       1218      131000
```

▶ 訓練資料的前兩列與後兩列

$$\theta_0 + 914\theta_1 = 148000$$
$$\theta_0 + 1306\theta_1 = 76500$$
$$\vdots$$
$$\theta_0 + 768\theta_1 = 133000$$
$$\theta_0 + 1218\theta_1 = 131000$$

▶ 透過 1022 個聯立方程組尋找讓均方誤差最小的係數組合

為了計算便捷，將聯立方程組改寫為矩陣形式。

其中 X 的外觀為 m x 2，係數矩陣的外觀為 2 x 1，y 的外觀為 m x 1；此處的 m 是訓練資料的觀測值個數 1022。而均方誤差（又稱為成本函數 J）也可以從聯立方程組的表示更改為矩陣形式。

$$\begin{bmatrix} 1 & 914 \\ 1 & 1306 \\ \vdots & \vdots \\ 1 & 768 \\ 1 & 1218 \end{bmatrix} \begin{bmatrix} \theta_0 \\ \theta_1 \end{bmatrix} = \begin{bmatrix} 148000 \\ 76500 \\ \vdots \\ 133000 \\ 131000 \end{bmatrix}$$

$$X\theta = y$$

$$Min.\,J(\theta) = \frac{1}{2m} \sum_{i=1}^{m} (\hat{y_i} - y_i)^2$$

$$Min.\,J(\theta) = \frac{1}{2m} (X\theta - y)^2$$

▶ 尋找一組能夠讓均方誤差最小的係數

13-5 尋找係數的任務

我們目前的任務是尋找一組能夠讓均方誤差最小的係數建立出迴歸模型 h，而資料科學團隊通常採用的方法有兩種，一是正規方程 Normal Equation，另一則是梯度遞減 Gradient Descent；這兩種方法都以最小化成本函數 J 作為核心。

13-6 正規方程

推導係數的過程我們再次將 m、X、係數向量與 y 的外觀銘記在心，m 是訓練資料觀測值個數 1022、X 是訓練資料 1022 x 2、係數向量是 2 x 1 而 y 是 1022 x 1；將矩陣形式的均方誤差表示式展開的過程，因為 X 與係數向量相乘的結果與 y 同樣為 1022 x 1 的外觀，可以合併為一項。

$$Min.\,J(\theta) = \frac{1}{2m}(X\theta - y)^2$$

$$Min.\,J(\theta) = \frac{1}{2m}(X\theta - y)^T(X\theta - y)$$

$$Min.\,J(\theta) = \frac{1}{2m}[(X\theta)^T - y^T)(X\theta - y)]$$

$$Min.\,J(\theta) = \frac{1}{2m}[(X\theta)^T X\theta - (X\theta)^T y - y^T X\theta + y^T y]$$

$$Min.\,J(\theta) = \frac{1}{2m}[\theta^T X^T X\theta - 2(X\theta)^T y + y^T y]$$

▶ 將矩陣形式的均方誤差表示式展開

接著可以對成本函數 J 偏微分係數向量並使其為零，獲得能夠讓均方誤差最小的係數向量。

$$\frac{\partial J}{\partial \theta} = \frac{1}{2m}(2X^T X\theta - 2X^T y) = 0$$

$$\frac{1}{m}(X^T X\theta - X^T y) = 0$$

$$X^T X\theta = X^T y$$

$$\theta = (X^T X)^{-1} X^T y$$

▶ 獲得能夠讓均方誤差最小的係數

推導出係數向量之後，我們就可以定義一個函數 `get_thetas_lm()` 讓使用者輸入 X 與 y 能夠回傳係數向量。

Python

在 Python 中我們可以引用 NumPy 模組支援矩陣運算。

```python
import numpy as np
import pandas as pd
from sklearn.model_selection import train_test_split

def get_thetas_lm(X, y):
  m = X.size
  X = X.reshape(-1, 1)
  y = y.reshape(-1, 1)
  ones = np.ones(m, dtype=int).reshape(-1, 1)
  X = np.concatenate([ones, X], axis=1)
  LHS = np.dot(X.T, X)
  RHS = np.dot(X.T, y)
  LHS_inv = np.linalg.inv(LHS)
  thetas = np.dot(LHS_inv, RHS)
  return tuple(thetas.ravel())

labeled_url = "https://storage.googleapis.com/kaggle_datasets/House-Prices-Advanced-Regression-Techniques/train.csv"
labeled_df = pd.read_csv(labeled_url)
```

```
train_df, validation_df = train_test_split(labeled_df, test_size=0.3,
random_state=123)
X_train = train_df["GrLivArea"].values
y_train = train_df["SalePrice"].values
theta_0, theta_1 = get_thetas_lm(X_train, y_train)
print("Theta 0: {:.4f}".format(theta_0))
print("Theta 1: {:.4f}".format(theta_1))
## Theta 0: 21905.1315
## Theta 1: 104.0985
```

R 語言

在 R 語言中矩陣型別與運算支援則是內建的，能使用 solve() 函數求解反
矩陣。

```
get_thetas_lm <- function(X, y) {
  m <- length(X)
  X <- as.matrix(X)
  y <- as.matrix(y)
  ones <- as.matrix(rep(1, times=m))
  X <- cbind(ones, X)
  LHS <- t(X) %*% X
  RHS <- t(X) %*% y
  return(solve(LHS, RHS))
}

get_train_validation <- function(labeled_df, validation_size=0.3,
random_state=123) {
  m <- nrow(labeled_df)
  row_indice <- 1:m
  set.seed(random_state)
  shuffled_row_indice <- sample(row_indice)
  labeled_df <- labeled_df[shuffled_row_indice, ]
  validation_threshold <- as.integer(validation_size * m)
  validation <- labeled_df[1:validation_threshold, ]
  train <- labeled_df[(validation_threshold+1):m, ]
  return(list(
    validation = validation,
```

```
  train = train
))
}

labeled_url <- "https://storage.googleapis.com/kaggle_datasets/House-
Prices-Advanced-Regression-Techniques/train.csv"
labeled_df <- read.csv(labeled_url)
split_result <- get_train_validation(labeled_df)
X_train <- split_result$train$GrLivArea
y_train <- split_result$train$SalePrice
thetas_lm <- get_thetas_lm(X_train, y_train)
theta_0 <- thetas_lm[1, 1]
theta_1 <- thetas_lm[2, 1]
sprintf("Theta 0: %.4f", theta_0)
sprintf("Theta 1: %.4f", theta_1)
## [1] "Theta 0: 23102.0244"
## [1] "Theta 1: 103.9400"
```

我們在 Python 與 R 語言隨機取得的訓練資料不盡相同，因此求出的係數會有些許誤差。

13-7 梯度遞減

隨機賦予係數向量一個起始值（通常從 0 開始），開始計算該點對成本函數 J 偏微分係數的斜率，並且依照斜率的正負與學習速率，決定下一次係數應該減少一些或者增加一些，在經過足夠多次的迭代更新後可以得到一組逼近 Local Minimum 的係數向量。

$$\theta_i := \theta_i - \alpha \frac{\partial}{\partial \theta_i} J(\theta_i)$$
$$i = 0, 2, \ldots, n$$

▶ 依照斜率的正負與學習速率，決定下一次係數應該減少一些或者增加一些

$$\frac{\partial J}{\partial \theta} = \frac{1}{2m}(2X^TX\theta - 2X^Ty) = \frac{1}{m}(X^TX\theta - X^Ty)$$

$$\theta := \theta - \alpha\frac{1}{m}(X^TX\theta - X^Ty)$$

$$\theta := \theta - \alpha\frac{1}{m}[X^T(X\theta - y)]$$

▶️ 依照斜率的正負與學習速率,決定下一次係數應該減少一些或者增加一些,表示成矩陣形式

Python

在 Python 中利用梯度遞減尋找係數:

```python
import numpy as np
import pandas as pd
from sklearn.model_selection import train_test_split
from sklearn.preprocessing import StandardScaler
import matplotlib.pyplot as plt

def compute_cost(X, y, thetas):
  m = X.shape[0]
  h = np.dot(X, thetas)
  J = 1/(2*m)*np.sum(np.square(h - y))
  return J

def get_thetas_lm(X, y, alpha=0.001, num_iters=10000):
  thetas = np.array([0, 0]).reshape(-1, 1)
  X = X.reshape(-1, 1)
  y = y.reshape(-1, 1)
  m = X.shape[0]
  ones = np.ones(m, dtype=int).reshape(-1, 1)
  X = np.concatenate([ones, X], axis=1)
  J_history = np.zeros(num_iters)
  for num_iter in range(num_iters):
    h = np.dot(X, thetas)
    loss = h - y
    gradient = np.dot(X.T, loss)
    thetas = thetas - (alpha * gradient)/m
```

```
      J_history[num_iter] = compute_cost(X, y, thetas=thetas)
   return thetas, J_history


def get_rescaled_thetas(thetas, scaler_X, scaler_y, X_train, y_train):
   theta_0 = thetas[0, 0]
   theta_1 = thetas[1, 0]
   scale_X = scaler_X.scale_[0]
   scale_y = scaler_y.scale_[0]
   theta_0_rescaled = y_train.mean() + y_train.std()*theta_0 -
theta_1*X_train.mean()*(y_train.std()/X_train.std())
   theta_1_rescaled = theta_1 / scale_X * scale_y
   return theta_0_rescaled, theta_1_rescaled


labeled_url = "https://storage.googleapis.com/kaggle_datasets/House-
Prices-Advanced-Regression-Techniques/train.csv"
labeled_df = pd.read_csv(labeled_url)
train_df, validation_df = train_test_split(labeled_df, test_size=0.3,
random_state=123)
X_train = train_df["GrLivArea"].values.reshape(-1, 1).astype(float)
y_train = train_df["SalePrice"].values.reshape(-1, 1).astype(float)
# Normalization
scaler_X = StandardScaler()
scaler_y = StandardScaler()
X_train_scaled = scaler_X.fit_transform(X_train)
y_train_scaled = scaler_y.fit_transform(y_train)
thetas, J_history = get_thetas_lm(X_train_scaled, y_train_scaled)
# Rescaling
theta_0, theta_1 = get_rescaled_thetas(thetas, scaler_X, scaler_y,
X_train, y_train)
print("Theta 0: {:.4f}".format(theta_0))
print("Theta 1: {:.4f}".format(theta_1))
# Plotting J_history
plt.plot(J_history)
plt.title("Cost function during gradient descent")
plt.xlabel("Iterations")
plt.ylabel(r"$J(\theta)$")
plt.show()
## Theta 0: 21910.8619
## Theta 1: 104.0947
```

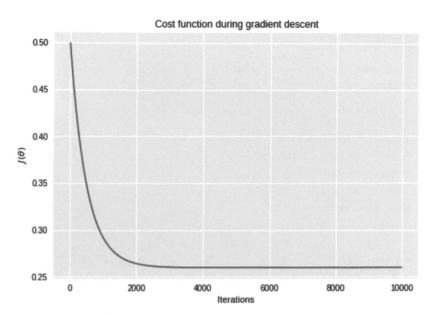

觀察成本函數在 10000 次迭代過程的變化

R 語言

在 R 語言中利用梯度遞減尋找係數：

```r
get_train_validation <- function(labeled_df, validation_size=0.3,
random_state=123) {
  m <- nrow(labeled_df)
  row_indice <- 1:m
  set.seed(random_state)
  shuffled_row_indice <- sample(row_indice)
  labeled_df <- labeled_df[shuffled_row_indice, ]
  validation_threshold <- as.integer(validation_size * m)
  validation <- labeled_df[1:validation_threshold, ]
  train <- labeled_df[(validation_threshold+1):m, ]
  return(list(
    validation = validation,
    train = train
  ))
}
```

```r
compute_cost <- function(X, y, thetas) {
  m <- nrow(X)
  h <- X %*% thetas
  J <- sum((h - y)**2) / (2*m)
  return(J)
}

standardize <- function(X, y) {
  X_sd <- sd(X)
  mean_sd <- mean(X)
  y_sd <- sd(y)
  mean_y <- mean(y)
  X_scaled <- (X - mean_sd)/X_sd
  y_scaled <- (y - mean_y)/y_sd
  return(list(
    X_scaled = X_scaled,
    y_scaled = y_scaled
  ))
}

get_thetas_lm <- function(X, y, alpha=0.001, num_iters=10000) {
  thetas <- as.matrix(c(0, 0))
  m <- length(X)
  X <- as.matrix(X)
  y <- as.matrix(y)
  ones <- as.matrix(rep(1, times = m))
  X <- cbind(ones, X)
  J_history <- vector(length = num_iters)
  for (num_iter in 1:num_iters) {
    h <- X %*% thetas
    loss <- h - y
    gradient <- t(X) %*% loss
    thetas <- thetas - (alpha * gradient)/m
    J_history[num_iter] <- compute_cost(X, y, thetas = thetas)
  }
  return(list(
    thetas = thetas,
    J_history = J_history
  ))
}
```

```r
get_rescaled_thetas <- function(thetas, X_train, y_train) {
  theta_0 <- thetas[1, 1]
  theta_1 <- thetas[2, 1]
  X_train_mean <- mean(X_train)
  y_train_mean <- mean(y_train)
  X_train_sd <- sd(X_train)
  y_train_sd <- sd(y_train)
  theta_1_rescaled <- theta_1 / X_train_sd * y_train_sd
  theta_0_rescaled <- y_train_mean + y_train_sd * theta_0 -
y_train_sd/X_train_sd * theta_1 * X_train_mean
  return(list(
    theta_0_rescaled = theta_0_rescaled,
    theta_1_rescaled = theta_1_rescaled
  ))
}

labeled_url <- "https://storage.googleapis.com/kaggle_datasets/House-
Prices-Advanced-Regression-Techniques/train.csv"
labeled_df <- read.csv(labeled_url)
split_result <- get_train_validation(labeled_df)
X_train <- split_result$train$GrLivArea
y_train <- split_result$train$SalePrice
# Normalization
standard_scaler <- standardize(X_train, y_train)
X_train_scaled <- standard_scaler$X_scaled
y_train_scaled <- standard_scaler$y_scaled
thetas_lm <- get_thetas_lm(X_train_scaled, y_train_scaled)
thetas <- thetas_lm$thetas
J_history <- thetas_lm$J_history
# Rescaling
thetas_rescaled <- get_rescaled_thetas(thetas, X_train, y_train)
theta_0 <- thetas_rescaled$theta_0_rescaled
theta_1 <- thetas_rescaled$theta_1_rescaled
sprintf("Theta 0: %.4f", theta_0)
sprintf("Theta 1: %.4f", theta_1)
plot(J_history, type = "l", main = "Cost function during gradient descent",
xlab = "Iterations", ylab = expression(J(theta)))
## [1] "Theta 0: 7306.3620"
## [1] "Theta 1: 114.8515"
```

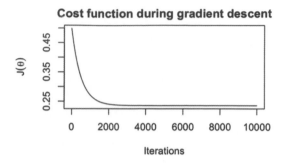

▶ 觀察成本函數在 10000 次迭代過程的變化

資料科學團隊常會使用立體的曲面圖（Surface Plot）描繪在梯度遞減過程中，不同係數組合所對應到的成本函數大小。

Python

在 Python 中必須引用 mpl_toolkits.mplot3d 中的 Axes3D 來繪製曲面圖。

```python
import numpy as np
import pandas as pd
from sklearn.model_selection import train_test_split
from sklearn.preprocessing import StandardScaler
import matplotlib.pyplot as plt
from mpl_toolkits.mplot3d import Axes3D

def compute_cost(X, y, thetas):
  m = X.shape[0]
  h = np.dot(X, thetas)
  J = 1/(2*m)*np.sum(np.square(h - y))
  return J

def get_thetas_lm(X, y, alpha=0.001, num_iters=10000):
  thetas = np.array([0, 0]).reshape(-1, 1)
  X = X.reshape(-1, 1)
  y = y.reshape(-1, 1)
  m = X.shape[0]
  ones = np.ones(m, dtype=int).reshape(-1, 1)
  X = np.concatenate([ones, X], axis=1)
```

```python
    J_history = np.zeros(num_iters)
    for num_iter in range(num_iters):
        h = np.dot(X, thetas)
        loss = h - y
        gradient = np.dot(X.T, loss)
        thetas = thetas - (alpha * gradient)/m
        J_history[num_iter] = compute_cost(X, y, thetas=thetas)
    return thetas, J_history


def get_rescaled_thetas(thetas, scaler_X, scaler_y, X_train, y_train):
    theta_0 = thetas[0, 0]
    theta_1 = thetas[1, 0]
    scale_X = scaler_X.scale_[0]
    scale_y = scaler_y.scale_[0]
    theta_0_rescaled = y_train.mean() + y_train.std()*theta_0 -
theta_1*X_train.mean()*(y_train.std()/X_train.std())
    theta_1_rescaled = theta_1 / scale_X * scale_y
    return theta_0_rescaled, theta_1_rescaled


def surface_plot(theta0_range, theta1_range, X, y):
    theta0_start, theta0_end = theta0_range
    theta1_start, theta1_end = theta1_range
    length = 50
    theta0_arr = np.linspace(theta0_start, theta0_end, length)
    theta1_arr = np.linspace(theta1_start, theta1_end, length)
    Z = np.zeros((length, length))
    for i in range(length):
        for j in range(length):
            theta_0 = theta0_arr[i]
            theta_1 = theta1_arr[j]
            thetas_arr = np.array([theta_0, theta_1]).reshape(-1, 1)
            Z[i, j] = compute_cost(X, y, thetas=thetas_arr)
    xx, yy = np.meshgrid(theta0_arr, theta1_arr, indexing='xy')

    fig = plt.figure()
    ax = fig.add_subplot(111, projection='3d')
    ax.plot_surface(xx, yy, Z, rstride=1, cstride=1, alpha=0.6, cmap=plt.cm.jet)
    ax.set_zlabel('Cost')
    ax.set_zlim(Z.min(),Z.max())
```

```
ax.view_init(elev=15, azim=230)
ax.set_xticks(np.linspace(theta0_start, theta0_end, 5, dtype=int))
ax.set_yticks(np.linspace(theta1_start, theta1_end, 5, dtype=int))
ax.set_xlabel(r'$\theta_0$')
ax.set_ylabel(r'$\theta_1$')
ax.set_title("Cost function during gradient descent")
plt.show()


labeled_url = "https://storage.googleapis.com/kaggle_datasets/House-
Prices-Advanced-Regression-Techniques/train.csv"
labeled_df = pd.read_csv(labeled_url)
train_df, validation_df = train_test_split(labeled_df, test_size=0.3,
random_state=123)
X_train = train_df["GrLivArea"].values.reshape(-1, 1).astype(float)
y_train = train_df["SalePrice"].values.reshape(-1, 1).astype(float)
# Surface plot
X_train_reshaped = X_train.reshape(-1, 1)
y_train_reshaped = y_train.reshape(-1, 1)
m = X_train_reshaped.shape[0]
ones = np.ones(m, dtype=int).reshape(-1, 1)
X_train_reshaped = np.concatenate([ones, X_train_reshaped], axis=1)
surface_plot((10000, 30000), (0, 200), X_train_reshaped,
y_train_reshaped)
```

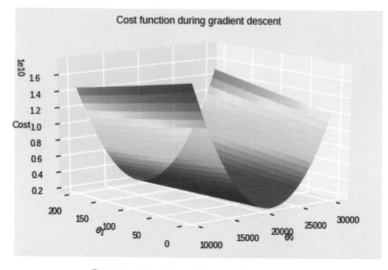

▶ 觀察成本函數在梯度遞減過程的變化

或者透過同時支援 Python 與 R 語言的 plotly 套件，都可以繪製出可以與使用者互動（包含旋轉、顯示座標點與放大縮小等）的動態曲面圖。

Python

```python
import numpy as np
import pandas as pd
from sklearn.model_selection import train_test_split
from sklearn.preprocessing import StandardScaler
import plotly.plotly as py
import plotly.graph_objs as go


def compute_cost(X, y, thetas):
  m = X.shape[0]
  h = np.dot(X, thetas)
  J = 1/(2*m)*np.sum(np.square(h - y))
  return J

def get_thetas_lm(X, y, alpha=0.001, num_iters=10000):
  thetas = np.array([0, 0]).reshape(-1, 1)
  X = X.reshape(-1, 1)
  y = y.reshape(-1, 1)
  m = X.shape[0]
  ones = np.ones(m, dtype=int).reshape(-1, 1)
  X = np.concatenate([ones, X], axis=1)
  J_history = np.zeros(num_iters)
  for num_iter in range(num_iters):
    h = np.dot(X, thetas)
    loss = h - y
    gradient = np.dot(X.T, loss)
    thetas = thetas - (alpha * gradient)/m
    J_history[num_iter] = compute_cost(X, y, thetas=thetas)
  return thetas, J_history

def get_rescaled_thetas(thetas, scaler_X, scaler_y, X_train, y_train):
  theta_0 = thetas[0, 0]
  theta_1 = thetas[1, 0]
  scale_X = scaler_X.scale_[0]
```

```
    scale_y = scaler_y.scale_[0]
    theta_0_rescaled = y_train.mean() + y_train.std()*theta_0 -
theta_1*X_train.mean()*(y_train.std()/X_train.std())
    theta_1_rescaled = theta_1 / scale_X * scale_y
    return theta_0_rescaled, theta_1_rescaled


def get_surface_Z(theta0_range, theta1_range, X, y):
    theta0_start, theta0_end = theta0_range
    theta1_start, theta1_end = theta1_range
    length = 50
    theta0_arr = np.linspace(theta0_start, theta0_end, length)
    theta1_arr = np.linspace(theta1_start, theta1_end, length)
    Z = np.zeros((length, length))
    for i in range(length):
        for j in range(length):
            theta_0 = theta0_arr[i]
            theta_1 = theta1_arr[j]
            thetas_arr = np.array([theta_0, theta_1]).reshape(-1, 1)
            Z[i, j] = compute_cost(X, y, thetas=thetas_arr)
    return Z


labeled_url = "https://storage.googleapis.com/kaggle_datasets/House-
Prices-Advanced-Regression-Techniques/train.csv"
labeled_df = pd.read_csv(labeled_url)
train_df, validation_df = train_test_split(labeled_df, test_size=0.3,
random_state=123)
X_train = train_df["GrLivArea"].values.reshape(-1, 1).astype(float)
y_train = train_df["SalePrice"].values.reshape(-1, 1).astype(float)
# Normalization
scaler_X = StandardScaler()
scaler_y = StandardScaler()
X_train_scaled = scaler_X.fit_transform(X_train)
y_train_scaled = scaler_y.fit_transform(y_train)
thetas, J_history = get_thetas_lm(X_train_scaled, y_train_scaled)
# Rescaling
theta_0, theta_1 = get_rescaled_thetas(thetas, scaler_X, scaler_y,
X_train, y_train)
# Surface plot
X_train_reshaped = X_train.reshape(-1, 1)
```

```
y_train_reshaped = y_train.reshape(-1, 1)
m = X_train_reshaped.shape[0]
ones = np.ones(m, dtype=int).reshape(-1, 1)
X_train_reshaped = np.concatenate([ones, X_train_reshaped], axis=1)
Z = get_surface_Z((10000, 30000), (0, 200), X_train_reshaped,
y_train_reshaped)

py.sign_in('USERNAME', 'APIKEY') # Use your own plotly Username / API Key
data = [go.Surface(z=Z)]
layout = go.Layout(
  title='Cost function during gradient descent',
  scene=dict(
     xaxis = dict(title='theta_0'),
     yaxis = dict(title="theta_1"),
     zaxis = dict(title="J(theta)")
  )
)
fig = go.Figure(data=data, layout=layout)
py.iplot(fig, filename='gd-3d-surface')
```

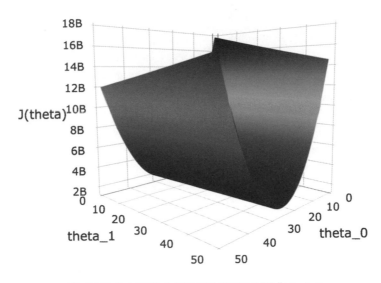

▶ 觀察成本函數在梯度遞減過程的變化：plotly

R 語言

```r
library(plotly)

get_train_validation <- function(labeled_df, validation_size=0.3,
random_state=123) {
  m <- nrow(labeled_df)
  row_indice <- 1:m
  set.seed(random_state)
  shuffled_row_indice <- sample(row_indice)
  labeled_df <- labeled_df[shuffled_row_indice, ]
  validation_threshold <- as.integer(validation_size * m)
  validation <- labeled_df[1:validation_threshold, ]
  train <- labeled_df[(validation_threshold+1):m, ]
  return(list(
    validation = validation,
    train = train
  ))
}

compute_cost <- function(X, y, thetas) {
  m <- nrow(X)
  h <- X %*% thetas
  J <- sum((h - y)**2) / (2*m)
  return(J)
}

standardize <- function(X, y) {
  X_sd <- sd(X)
  mean_sd <- mean(X)
  y_sd <- sd(y)
  mean_y <- mean(y)
  X_scaled <- (X - mean_sd)/X_sd
  y_scaled <- (y - mean_y)/y_sd
  return(list(
    X_scaled = X_scaled,
    y_scaled = y_scaled
  ))
}
```

```r
get_thetas_lm <- function(X, y, alpha=0.001, num_iters=10000) {
  thetas <- as.matrix(c(0, 0))
  m <- length(X)
  X <- as.matrix(X)
  y <- as.matrix(y)
  ones <- as.matrix(rep(1, times = m))
  X <- cbind(ones, X)
  J_history <- vector(length = num_iters)
  for (num_iter in 1:num_iters) {
    h <- X %*% thetas
    loss <- h - y
    gradient <- t(X) %*% loss
    thetas <- thetas - (alpha * gradient)/m
    J_history[num_iter] <- compute_cost(X, y, thetas = thetas)
  }
  return(list(
    thetas = thetas,
    J_history = J_history
  ))
}


get_rescaled_thetas <- function(thetas, X_train, y_train) {
  theta_0 <- thetas[1, 1]
  theta_1 <- thetas[2, 1]
  X_train_mean <- mean(X_train)
  y_train_mean <- mean(y_train)
  X_train_sd <- sd(X_train)
  y_train_sd <- sd(y_train)
  theta_1_rescaled <- theta_1 / X_train_sd * y_train_sd
  theta_0_rescaled <- y_train_mean + y_train_sd * theta_0 -
y_train_sd/X_train_sd * theta_1 * X_train_mean
  return(list(
    theta_0_rescaled = theta_0_rescaled,
    theta_1_rescaled = theta_1_rescaled
  ))
}


surface_plot <- function(theta0_range, theta1_range, X, y) {
  theta0_start <- theta0_range[1]
```

```
theta0_end <- theta0_range[2]
theta1_start <- theta1_range[1]
theta1_end <- theta1_range[2]
length_out <- 50
theta0_arr <- seq(theta0_start, theta0_end, length.out = length_out)
theta1_arr <- seq(theta1_start, theta1_end, length.out = length_out)
Z <- matrix(nrow = length_out, ncol = length_out)
for (i in 1:length_out) {
  for (j in 1:length_out) {
    theta_0 <- theta0_arr[i]
    theta_1 <- theta1_arr[j]
    thetas_mat <- as.matrix(c(theta_0, theta_1))
    Z[i, j] <- compute_cost(X, y, thetas = thetas_mat)
  }
}
list_for_surface <- list(
  x = theta0_arr,
  y = theta1_arr,
  z = Z
)
plot_ly(x = list_for_surface$x, y = list_for_surface$y, z =
list_for_surface$z, colorscale = "Jet") %>%
  add_surface() %>%
  layout(
    title = "Cost function during gradient descent",
    scene = list(
      xaxis = list(title = "theta_0"),
      yaxis = list(title = "theta_1"),
      zaxis = list(title = "J")
    )
  )
}


labeled_url <- "https://storage.googleapis.com/kaggle_datasets/House-
Prices-Advanced-Regression-Techniques/train.csv"
labeled_df <- read.csv(labeled_url)
split_result <- get_train_validation(labeled_df)
X_train <- split_result$train$GrLivArea
y_train <- split_result$train$SalePrice
```

```
# Normalization
standard_scaler <- standardize(X_train, y_train)
X_train_scaled <- standard_scaler$X_scaled
y_train_scaled <- standard_scaler$y_scaled
thetas_lm <- get_thetas_lm(X_train_scaled, y_train_scaled)
thetas <- thetas_lm$thetas
J_history <- thetas_lm$J_history
# Rescaling
thetas_rescaled <- get_rescaled_thetas(thetas, X_train, y_train)
theta_0 <- thetas_rescaled$theta_0_rescaled
theta_1 <- thetas_rescaled$theta_1_rescaled
sprintf("Theta 0: %.4f", theta_0)
sprintf("Theta 1: %.4f", theta_1)
m <- length(X_train)
X_train_reshaped <- as.matrix(X_train)
y_train_reshaped <- as.matrix(y_train)
ones <- as.matrix(rep(1, times = m))
X_train_reshaped <- cbind(ones, X_train_reshaped)
surface_plot(c(10000, 30000), c(0, 200), X_train_reshaped,
y_train_reshaped)
```

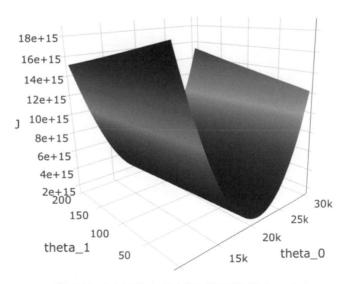

Cost function during gradient descent

▶ 觀察成本函數在梯度遞減過程的變化：plotly

13-8 使用模組或套件尋找係數

透過手動撰寫程式碼，我們知道如何透過 Normal Equation 或 Gradient Descent 兩種管道尋找迴歸模型 h 的係數；接著可以使用 Python 與 R 語言中豐富的函數來協助。

Python

在 Python 中我們引用 sklearn.linear_model 中的 LinearRegression() 來尋找係數，Scikit-Learn 中的函數呼叫方式一致，都先初始化物件，再利用 .fit() 方法投入訓練資料。

```
import pandas as pd
from sklearn.model_selection import train_test_split
from sklearn.linear_model import LinearRegression

labeled_url = "https://storage.googleapis.com/kaggle_datasets/House-
Prices-Advanced-Regression-Techniques/train.csv"
labeled_df = pd.read_csv(labeled_url)
train_df, validation_df = train_test_split(labeled_df, test_size=0.3,
random_state=123)
X_train = train_df["GrLivArea"].values.reshape(-1, 1)
y_train = train_df["SalePrice"].values.reshape(-1, 1)
regressor = LinearRegression()
regressor.fit(X_train, y_train)
theta_0 = regressor.intercept_[0]
theta_1 = regressor.coef_[0, 0]
print("Theta 0: {:.4f}".format(theta_0))
print("Theta 1: {:.4f}".format(theta_1))
## Theta 0: 21905.1315
## Theta 1: 104.0985
```

R 語言

在 R 語言中我們利用內建的 `lm()` 函數來尋找係數。

```r
get_train_validation <- function(labeled_df, validation_size=0.3,
random_state=123) {
  m <- nrow(labeled_df)
  row_indice <- 1:m
  set.seed(random_state)
  shuffled_row_indice <- sample(row_indice)
  labeled_df <- labeled_df[shuffled_row_indice, ]
  validation_threshold <- as.integer(validation_size * m)
  validation <- labeled_df[1:validation_threshold, ]
  train <- labeled_df[(validation_threshold+1):m, ]
  return(list(
    validation = validation,
    train = train
  ))
}


labeled_url <- "https://storage.googleapis.com/kaggle_datasets/House-
Prices-Advanced-Regression-Techniques/train.csv"
labeled_df <- read.csv(labeled_url)
split_result <- get_train_validation(labeled_df)
train_df <- split_result$train
regressor <- lm(SalePrice ~ GrLivArea, data = train_df)
theta_0 <- regressor$coefficients[1]
theta_1 <- regressor$coefficients[2]
sprintf("Theta 0: %.4f", theta_0)
sprintf("Theta 1: %.4f", theta_1)
## [1] "Theta 0: 23102.0244"
## [1] "Theta 1: 103.9400"
```

13-9 將模型繪製到散佈圖上

順利完成尋找係數的任務之後，可以將這個迴歸模型 h 繪製到散佈圖上，繪製方法是在 X 軸變數的最小值與最大值之間均勻地切出資料點，再將這些資料點代入迴歸模型 h，獲得一組預測值，然後將預測值相連成為一條直線。

Python

在 Python 中我們習慣使用 `np.linspace()` 函數在一段區間中打點。

```python
import numpy as np
import pandas as pd
from sklearn.model_selection import train_test_split
from sklearn.linear_model import LinearRegression
import matplotlib.pyplot as plt

labeled_url = "https://storage.googleapis.com/kaggle_datasets/House-
Prices-Advanced-Regression-Techniques/train.csv"
labeled_df = pd.read_csv(labeled_url)
train_df, validation_df = train_test_split(labeled_df, test_size=0.3,
random_state=123)
X_train = train_df["GrLivArea"].values.reshape(-1, 1)
y_train = train_df["SalePrice"].values.reshape(-1, 1)
regressor = LinearRegression()
regressor.fit(X_train, y_train)
theta_0 = regressor.intercept_[0]
theta_1 = regressor.coef_[0, 0]
X_min = labeled_df["GrLivArea"].min()
X_max = labeled_df["GrLivArea"].max()
X_arr = np.linspace(X_min, X_max)
y_hats = theta_0 + theta_1 * X_arr

plt.scatter(train_df["GrLivArea"], train_df["SalePrice"], color="r",
s=5, label="train")
plt.scatter(validation_df["GrLivArea"], validation_df["SalePrice"],
color="g", s=5, label="validation")
```

```
plt.plot(X_arr, y_hats, color="c", linewidth=3, label="h")
plt.legend(loc="upper left")
plt.xlabel("Ground Living Area")
plt.ylabel("Sale Price")
plt.show()
```

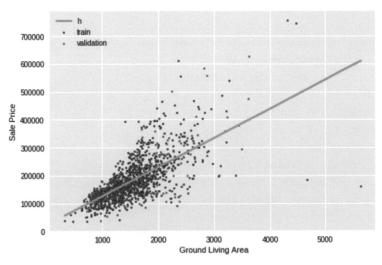

▶ 將迴歸模型 h 繪製到散佈圖上

R 語言

在 R 語言中我們可以使用 seq() 函數在在一個數值區間中打點。

```
library(ggplot2)

get_train_validation <- function(labeled_df, validation_size=0.3,
random_state=123) {
  m <- nrow(labeled_df)
  row_indice <- 1:m
  set.seed(random_state)
  shuffled_row_indice <- sample(row_indice)
  labeled_df <- labeled_df[shuffled_row_indice, ]
  validation_threshold <- as.integer(validation_size * m)
  validation <- labeled_df[1:validation_threshold, ]
```

```
  train <- labeled_df[(validation_threshold+1):m, ]
  return(list(
    validation = validation,
    train = train
  ))
}


labeled_url <- "https://storage.googleapis.com/kaggle_datasets/House-
Prices-Advanced-Regression-Techniques/train.csv"
labeled_df <- read.csv(labeled_url)
split_result <- get_train_validation(labeled_df)
train_df <- split_result$train
train_df$Split <- "Train"
validation_df <- split_result$validation
validation_df$Split <- "Validation"
df_for_scatter <- rbind(train_df, validation_df)
regressor <- lm(SalePrice ~ GrLivArea, data = train_df)
theta_0 <- regressor$coefficients[1]
theta_1 <- regressor$coefficients[2]
X_min <- min(labeled_df$GrLivArea)
X_max <- max(labeled_df$GrLivArea)
X_arr <- seq(from = X_min, to = X_max, length.out = 50)
y_hats <- theta_0 + theta_1 * X_arr
df_for_line <- data.frame(X_arr, y_hats)

ggplot(df_for_scatter, aes(x = GrLivArea, y = SalePrice, color = Split)) +
  geom_point(size = 0.7) +
  geom_line(data = df_for_line, aes(x = X_arr, y = y_hats), color = "#009E73",
size = 1.2) +
  xlab("Ground Living Area") +
  ylab("Sale Price")
```

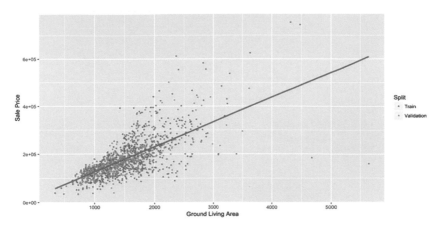

▶ 將迴歸模型 h 繪製到散佈圖上

 小結

本章我們使用艾姆斯房價資料集中的觀測值與變數，簡介了關於迴歸模型、學習資料集、什麼是訓練、驗證及測試資料、單變數的迴歸模型、撰寫正規方程以及梯度遞減的程式，尋找迴歸模型係數、利用曲面圖描繪成本函數在梯度遞減過程中的變化、使用模組或套件尋找係數還有在散佈圖上繪製出迴歸模型。

Chapter 14

迴歸模型的評估

A computer program is said to learn from experience E with respect to some class of tasks T and performance measure P if its performance at tasks in T, as measured by P, improves with experience E.

Tom Mitchel

在尋找迴歸模型的係數中我們瞭解如何使用正規方程（Normal Equation）、梯度遞減（Gradient Descent）在 Python 與 R 語言的環境中尋找迴歸模型係數，並且運用散佈圖、線圖與曲面圖（Surface Plot）探索成本函數在梯度遞減過程中的變動，迴歸模型在資料散佈圖上的外觀，藉此對迴歸模型有更多的瞭解。

接著我們會應用均方誤差（Mean Squared Error）來評估迴歸模型在驗證資料集上的表現，均方誤差愈小代表 h 函數與假設存在的 f 函數的相似程度愈高；藉由比較不同模型的均方誤差，資料科學家團隊可以挑選出適合部署至正式環境的迴歸模型，精進評估的方式包含在訓練資料中納入新變數與增加變數的次方項，在試圖縮小均方誤差的過程中也會發現迴歸模型面臨新的挑戰，像是變數的單位量級差距導致梯度遞減不均、隨機切割訓練驗證樣本所產生的變異與伴隨高次方項變數的過度配適，這時資料科學團隊會引進標準化、交叉驗證與正規化等技巧來因應。

14-1 標準化（Normalization）

在艾姆斯房價資料集中房價變數（SalePrice）數量級約莫落於數萬美元至數十萬美元之間，而生活空間大小（GrLivArea）數量級約莫落於數千英畝左右，這可能使得在同一個學習速率下，兩個係數收斂的速度差異過大，而導致其中一個係數已經收斂，但另外一個數字仍很緩慢地向低點前進，雖然成本函數遞減的速率已經平緩，迭代後所得到的係數卻與內建函數的相差甚遠，特別是常數項。

Python

```python
import numpy as np
import pandas as pd
import matplotlib.pyplot as plt
from sklearn.model_selection import train_test_split
from sklearn.linear_model import LinearRegression

def compute_cost(X, y, thetas):
  m = X.shape[0]
  y_hat = np.dot(X, thetas)
  J = 1/(2*m)*np.sum(np.square(y_hat - y))
  return J

def gradient_descent(X, y, alpha=0.01, num_iters=1500):
  m = X.shape[0]
  J_history = np.zeros(num_iters)
  thetas = np.array([0, 0], dtype=float).reshape(-1, 1)
  for num_iter in range(num_iters):
    y_hat = np.dot(X, thetas)
    loss = y_hat - y
    gradient = np.dot(X.T, loss)
    thetas -= alpha*gradient/m
    J_history[num_iter] = compute_cost(X, y, thetas)
  return thetas, J_history
```

```
labeled = pd.read_csv("https://storage.googleapis.com/kaggle_datasets/
House-Prices-Advanced-Regression-Techniques/train.csv")
train, validation = train_test_split(labeled, test_size=0.3,
random_state=123)
X_train = train.loc[:, "GrLivArea"].values.reshape(-1, 1)
y_train = train.loc[:, "SalePrice"].values.reshape(-1, 1)
reg = LinearRegression()
reg.fit(X_train, y_train)
print("Thetas from Scikit-Learn:")
print(reg.intercept_)
print(reg.coef_)
ones = np.ones(X_train.shape[0], dtype=int).reshape(-1, 1)
X_train = np.concatenate([ones, X_train], axis=1)
thetas, J_history = gradient_descent(X_train, y_train,
alpha=0.0000000001, num_iters=20000)
print("Thetas from manual gradient descent:")
print(thetas)
plt.plot(J_history)
plt.xlabel("Iterations")
plt.ylabel("Cost")
plt.show()
## Thetas from Scikit-Learn:
## [21905.13153846]
## [[104.0984541]]
## Thetas from manual gradient descent:
## [[7.28896918e-02]
##  [1.16260785e+02]]
```

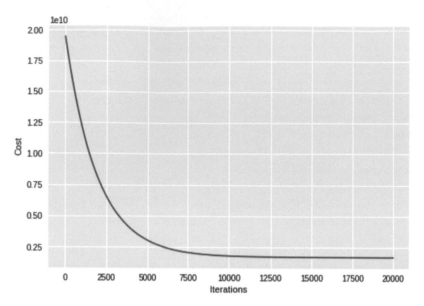

▶ 成本函數在 20000 次迭代過程的變化

R 語言

```
compute_cost <- function(X, y, thetas) {
  m <- nrow(X)
  y_hat <- X %*% thetas
  J <- (1/(2*m))*sum((y_hat - y)**2)
  return(J)
}

get_thetas_gd <- function(X, y, alpha=0.01, num_iters=1500) {
  m <- nrow(X)
  thetas <- as.matrix(c(0, 0))
  J_history <- vector(length = num_iters)
  for (num_iter in 1:num_iters) {
    y_hat <- X %*% thetas
    loss <- y_hat - y
    gradient <- (t(X) %*% loss)/m
    thetas <- thetas - alpha * gradient
    J_history[num_iter] <- compute_cost(X, y, thetas)
  }
```

```r
  result <- list(
    thetas = thetas,
    J_history = J_history
  )
  return(result)
}

get_train_validation <- function(labeled_df, validation_size=0.3,
random_state=123) {
  m <- nrow(labeled_df)
  row_indice <- 1:m
  set.seed(random_state)
  shuffled_row_indice <- sample(row_indice)
  labeled_df <- labeled_df[shuffled_row_indice, ]
  validation_threshold <- as.integer(validation_size * m)
  validation <- labeled_df[1:validation_threshold, ]
  train <- labeled_df[(validation_threshold+1):m, ]
  return(list(
    validation = validation,
    train = train
  ))
}

labeled_url <- "https://storage.googleapis.com/kaggle_datasets/House-
Prices-Advanced-Regression-Techniques/train.csv"
labeled_df <- read.csv(labeled_url)
split_result <- get_train_validation(labeled_df)
train <- split_result$train
lm_fit <- lm(SalePrice ~ GrLivArea, data = train)
print("Thetas from lm():")
print(lm_fit$coefficients)
X_train <- as.matrix(split_result$train$GrLivArea)
ones <- as.matrix(rep(1, times = nrow(X_train)))
X_train <- cbind(ones, X_train)
y_train <- as.matrix(split_result$train$SalePrice)
lm_fit <- get_thetas_gd(X_train, y_train, alpha=0.0000000001,
num_iters=20000)
print("Thetas from manual gradient descent:")
print(lm_fit$thetas)
plot(lm_fit$J_history, xlab = "Iterations", ylab="Cost", type="l")
```

```
## [1] "Thetas from lm():"
## (Intercept)   GrLivArea
##    7298.3633    114.8567
## [1] "Thetas from manual gradient descent:"
##                  [,1]
## [1,]   0.07110339
## [2,] 118.48548260
```

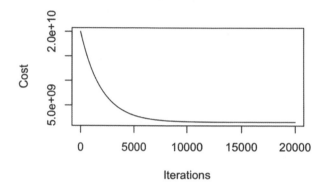

▶ 成本函數在 20000 次迭代過程的變化

面對變數的單位數量級差距明顯時，資料科學團隊常會利用兩種標準化（Normalization）的技巧來將變數的單位量級調整至同一個尺度之上，一是以最大值最小值作為調整依據，稱為 Min Max Scaler，另一是以標準差值作為調整依據，稱為 Standard Scaler，這裡我們利用 Standard Scaler 將 SalePrice 與 GrLivArea 縮放至符合標準常態分配、平均為 0 標準差為 1 的尺度之上，在 Python 與 R 語言中都有內建的函數可以做標準化，也可以自訂函數。

Python

```python
import numpy as np
import pandas as pd
import matplotlib.pyplot as plt
from sklearn.model_selection import train_test_split
from sklearn.linear_model import LinearRegression
```

```python
from sklearn.preprocessing import StandardScaler

def compute_cost(X, y, thetas):
  m = X.shape[0]
  y_hat = np.dot(X, thetas)
  J = 1/(2*m)*np.sum(np.square(y_hat - y))
  return J

def gradient_descent(X, y, alpha=0.01, num_iters=1500):
  m = X.shape[0]
  J_history = np.zeros(num_iters)
  thetas = np.array([0, 0], dtype=float).reshape(-1, 1)
  for num_iter in range(num_iters):
    y_hat = np.dot(X, thetas)
    loss = y_hat - y
    gradient = np.dot(X.T, loss)
    thetas -= alpha*gradient/m
    J_history[num_iter] = compute_cost(X, y, thetas)
  return thetas, J_history

def standard_scaler(x):
  mean_x = x.mean()
  std_x = x.std()
  standard_x = (x - mean_x)/std_x
  return standard_x

labeled = pd.read_csv("https://storage.googleapis.com/kaggle_datasets/
House-Prices-Advanced-Regression-Techniques/train.csv")
train, validation = train_test_split(labeled, test_size=0.3,
random_state=123)
X_train = train.loc[:, "GrLivArea"].values.reshape(-1, 1)
y_train = train.loc[:, "SalePrice"].values.reshape(-1, 1)
reg = LinearRegression()
reg.fit(X_train, y_train)
print("Thetas from Scikit-Learn:")
print(reg.intercept_)
print(reg.coef_)
X_train_ss = standard_scaler(X_train)
y_train_ss = standard_scaler(y_train)
```

```
ones = np.ones(X_train.shape[0], dtype=int).reshape(-1, 1)
X_train_ss = np.concatenate([ones, X_train_ss], axis=1)
thetas, J_history = gradient_descent(X_train_ss, y_train_ss, alpha=0.001,
num_iters=5000)
print("Thetas from manual gradient descent:")
print(thetas)
plt.plot(J_history)
plt.xlabel("Iterations")
plt.ylabel("Cost")
plt.show()
## Thetas from Scikit-Learn:
## [21905.13153846]
## [[104.0984541]]
## Thetas from manual gradient descent:
## [[-2.77625824e-17]
##  [ 6.88445467e-01]]
```

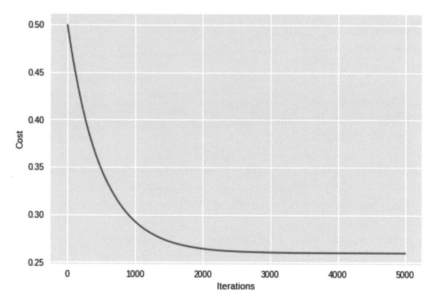

▶ 成本函數在 5000 次迭代過程的變化

R 語言

```r
compute_cost <- function(X, y, thetas) {
  m <- nrow(X)
  y_hat <- X %*% thetas
  J <- (1/(2*m))*sum((y_hat - y)**2)
  return(J)
}


get_thetas_gd <- function(X, y, alpha=0.01, num_iters=1500) {
  m <- nrow(X)
  thetas <- as.matrix(c(0, 0))
  J_history <- vector(length = num_iters)
  for (num_iter in 1:num_iters) {
    y_hat <- X %*% thetas
    loss <- y_hat - y
    gradient <- (t(X) %*% loss)/m
    thetas <- thetas - alpha * gradient
    J_history[num_iter] <- compute_cost(X, y, thetas)
  }
  result <- list(
    thetas = thetas,
    J_history = J_history
  )
  return(result)
}

get_train_validation <- function(labeled_df, validation_size=0.3,
random_state=123) {
  m <- nrow(labeled_df)
  row_indice <- 1:m
  set.seed(random_state)
  shuffled_row_indice <- sample(row_indice)
  labeled_df <- labeled_df[shuffled_row_indice, ]
  validation_threshold <- as.integer(validation_size * m)
  validation <- labeled_df[1:validation_threshold, ]
  train <- labeled_df[(validation_threshold+1):m, ]
  return(list(
    validation = validation,
    train = train
```

```
  ))
}

standard_scaler <- function(x) {
  sd_x <- sd(x)
  mean_x <- mean(x)
  standard_x <- (x - mean_x)/sd_x
  return(standard_x)
}


labeled_url <- "https://storage.googleapis.com/kaggle_datasets/House-
Prices-Advanced-Regression-Techniques/train.csv"
labeled_df <- read.csv(labeled_url)
split_result <- get_train_validation(labeled_df)
train <- split_result$train
lm_fit <- lm(SalePrice ~ GrLivArea, data = train)
print("Thetas from lm():")
print(lm_fit$coefficients)
X_train <- as.matrix(standard_scaler(split_result$train$GrLivArea))
ones <- as.matrix(rep(1, times = nrow(X_train)))
X_train <- cbind(ones, X_train)
y_train <- as.matrix(standard_scaler(split_result$train$SalePrice))
lm_fit <- get_thetas_gd(X_train, y_train, alpha=0.001, num_iters=5000)
print("Thetas from manual gradient descent:")
print(lm_fit$thetas)
plot(lm_fit$J_history, xlab = "Iterations", ylab="Cost", type="l")
## [1] "Thetas from lm():"
## (Intercept)   GrLivArea
##   7298.3633    114.8567
## [1] "Thetas from manual gradient descent:"
##              [,1]
## [1,] 2.124162e-16
## [2,] 7.226880e-01
```

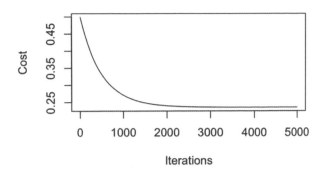

▶ 成本函數在 5000 次迭代過程的變化

經過標準化之後，可以用一個較大的學習速率並在較少次的迭代中讓係數收斂，不過這時得到的係數乃是針對縮放過後的訓練資料，如果希望得到原本的係數，我們得根據下列的推導還原。

$$y = \theta_0 + \theta_1 x_1$$

$$\frac{y - \mu_y}{\sigma_y} = \theta_0' + \frac{x_1 - \mu_{x_1}}{\sigma_{x_1}} \theta_1'$$

$$y = \mu_y + \sigma_y \theta_0' + \frac{\sigma_y}{\sigma_{x_1}}(x_1 - \mu_{x_1})\theta_1'$$

$$y = \mu_y + \sigma_y \theta_0' - \frac{\sigma_y \mu_{x_1}}{\sigma_{x_1}}\theta_1' + \frac{\sigma_y}{\sigma_{x_1}}\theta_1' x_1$$

▶ 推導過程

比對方程式外觀，可以得知原本的係數為：

$$\theta_0 = \mu_y + \sigma_y \theta_0' - \frac{\sigma_y \mu_{x_1}}{\sigma_{x_1}}\theta_1'$$

$$\theta_1 = \frac{\sigma_y}{\sigma_{x_1}}\theta_1'$$

▶ 還原縮放之前的係數

Python

```python
import numpy as np
import pandas as pd
from sklearn.model_selection import train_test_split
from sklearn.linear_model import LinearRegression
from sklearn.preprocessing import StandardScaler

def compute_cost(X, y, thetas):
    m = X.shape[0]
    y_hat = np.dot(X, thetas)
    J = 1/(2*m)*np.sum(np.square(y_hat - y))
    return J

def gradient_descent(X, y, alpha=0.01, num_iters=1500):
    m = X.shape[0]
    J_history = np.zeros(num_iters)
    thetas = np.array([0, 0], dtype=float).reshape(-1, 1)
    for num_iter in range(num_iters):
        y_hat = np.dot(X, thetas)
        loss = y_hat - y
        gradient = np.dot(X.T, loss)
        thetas -= alpha*gradient/m
        J_history[num_iter] = compute_cost(X, y, thetas)
    return thetas, J_history

def standard_scaler(x):
    mean_x = x.mean()
    std_x = x.std()
    standard_x = (x - mean_x)/std_x
    return standard_x

labeled = pd.read_csv("https://storage.googleapis.com/kaggle_datasets/
House-Prices-Advanced-Regression-Techniques/train.csv")
train, validation = train_test_split(labeled, test_size=0.3,
random_state=123)
X_train = train.loc[:, "GrLivArea"].values.reshape(-1, 1)
y_train = train.loc[:, "SalePrice"].values.reshape(-1, 1)
reg = LinearRegression()
```

```
reg.fit(X_train, y_train)
print("Thetas from Scikit-Learn:")
print(reg.intercept_)
print(reg.coef_)
# Standardization
X_train_ss = standard_scaler(X_train)
y_train_ss = standard_scaler(y_train)
ones = np.ones(X_train.shape[0], dtype=int).reshape(-1, 1)
X_train_ss = np.concatenate([ones, X_train_ss], axis=1)
thetas, J_history = gradient_descent(X_train_ss, y_train_ss, alpha=0.001,
num_iters=5000)
print("Standardized thetas from manual gradient descent:")
print(thetas)
# Rescaling
theta_0_pron = thetas[0, 0]
theta_1_pron = thetas[1, 0]
mu_y = y_train.mean()
sigma_y = y_train.std()
mu_X = X_train.mean()
sigma_X = X_train.std()
theta_0 = mu_y + sigma_y*theta_0_pron - sigma_y*mu_X*theta_1_pron/sigma_X
theta_1 = sigma_y*theta_1_pron/sigma_X
print("Rescaled thetas from manual gradient descent:")
print(theta_0)
print(theta_1)
## Thetas from Scikit-Learn:
## [21905.13153846]
## [[104.0984541]]
## Standardized thetas from manual gradient descent:
## [[-2.77625824e-17]
##  [ 6.88445467e-01]]
## Rescaled thetas from manual gradient descent:
## 22967.755672321568
## 103.39879673499419
```

R 語言

```r
compute_cost <- function(X, y, thetas) {
  m <- nrow(X)
  y_hat <- X %*% thetas
  J <- (1/(2*m))*sum((y_hat - y)**2)
  return(J)
}

get_thetas_gd <- function(X, y, alpha=0.01, num_iters=1500) {
  m <- nrow(X)
  thetas <- as.matrix(c(0, 0))
  J_history <- vector(length = num_iters)
  for (num_iter in 1:num_iters) {
    y_hat <- X %*% thetas
    loss <- y_hat - y
    gradient <- (t(X) %*% loss)/m
    thetas <- thetas - alpha * gradient
    J_history[num_iter] <- compute_cost(X, y, thetas)
  }
  result <- list(
    thetas = thetas,
    J_history = J_history
  )
  return(result)
}

get_train_validation <- function(labeled_df, validation_size=0.3,
random_state=123) {
  m <- nrow(labeled_df)
  row_indice <- 1:m
  set.seed(random_state)
  shuffled_row_indice <- sample(row_indice)
  labeled_df <- labeled_df[shuffled_row_indice, ]
  validation_threshold <- as.integer(validation_size * m)
  validation <- labeled_df[1:validation_threshold, ]
  train <- labeled_df[(validation_threshold+1):m, ]
  return(list(
    validation = validation,
    train = train
```

```r
  ))
}

standard_scaler <- function(x) {
  sd_x <- sd(x)
  mean_x <- mean(x)
  standard_x <- (x - mean_x)/sd_x
  return(standard_x)
}

labeled_url <- "https://storage.googleapis.com/kaggle_datasets/House-
Prices-Advanced-Regression-Techniques/train.csv"
labeled_df <- read.csv(labeled_url)
split_result <- get_train_validation(labeled_df)
train <- split_result$train
lm_fit <- lm(SalePrice ~ GrLivArea, data = train)
print("Thetas from lm():")
print(lm_fit$coefficients)
X_train <- train$GrLivArea
y_train <- train$SalePrice
# Standardization
X_train_ss <- as.matrix(standard_scaler(X_train))
ones <- as.matrix(rep(1, times = nrow(X_train_ss)))
X_train_ss <- cbind(ones, X_train_ss)
y_train_ss <- as.matrix(standard_scaler(y_train))
lm_fit <- get_thetas_gd(X_train_ss, y_train_ss, alpha=0.001,
num_iters=5000)
print("Thetas from manual gradient descent:")
print(lm_fit$thetas)
# Rescaling
theta_0_pron <- lm_fit$thetas[1, 1]
theta_1_pron <- lm_fit$thetas[2, 1]
mu_y <- mean(y_train)
sigma_y <- sd(y_train)
mu_X <- mean(X_train)
sigma_X <- sd(X_train)
theta_0 <- mu_y + sigma_y*theta_0_pron - sigma_y*mu_X*theta_1_pron/sigma_X
theta_1 <- sigma_y*theta_1_pron/sigma_X
print("Rescaled thetas from manual gradient descent:")
print(theta_0)
```

```
print(theta_1)
## [1] "Thetas from lm():"
## (Intercept)   GrLivArea
##   7298.3633    114.8567
## [1] "Thetas from manual gradient descent:"
##            [,1]
## [1,] 2.124162e-16
## [2,] 7.226880e-01
## [1] "Rescaled thetas from manual gradient descent:"
## [1] 8482.633
## [1] 114.081
```

這時候比對使用 Python 與 R 語言內建函數所求得的係數相比，就會發現與標準化資料進行梯度遞減後得到的係數相近，優於先前未經標準化就實行梯度遞減的結果。

14-2 評估迴歸模型的表現

均方誤差（Mean Squared Error）是迴歸模型的核心，扮演尋找係數的依據，也同時是評估模型表現的數值；假設 GrLivArea 與 SalePrice 之間存在一個無從得知的迴歸模型 f，我們只能建立一個迴歸模型 h，如果預測值與實際值之間的誤差愈小，就有自信説 h 與 f 的相似程度愈高。

$$MSE = \frac{1}{m}\sum_{i=1}^{m}(\hat{y}_i - y_i)^2, \text{ where } \hat{y}_i = \sum_{j=0}^{n}\theta_j x_j$$

$$\text{Vectorized Form: } MSE = \frac{1}{m}(X\theta - y)^T(X\theta - y)$$

▶ 寫成純量與向量計算外觀的均方誤差

資料科學團隊使用訓練資料建立 h，將 h 應用在驗證資料之上建立預測值，最後比對預測值與驗證資料中的實際值，不論是獲取預測值還是計算均方誤差，我們都能手動計算。

Python

```python
import numpy as np
import pandas as pd
from sklearn.model_selection import train_test_split
from sklearn.linear_model import LinearRegression

def get_mse(X_arr, y_arr, thetas):
  m = X_arr.size
  theta_0 = thetas[0, 0]
  theta_1 = thetas[1, 0]
  y_hat = theta_0 + theta_1*X_arr
  err = y_hat - y_arr
  se = np.sum(err**2)
  return se/m

def get_mse_vectorized(X, y, thetas):
  m = X.shape[0]
  y_hat = np.dot(X, thetas)
  err = y_hat - y
  se = np.dot(err.T, err)
  return se[0, 0]/m


labeled = pd.read_csv("https://storage.googleapis.com/kaggle_datasets/
House-Prices-Advanced-Regression-Techniques/train.csv")
train, validation = train_test_split(labeled, test_size=0.3,
random_state=123)
X_train = train.loc[:, "GrLivArea"].values.reshape(-1, 1)
y_train = train.loc[:, "SalePrice"].values.reshape(-1, 1)
X_validation = validation.loc[:, "GrLivArea"].values.reshape(-1, 1)
ones = np.ones(X_validation.shape[0]).reshape(-1, 1)
X_validation = np.concatenate([ones, X_validation], axis=1)
y_validation = validation.loc[:, "SalePrice"].values.reshape(-1, 1)
reg = LinearRegression()
reg.fit(X_train, y_train)
theta_0 = reg.intercept_[0]
theta_1 = reg.coef_[0, 0]
thetas = np.array([[theta_0, theta_1]]).reshape(-1, 1)
mse = get_mse(validation.loc[:, "GrLivArea"].values, validation.loc[:,
"SalePrice"].values, thetas)
```

```
vectorized_mse = get_mse_vectorized(X_validation, y_validation, thetas)
print("MSE: {:.0f}".format(mse))
print("MSE(vectorized): {:.0f}".format(vectorized_mse))
## MSE: 2541490406
## MSE(vectorized): 2541490406
```

R 語言

```
get_mse <- function(X_vec, y_vec, thetas) {
  m <- length(X_vec)
  theta_0 <- thetas[1, 1]
  theta_1 <- thetas[2, 1]
  y_hat <- theta_0 + theta_1*X_vec
  err <- y_hat - y_vec
  se <- sum(err**2)
  return(se/m)
}


get_mse_vectorized <- function(X, y, thetas) {
  m <- nrow(X)
  y_hat <- X %*% thetas
  err <- y_hat - y
  se <- t(err) %*% err
  return(se[1, 1]/m)
}


get_train_validation <- function(labeled_df, validation_size=0.3,
random_state=123) {
  m <- nrow(labeled_df)
  row_indice <- 1:m
  set.seed(random_state)
  shuffled_row_indice <- sample(row_indice)
  labeled_df <- labeled_df[shuffled_row_indice, ]
  validation_threshold <- as.integer(validation_size * m)
  validation <- labeled_df[1:validation_threshold, ]
  train <- labeled_df[(validation_threshold+1):m, ]
  return(list(
    validation = validation,
    train = train
```

```
  ))
}

labeled_url <- "https://storage.googleapis.com/kaggle_datasets/House-
Prices-Advanced-Regression-Techniques/train.csv"
labeled_df <- read.csv(labeled_url)
split_result <- get_train_validation(labeled_df)
train <- split_result$train
validation <- split_result$validation
X_validation <- as.matrix(validation$GrLivArea)
ones <- as.matrix(rep(1, times = nrow(X_validation)))
X_validation <- cbind(ones, X_validation)
y_validation <- as.matrix(validation$SalePrice)
lm_fit <- lm(SalePrice ~ GrLivArea, data = train)
theta_0 <- lm_fit$coefficients[1]
theta_1 <- lm_fit$coefficients[2]
thetas <- as.matrix(c(theta_0, theta_1))
mse <- get_mse(validation$GrLivArea, validation$SalePrice, thetas)
mse_vectorized <- get_mse_vectorized(X_validation, y_validation, thetas)
sprintf("MSE: %.0f", mse)
sprintf("MSE(vectorized): %.0f", mse_vectorized)
## [1] "MSE: 3174682821"
## [1] "MSE(vectorized): 3174682821"
```

多數的時候資料科學團隊會直接引用 Python 與 R 語言的內建函數獲得預測
值以及均方誤差。

Python

在 Python 中引用 `.fit()` 方法獲得預測值、引用 sklean.metrics 中的
`mean_squared_error()` 函數獲得均方誤差。

```python
import numpy as np
import pandas as pd
from sklearn.model_selection import train_test_split
from sklearn.linear_model import LinearRegression
from sklearn.metrics import mean_squared_error
```

```
labeled = pd.read_csv("https://storage.googleapis.com/kaggle_datasets/
House-Prices-Advanced-Regression-Techniques/train.csv")
train, validation = train_test_split(labeled, test_size=0.3,
random_state=123)
X_train = train.loc[:, "GrLivArea"].values.reshape(-1, 1)
y_train = train.loc[:, "SalePrice"].values.reshape(-1, 1)
X_validation = validation.loc[:, "GrLivArea"].values.reshape(-1, 1)
y_validation = validation.loc[:, "SalePrice"].values.reshape(-1, 1)
reg = LinearRegression()
reg.fit(X_train, y_train)
y_hat = reg.predict(X_validation)
mse = mean_squared_error(y_validation, y_hat)
print("MSE: {:.0f}".format(mse))
## MSE: 2541490406
```

R 語言

在 R 語言中引用 `predict()` 函數獲得預測值。

```
get_train_validation <- function(labeled_df, validation_size=0.3,
random_state=123) {
  m <- nrow(labeled_df)
  row_indice <- 1:m
  set.seed(random_state)
  shuffled_row_indice <- sample(row_indice)
  labeled_df <- labeled_df[shuffled_row_indice, ]
  validation_threshold <- as.integer(validation_size * m)
  validation <- labeled_df[1:validation_threshold, ]
  train <- labeled_df[(validation_threshold+1):m, ]
  return(list(
    validation = validation,
    train = train
  ))
}

labeled_url <- "https://storage.googleapis.com/kaggle_datasets/House-
Prices-Advanced-Regression-Techniques/train.csv"
labeled_df <- read.csv(labeled_url)
split_result <- get_train_validation(labeled_df)
```

```
train <- split_result$train
validation <- split_result$validation
lm_fit <- lm(SalePrice ~ GrLivArea, data = train)
y_hat <- predict(lm_fit, newdata = validation)
mse <- mean((y_hat - validation$SalePrice)**2)
sprintf("MSE: %.0f", mse)
## [1] "MSE: 3174682821"
```

簡單比對一下不論自行使用純量計算、向量計算或引用內建函數，都能夠順利得到均方誤差。

14-3 精進評估

我們已經瞭解如何獲取均方誤差作為評估迴歸模型表現的依據，也知道均方誤差愈小代表預測值與實際值差距愈小，可以推斷 h 與 f 的相似度愈高；不過這是一個需要比較的數值（並不像比例較能被單獨解讀）因此需要與其他的假說 h 比較，如果其他的 h 所產生的均方誤差比較小，則說明其他的 h 與 f 之相似度更高。 建立更多迴歸模型的途徑有加入其他變數建立多變數迴歸模型或者將既有變數建立出次方項，其中加入更多變數的方式相當直觀，像 是 除 了 GrLivArea 以 外 加 入 與 SalePrice 正 相 關 性 也 很 強 的 GarageArea。

Python

```
import numpy as np
import pandas as pd
from sklearn.model_selection import train_test_split
from sklearn.linear_model import LinearRegression
from sklearn.metrics import mean_squared_error

labeled = pd.read_csv("https://storage.googleapis.com/kaggle_datasets/
House-Prices-Advanced-Regression-Techniques/train.csv")
train, validation = train_test_split(labeled, test_size=0.3,
random_state=123)
```

```
X_train_simple = train.loc[:, "GrLivArea"].values.reshape(-1, 1)
X_train_multiple = train.loc[:, ["GrLivArea", "GarageArea"]].values
y_train = train.loc[:, "SalePrice"].values.reshape(-1, 1)
X_validation_simple = validation.loc[:, "GrLivArea"].values.reshape(-1,
1)
X_validation_multiple = validation.loc[:, ["GrLivArea",
"GarageArea"]].values
y_validation = validation.loc[:, "SalePrice"].values.reshape(-1, 1)
reg_simple = LinearRegression()
reg_multiple = LinearRegression()
reg_simple.fit(X_train_simple, y_train)
reg_multiple.fit(X_train_multiple, y_train)
y_hat_simple = reg_simple.predict(X_validation_simple)
y_hat_multiple = reg_multiple.predict(X_validation_multiple)
mse_simple = mean_squared_error(y_validation, y_hat_simple)
mse_multiple = mean_squared_error(y_validation, y_hat_multiple)
print("MSE of simple linear regression: {:.0f}".format(mse_simple))
print("MSE of multiple linear regression: {:.0f}".format(mse_multiple))
## MSE of simple linear regression: 2541490406
## MSE of multiple linear regression: 1930533820
```

R 語言

```
get_train_validation <- function(labeled_df, validation_size=0.3,
random_state=123) {
  m <- nrow(labeled_df)
  row_indice <- 1:m
  set.seed(random_state)
  shuffled_row_indice <- sample(row_indice)
  labeled_df <- labeled_df[shuffled_row_indice, ]
  validation_threshold <- as.integer(validation_size * m)
  validation <- labeled_df[1:validation_threshold, ]
  train <- labeled_df[(validation_threshold+1):m, ]
  return(list(
    validation = validation,
    train = train
  ))
}
```

```r
labeled_url <- "https://storage.googleapis.com/kaggle_datasets/House-
Prices-Advanced-Regression-Techniques/train.csv"
labeled_df <- read.csv(labeled_url)
split_result <- get_train_validation(labeled_df)
train <- split_result$train
validation <- split_result$validation
lm_fit_simple <- lm(SalePrice ~ GrLivArea, data = train)
lm_fit_multiple <- lm(SalePrice ~ GrLivArea + GarageArea, data = train)
y_hat_simple <- predict(lm_fit_simple, newdata = validation)
y_hat_multiple <- predict(lm_fit_multiple, newdata = validation)
mse_simple <- mean((y_hat_simple - validation$SalePrice)**2)
mse_multiple <- mean((y_hat_multiple - validation$SalePrice)**2)
sprintf("MSE of simple linear regression: %.0f", mse_simple)
sprintf("MSE of multiple linear regression: %.0f", mse_multiple)
## [1] "MSE of simple linear regression: 3174682821"
## [1] "MSE of multiple linear regression: 2535888809"
```

從均方誤差的降低，我們發現新增 GarageArea 之後讓迴歸模型在驗證資料上的預測表現變得更好。

而建立次方項則可以 Python 與 R 語言內建的函數實踐，進而將線性迴歸模型 h 延伸應用至非線性關係的資料樣態上，首先繪製散佈圖觀察 YearBuilt 與 SalePrice 的關係。

Python

```python
import pandas as pd
import matplotlib.pyplot as plt
from sklearn.model_selection import train_test_split

labeled = pd.read_csv("https://storage.googleapis.com/kaggle_datasets/
House-Prices-Advanced-Regression-Techniques/train.csv")
train, validation = train_test_split(labeled, test_size=0.3,
random_state=123)
plt.scatter(train["YearBuilt"], train["SalePrice"], s=5, c="b",
label="Train")
plt.scatter(validation["YearBuilt"], validation["SalePrice"], s=5,
c="r", label="Validation")
```

```
plt.xlabel("Year Built")
plt.ylabel("Sale Price")
plt.legend(loc="upper left")
plt.show()
```

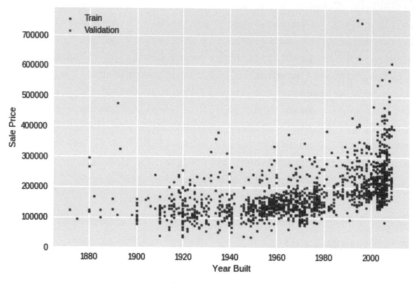

▶ 繪製散佈圖觀察 YearBuilt 與 SalePrice 的關係

R 語言

```
library(ggplot2)

get_train_validation <- function(labeled_df, validation_size=0.3,
random_state=123) {
  m <- nrow(labeled_df)
  row_indice <- 1:m
  set.seed(random_state)
  shuffled_row_indice <- sample(row_indice)
  labeled_df <- labeled_df[shuffled_row_indice, ]
  validation_threshold <- as.integer(validation_size * m)
  validation <- labeled_df[1:validation_threshold, ]
  train <- labeled_df[(validation_threshold+1):m, ]
  return(list(
```

```
    validation = validation,
    train = train
  ))
}
labeled_url <- "https://storage.googleapis.com/kaggle_datasets/House-
Prices-Advanced-Regression-Techniques/train.csv"
labeled_df <- read.csv(labeled_url)
split_result <- get_train_validation(labeled_df)
train <- split_result$train
train$source <- "train"
validation <- split_result$validation
validation$source <- "validation"
df_to_plot <- rbind(train, validation)
df_to_plot %>%
  ggplot(aes(x = YearBuilt, y = SalePrice, color = source)) +
  geom_point()
```

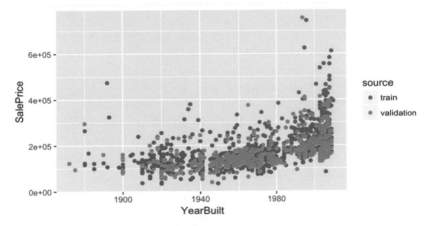

▶️ 繪製散佈圖觀察 YearBuilt 與 SalePrice 的關係

接著我們試著建立出 YearBuilt 變數的平方項加入迴歸模型，使得 h 可以
寫成：

$$\hat{y_i} = \theta_0 + \theta_1 x_{i1} + \theta_2 x_{i1}^2$$

▶️ 建立出 YearBuilt 變數的平方項加入迴歸模型

Python

在 Python 中可以使用 sklearn.preprocessing 的 `PolynomialFeatures()` 建立出次方項，值得注意的是驗證資料應當也要一併轉換，才能夠在後續計算均方誤差時順利代入模型。

```python
import numpy as np
import pandas as pd
import matplotlib.pyplot as plt
from sklearn.model_selection import train_test_split
from sklearn.preprocessing import PolynomialFeatures
from sklearn.linear_model import LinearRegression
from sklearn.metrics import mean_squared_error

labeled = pd.read_csv("https://storage.googleapis.com/kaggle_datasets/
House-Prices-Advanced-Regression-Techniques/train.csv")
train, validation = train_test_split(labeled, test_size=0.3,
random_state=123)
X_train = train.loc[:, "YearBuilt"].values.reshape(-1, 1)
X_validation = validation.loc[:, "YearBuilt"].values.reshape(-1, 1)
X_train_d2 = PolynomialFeatures(2).fit_transform(X_train)
print("X_train with degree=2:")
print(X_train_d2)
X_validation_d2 = PolynomialFeatures(2).fit_transform(X_validation)
y_train = train.loc[:, "SalePrice"].values.reshape(-1, 1)
y_validation = validation.loc[:, "SalePrice"].values.reshape(-1, 1)
reg_d1 = LinearRegression()
reg_d1.fit(X_train, y_train)
y_hat = reg_d1.predict(X_validation)
mse_d1 = mean_squared_error(y_validation, y_hat)
print("MSE with degree=1: {:.0f}".format(mse_d1))
reg_d2 = LinearRegression()
reg_d2.fit(X_train_d2, y_train)
y_hat = reg_d2.predict(X_validation_d2)
mse_d2 = mean_squared_error(y_validation, y_hat)
print("MSE with degree=2: {:.0f}".format(mse_d2))
X_arr_d1 = np.linspace(labeled["YearBuilt"].min(),
labeled["YearBuilt"].max()).reshape(-1, 1)
X_arr_d2 = PolynomialFeatures(2).fit_transform(X_arr)
```

```
y_arr_d1 = reg_d1.predict(X_arr_d1)
y_arr_d2 = reg_d2.predict(X_arr_d2)
plt.scatter(train["YearBuilt"], train["SalePrice"], s=5, c="b",
label="Train")
plt.scatter(validation["YearBuilt"], validation["SalePrice"], s=5,
c="r", label="Validation")
plt.plot(X_arr, y_arr_d1, c="c", linewidth=3, label="d=1")
plt.plot(X_arr, y_arr_d2, c="g", linewidth=3, label="d=2")
plt.xlabel("Year Built")
plt.ylabel("Sale Price")
plt.legend(loc="upper left")
plt.show()
## X_train with degree=2:
## [[1.000000e+00 1.996000e+03 3.984016e+06]
##  [1.000000e+00 1.940000e+03 3.763600e+06]
##  [1.000000e+00 1.967000e+03 3.869089e+06]
##  ...
##  [1.000000e+00 1.968000e+03 3.873024e+06]
##  [1.000000e+00 1.972000e+03 3.888784e+06]
##  [1.000000e+00 1.941000e+03 3.767481e+06]]
## MSE with degree=1: 4223063920
## MSE with degree=2: 3769969724
```

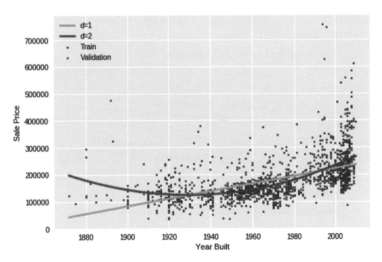

▶ 在散佈圖加入一次項與二次項的迴歸模型

R 語言

在 R 語言只需要在 `lm()` 函數中的 formula 參數將二次項加入以 `I()` 包括起來即可。

```r
library(ggplot2)

get_train_validation <- function(labeled_df, validation_size=0.3,
random_state=123) {
  m <- nrow(labeled_df)
  row_indice <- 1:m
  set.seed(random_state)
  shuffled_row_indice <- sample(row_indice)
  labeled_df <- labeled_df[shuffled_row_indice, ]
  validation_threshold <- as.integer(validation_size * m)
  validation <- labeled_df[1:validation_threshold, ]
  train <- labeled_df[(validation_threshold+1):m, ]
  return(list(
    validation = validation,
    train = train
  ))
}
labeled_url <- "https://storage.googleapis.com/kaggle_datasets/House-
Prices-Advanced-Regression-Techniques/train.csv"
labeled_df <- read.csv(labeled_url)
split_result <- get_train_validation(labeled_df)
train <- split_result$train
train$source <- "train"
validation <- split_result$validation
validation$source <- "validation"
reg_d1 <- lm(SalePrice ~ YearBuilt, data = train)
reg_d2 <- lm(SalePrice ~ YearBuilt + I(YearBuilt**2), data = train)
y_hat <- predict(reg_d1, newdata = validation)
mse_d1 <- mean((y_hat - validation$SalePrice)**2)
y_hat <- predict(reg_d2, newdata = validation)
mse_d2 <- mean((y_hat - validation$SalePrice)**2)
sprintf("MSE with degree=1: %.0f", mse_d1)
sprintf("MSE with degree=2: %.0f", mse_d2)
```

```
x_arr <- seq(from = min(labeled_df$YearBuilt), to =
max(labeled_df$YearBuilt), length.out = 50)
new_data <- data.frame(YearBuilt = x_arr)
y_arr_d1 <- predict(reg_d1, newdata = new_data)
y_arr_d2 <- predict(reg_d2, newdata = new_data)
new_data$SalePrice_d1 <- y_arr_d1
new_data$SalePrice_d2 <- y_arr_d2
df_to_plot <- rbind(train, validation)
df_to_plot %>%
  ggplot(aes(x = YearBuilt, y = SalePrice, color = source)) +
  geom_point(size=0.5) +
  geom_line(data = new_data, aes(x = YearBuilt, y = SalePrice_d1), color
= "#ff00ff", size = 1.4) +
  geom_line(data = new_data, aes(x = YearBuilt, y = SalePrice_d2), color
= "#006600", size = 1.4)
## [1] "MSE with degree=1: 3931896041"
## [1] "MSE with degree=2: 3727047693"
```

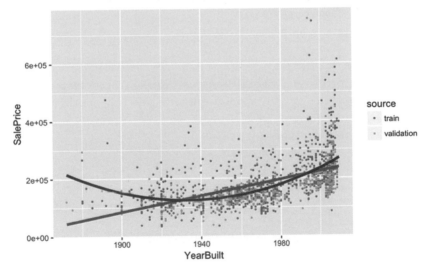

▶ 在散佈圖加入一次項與二次項的迴歸模型

加入 YearBuilt 變數的平方項之後，模型的均方誤差下降，可以大膽地説具
有平方項的 h 比沒有平方項的 h 可能更相似於 f。然而我們會開始疑惑，是

否要嘗試加入立方項、四次方項或者更高次方項會有更好的成果？究竟該納入的合適次方項是多少？

為了驗證納入不同次方項的效果，可以運用迴圈試算納入一次至十次方項不同模型的均方誤差，再選擇誤差最低的設定。

Python

```python
import numpy as np
import pandas as pd
import matplotlib.pyplot as plt
from sklearn.model_selection import train_test_split
from sklearn.preprocessing import PolynomialFeatures
from sklearn.linear_model import LinearRegression
from sklearn.metrics import mean_squared_error

def get_best_degree(X_train, y_train, X_validation, y_validation, d=10):
    degrees = range(1, d+1)
    mse_train_arr = np.zeros(d)
    mse_validation_arr = np.zeros(d)
    for degree in degrees:
        X_train_poly = PolynomialFeatures(degree).fit_transform(X_train)
        X_validation_poly = PolynomialFeatures(degree).fit_transform(X_validation)
        reg = LinearRegression()
        reg.fit(X_train_poly, y_train)
        y_hat = reg.predict(X_train_poly)
        mse_train = mean_squared_error(y_train, y_hat)
        y_hat = reg.predict(X_validation_poly)
        mse_validation = mean_squared_error(y_validation, y_hat)
        mse_train_arr[degree - 1] = mse_train
        mse_validation_arr[degree - 1] = mse_validation
    best_degree = mse_validation_arr.argmin() + 1
    return mse_train_arr, mse_validation_arr, best_degree

labeled = pd.read_csv("https://storage.googleapis.com/kaggle_datasets/
House-Prices-Advanced-Regression-Techniques/train.csv")
train, validation = train_test_split(labeled, test_size=0.3,
random_state=123)
```

```
X_train = train.loc[:, "YearBuilt"].values.reshape(-1, 1)
X_validation = validation.loc[:, "YearBuilt"].values.reshape(-1, 1)
y_train = train.loc[:, "SalePrice"].values.reshape(-1, 1)
y_validation = validation.loc[:, "SalePrice"].values.reshape(-1, 1)d = 10
mse_train_arr, mse_validation_arr, best_degree = get_best_degree(X_train,
y_train, X_validation, y_validation, d=10)
print("Best degree: {}".format(best_degree))
degrees = range(1, d+1)
plt.plot(degrees, mse_train_arr, c="red", marker="s", label="Train")
plt.plot(degrees, mse_validation_arr, c="g", marker="^",
label="Validation")
plt.xticks(degrees)
plt.axvline(best_degree, label="Best Degree: {}".format(best_degree))
plt.legend(loc="upper right")
plt.xlabel("Degree")
plt.ylabel("MSE")
plt.show()
## Best degree: 2
```

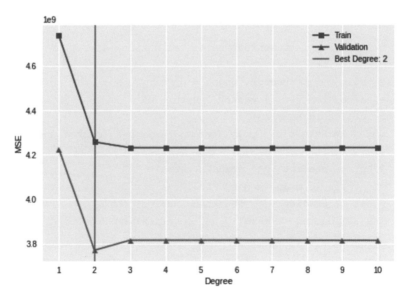

▶ 比較納入一次到十次項後的模型均方誤差，選擇納入驗證誤差最小的二次項

R 語言

```r
library(tidyr)
library(ggplot2)

get_train_validation <- function(labeled_df, validation_size=0.3,
random_state=123) {
  m <- nrow(labeled_df)
  row_indice <- 1:m
  set.seed(random_state)
  shuffled_row_indice <- sample(row_indice)
  labeled_df <- labeled_df[shuffled_row_indice, ]
  validation_threshold <- as.integer(validation_size * m)
  validation <- labeled_df[1:validation_threshold, ]
  train <- labeled_df[(validation_threshold+1):m, ]
  return(list(
    validation = validation,
    train = train
  ))
}

get_best_degree <- function(train, validation, d = 10) {
  degrees <- seq(1, d)
  mse_train_vec <- vector(length = d)
  mse_validation_vec <- vector(length = d)
  for (degree in degrees) {
    reg <- lm(SalePrice ~ poly(YearBuilt, degree = degree, raw = TRUE), data
= train)
    y_hat <- predict(reg, newdata = train)
    mse_train <- mean((y_hat - train$SalePrice)**2)
    y_hat <- predict(reg, newdata = validation)
    mse_validation <- mean((y_hat - validation$SalePrice)**2)
    mse_train_vec[degree] = mse_train
    mse_validation_vec[degree] = mse_validation
  }
  best_degree <- which.min(mse_validation_vec)
  return(list(
    mse_train_vec = mse_train_vec,
    mse_validation_vec = mse_validation_vec,
    best_degree = best_degree
```

```
  ))
}

labeled_url <- "https://storage.googleapis.com/kaggle_datasets/House-
Prices-Advanced-Regression-Techniques/train.csv"
labeled_df <- read.csv(labeled_url)
split_result <- get_train_validation(labeled_df)
train <- split_result$train
train$source <- "train"
validation <- split_result$validation
validation$source <- "validation"
results <- get_best_degree(train, validation)
mse_train_vec <- results$mse_train_vec
mse_validation_vec <- results$mse_validation_vec
best_degree <- results$best_degree
sprintf("Best degree: %s", best_degree)
d <- 10
degrees <- seq(1, d)
df_to_plot <- data.frame(
  degree = degrees,
  mse_train = mse_train_vec,
  mse_validation = mse_validation_vec
)
df_to_plot_long <- gather(df_to_plot, key = "source", value = "mse",
mse_train, mse_validation)

ggplot(df_to_plot_long, aes(x = degree, y = mse, color = source)) +
  geom_line() +
  geom_point() +
  geom_vline(aes(xintercept = best_degree), color="#007f00") +
  scale_x_continuous(breaks = degrees) +
  xlab("Degree") +
  ylab("MSE")
## [1] "Best degree: 2"
```

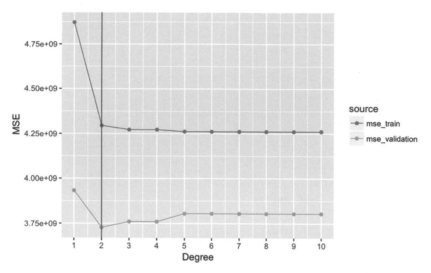

▶ 比較納入一次到十次項後的模型均方誤差，選擇納入驗證誤差最小的二次項

納入二次項之後的驗證資料誤差最低；不過這是在 random_state 隨機種子設定為 123 切割訓練、驗證資料的情況，如果我們取消隨機種子的設定並進行多次迭代，將會發現驗證誤差最小的並不一定是加入二次項。

Python

```
import numpy as np
import pandas as pd
from sklearn.model_selection import train_test_split
from sklearn.preprocessing import PolynomialFeatures
from sklearn.linear_model import LinearRegression
from sklearn.metrics import mean_squared_error

def get_best_degree(X_train, y_train, X_validation, y_validation, d=10):
  degrees = range(1, d+1)
  mse_train_arr = np.zeros(d)
  mse_validation_arr = np.zeros(d)
  for degree in degrees:
    X_train_poly = PolynomialFeatures(degree).fit_transform(X_train)
    X_validation_poly = PolynomialFeatures(degree).fit_transform(X_validation)
```

```
    reg = LinearRegression()
    reg.fit(X_train_poly, y_train)
    y_hat = reg.predict(X_train_poly)
    mse_train = mean_squared_error(y_train, y_hat)
    y_hat = reg.predict(X_validation_poly)
    mse_validation = mean_squared_error(y_validation, y_hat)
    mse_train_arr[degree - 1] = mse_train
    mse_validation_arr[degree - 1] = mse_validation
  best_degree = mse_validation_arr.argmin() + 1
  return mse_train_arr, mse_validation_arr, best_degree


def get_bd_history(labeled, num_iters=100):
  bd_history = np.zeros(num_iters)
  for num_iter in range(num_iters):
    train, validation = train_test_split(labeled, test_size=0.3)
    X_train = train.loc[:, "YearBuilt"].values.reshape(-1, 1)
    X_validation = validation.loc[:, "YearBuilt"].values.reshape(-1, 1)
    y_train = train.loc[:, "SalePrice"].values.reshape(-1, 1)
    y_validation = validation.loc[:, "SalePrice"].values.reshape(-1, 1)
    best_degree = get_best_degree(X_train, y_train, X_validation,
y_validation)[2]
    bd_history[num_iter] = best_degree
  df = pd.DataFrame()
  df["bd_history"] = bd_history
  grouped = df.groupby("bd_history")
  return grouped.size().sort_values(ascending=False)


labeled = pd.read_csv("https://storage.googleapis.com/kaggle_datasets/
House-Prices-Advanced-Regression-Techniques/train.csv")
get_bd_history(labeled)
## bd_history
## 10.0    48
## 2.0     30
## 3.0     19
## 8.0      1
## 7.0      1
## 6.0      1
## dtype: int64
```

R 語言

```r
get_train_validation <- function(labeled_df, validation_size=0.3) {
  m <- nrow(labeled_df)
  row_indice <- 1:m
  shuffled_row_indice <- sample(row_indice)
  labeled_df <- labeled_df[shuffled_row_indice, ]
  validation_threshold <- as.integer(validation_size * m)
  validation <- labeled_df[1:validation_threshold, ]
  train <- labeled_df[(validation_threshold+1):m, ]
  return(list(
    validation = validation,
    train = train
  ))
}


get_best_degree <- function(train, validation, d = 10) {
  degrees <- seq(1, d)
  mse_train_vec <- vector(length = d)
  mse_validation_vec <- vector(length = d)
  for (degree in degrees) {
    reg <- lm(SalePrice ~ poly(YearBuilt, degree = degree), data = train)
    y_hat <- predict(reg, newdata = train)
    mse_train <- mean((y_hat - train$SalePrice)**2)
    y_hat <- predict(reg, newdata = validation)
    mse_validation <- mean((y_hat - validation$SalePrice)**2)
    mse_train_vec[degree] = mse_train
    mse_validation_vec[degree] = mse_validation
  }
  best_degree <- which.min(mse_validation_vec)
  return(list(
    mse_train_vec = mse_train_vec,
    mse_validation_vec = mse_validation_vec,
    best_degree = best_degree
  ))
}


get_bd_history <- function(labeled_df, num_iters = 100) {
  bd_history <- vector(length = num_iters)
  for (num_iters in 1:num_iters) {
```

```
    split_result <- get_train_validation(labeled_df)
    train <- split_result$train
    train$source <- "train"
    validation <- split_result$validation
    validation$source <- "validation"
    results <- get_best_degree(train, validation)
    best_degree <- results$best_degree
    bd_history[num_iters] <- best_degree
  }
  return(sort(table(bd_history), decreasing = TRUE))
}

labeled_url <- "https://storage.googleapis.com/kaggle_datasets/House-
Prices-Advanced-Regression-Techniques/train.csv"
labeled_df <- read.csv(labeled_url)
get_bd_history(labeled_df)
## bd_history
## 10  9  2  7  3  8  4
## 53 17  9  9  7  4  1
```

我們進行一百次的迭代之後將最佳的次方項選擇記錄起來，發現切割訓練、驗證資料的隨機性，確實會影響驗證樣本的均方誤差，使得參數的決定產生變異，又該如何消弭？

14-4 交叉驗證

為了消弭隨機切割標籤資料為訓練、驗證樣本而產生的變異，資料科學團隊會採用交叉驗證（Cross Validation）的技巧來因應。具體作法是將標籤資料分為 K 個相等大小的區塊，輪流讓其中 K-1 個區塊作為訓練資料、一個區塊作為驗證資料，然後將 K 次的 MSE 平均作為最後參考的均方誤差，藉此消弭一次隨機的資料切割可能產生的變異性。

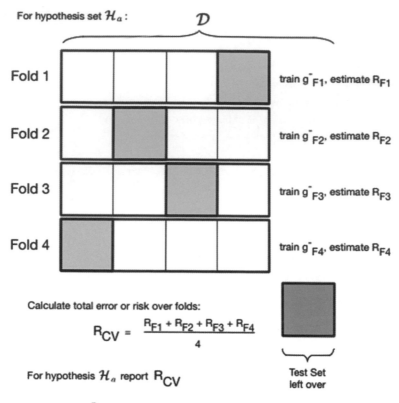

交叉驗證示意圖，圖片來源：CS109a

Python

在 Python 中我們可以引用 sklearn.model_selection 模組中的 KFold(shuffle=True) 函數獲得訓練與驗證資料的列索引值。

```python
import numpy as np
import pandas as pd
import matplotlib.pyplot as plt
from sklearn.model_selection import KFold
from sklearn.linear_model import LinearRegression
from sklearn.preprocessing import PolynomialFeatures
from sklearn.metrics import mean_squared_error

def get_best_degree(X_labeled, y_labeled, k=5, d=10):
```

```
  kf = KFold(n_splits=k, shuffle=True)
  degrees = range(1, d+1)
  mse_train_avg_arr = np.zeros(d)
  mse_validation_avg_arr = np.zeros(d)
  for degree in degrees:
    mse_train_arr = []
    mse_validation_arr = []
    for train_idx, valid_idx in kf.split(X_labeled):
      X_train, X_validation = X_labeled[train_idx], X_labeled[valid_idx]
      y_train, y_validation = y_labeled[train_idx], y_labeled[valid_idx]
      X_train_poly = PolynomialFeatures(d).fit_transform(X_train)
      X_validation_poly = PolynomialFeatures(d).fit_transform(X_validation)
      reg = LinearRegression()
      reg.fit(X_train_poly, y_train)
      y_hat = reg.predict(X_train_poly)
      mse_train = mean_squared_error(y_train, y_hat)
      y_hat = reg.predict(X_validation_poly)
      mse_validation = mean_squared_error(y_validation, y_hat)
      mse_train_arr.append(mse_train)
      mse_validation_arr.append(mse_validation)
    mse_train_avg_arr[degree - 1] = np.array(mse_train_arr).mean()
    mse_validation_avg_arr[degree - 1] = np.array(mse_validation_arr).mean()
  best_degree = mse_validation_avg_arr.argmin() + 1
  return mse_train_avg_arr, mse_validation_avg_arr, best_degree


labeled = pd.read_csv("https://storage.googleapis.com/kaggle_datasets/
House-Prices-Advanced-Regression-Techniques/train.csv")
X_labeled = labeled.loc[:, "YearBuilt"].values.reshape(-1, 1)
y_labeled = labeled.loc[:, "SalePrice"].values.reshape(-1, 1)
mse_train_avg_arr, mse_validation_avg_arr, best_degree = \
get_best_degree(X_labeled, y_labeled)
print("Best degree: {}".format(best_degree))
d = 10
degrees = range(1, d+1)
plt.plot(degrees, mse_train_avg_arr, c="r", marker="s", label="Train")
plt.plot(degrees, mse_validation_avg_arr, c="g", marker="^",
label="Validation")
plt.xticks(degrees)
plt.axvline(best_degree, label="Best Degree: {}".format(best_degree))
plt.legend(loc="upper left")
```

```
plt.xlabel("Degree")
plt.ylabel("MSE")
plt.show()
## Best degree: 3
```

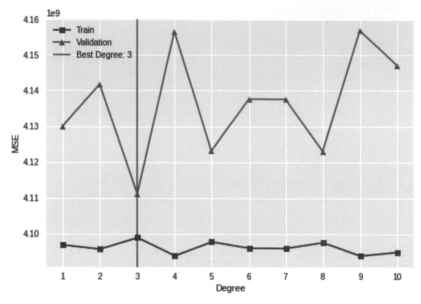

▶️ 以交叉驗證比較納入一次到十次項後的平均均方誤差

R 語言

在 R 語言中我們可以引用 caret 套件中的 `createFolds()` 函數獲得訓練與
驗證資料的列索引值。

```
library(caret)
library(tidyr)
library(ggplot2)

get_best_degree <- function(labeled_df, d = 10, k = 5) {
  degrees <- seq(1, d)
  mse_train_avg_vec <- vector(length = d)
  mse_validation_avg_vec <- vector(length = d)
  for (degree in degrees) {
```

```r
    validation_indice <- createFolds(labeled_df$SalePrice, k = k)
    validation_indice_len <- length(validation_indice)
    mse_train_vec <- vector(length = validation_indice_len)
    mse_validation_vec <- vector(length = validation_indice_len)
    for (i in 1:validation_indice_len) {
      train <- labeled_df[-validation_indice[[i]], ]
      validation <- labeled_df[validation_indice[[i]], ]
      reg <- lm(SalePrice ~ poly(YearBuilt, degree = degree), data = train)
      y_hat <- predict(reg, newdata = train)
      mse_train <- mean((y_hat - train$SalePrice)**2)
      y_hat <- predict(reg, newdata = validation)
      mse_validation <- mean((y_hat - validation$SalePrice)**2)
      mse_train_vec[i] <- mse_train
      mse_validation_vec[i] <- mse_validation
    }
    mse_train_avg_vec[degree] <- mean(mse_train_vec)
    mse_validation_avg_vec[degree] <- mean(mse_validation_vec)
  }
  best_degree <- which.min(mse_validation_avg_vec)
  return(list(
    mse_train_avg_vec = mse_train_avg_vec,
    mse_validation_avg_vec = mse_validation_avg_vec,
    best_degree = best_degree
  ))
}


labeled_url <- "https://storage.googleapis.com/kaggle_datasets/House-
Prices-Advanced-Regression-Techniques/train.csv"
labeled_df <- read.csv(labeled_url)
X_labeled <- labeled_df$YcarBuilt
y_labeled <- labeled_df$SalePrice
results <- get_best_degree(labeled_df)
mse_train_vec <- results$mse_train_avg_vec
mse_validation_vec <- results$mse_validation_avg_vec
best_degree <- results$best_degree
sprintf("Best degree: %s", best_degree)
d <- 10
degrees <- seq(1, d)
df_to_plot <- data.frame(
  degree = degrees,
```

```
  mse_train = mse_train_vec,
  mse_validation = mse_validation_vec
)
df_to_plot_long <- gather(df_to_plot, key = "source", value = "mse",
mse_train, mse_validation)

ggplot(df_to_plot_long, aes(x = degree, y = mse, color = source)) +
  geom_line() +
  geom_point() +
  geom_vline(aes(xintercept = best_degree), color="#007f00") +
  scale_x_continuous(breaks = degrees) +
  xlab("Degree") +
  ylab("MSE")
## [1] "Best degree: 8"
```

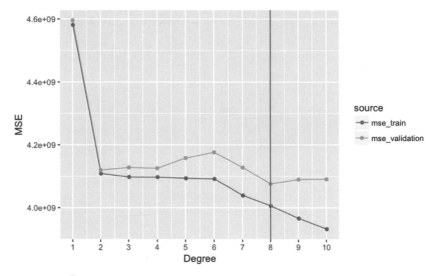

▶ 以交叉驗證比較納入一次到十次項後的平均均方誤差

14-5 正規化（Regularization）

剛開始採用單變數迴歸模型時，不論是建立次方項或者納入其他變數，都能有效降低均方誤差，提高預測表現，這個階段稱為配適不足（Under-fitting），意指 h 函數對於訓練資料的特徵還很陌生，因此不論是對於訓練資料或未知資料（包含驗證、測試資料），預測表現一致不佳，資料科學團隊以高誤差（High bias）和低變異（Low variance）來形容配適不足的模型。

當迴歸模型開始建立高次項或者納入多變數之後，比對訓練以及驗證資料的均方誤差變化，會發現訓練資料的均方誤差呈現穩定下降的趨勢，但是驗證資料卻會在某個階段之後開始大幅增加，這個階段稱為過度配適（Over-fitting），意指 h 函數對於訓練資料的特徵已經太熟悉，因此對於訓練資料的預測表現非常突出，但是喪失了對未知資料的預測能力，資料科學團隊以低誤差（Low bias）和高變異（High variance）來形容過度配適的模型。

正規化是資料科學團隊常使用來避免過度配適發生的技巧，核心精神是在成本函數增加一個懲罰項（penalty），使得在考量最小化成本函數的前提之下最佳化過程會限制任何一個係數變得太高，其中常見的一種正規化迴歸模型為 Ridge，懲罰項的係數同長由使用者自行輸入一個自然數，如果設定的數值愈高，即正規化程度愈高；若設定為零，表示不作正規化，一如原本的迴歸模型。

$$\mathcal{R}(\theta_i) = \frac{1}{m} \sum_{i=0}^{m} (h(x_i) - y_i)^2 + \lambda \sum_{i=0}^{n} \theta_i^2$$

▶ Ridge 正規化

Python

在 Python 中改引用 sklearn.linear_model 模組中的 `Ridge()` 函數可以實踐正規化迴歸模型，我們比較在幾個不同的正規化程度下 h 函數各係數的大小以及迴歸模型的外觀。

```python
import numpy as np
import pandas as pd
import matplotlib.pyplot as plt
from sklearn.model_selection import train_test_split
from sklearn.linear_model import Ridge
from sklearn.preprocessing import PolynomialFeatures
from sklearn.metrics import mean_squared_error

def plot_functions(labeled, regressor, d, ax):
  X_arr = np.linspace(labeled["GarageArea"].min(),
labeled["GarageArea"].max()).reshape(-1, 1)
  X_arr_poly = PolynomialFeatures(d).fit_transform(X_arr)
  y_arr = regressor.predict(X_arr_poly)
  ax.scatter(labeled["GarageArea"], labeled["SalePrice"], s=5, label="data")
  ax.plot(X_arr, y_arr, c="g", linewidth=2, label="h")
  ax.set_ylim(labeled["SalePrice"].min(), labeled["SalePrice"].max())
  ax.legend(loc="upper left")

def plot_coefficients(regressor, ax, alpha):
  coef = regressor.coef_.ravel()
  ax.semilogy(np.abs(coef), marker='^', label="alpha = {:.1E}".format(alpha))
  ax.set_ylim((1e-10, 1e2))
  ax.axhline(y=1, ls="--", color="r")
  ax.legend(loc='upper right')


labeled = pd.read_csv("https://storage.googleapis.com/kaggle_datasets/
House-Prices-Advanced-Regression-Techniques/train.csv")
X = labeled.loc[:, "GarageArea"].values.reshape(-1, 1)
y = labeled.loc[:, "SalePrice"].values.reshape(-1, 1)
degree = 10
X_poly = PolynomialFeatures(degree).fit_transform(X)
X_train, X_validation, y_train, y_validation = train_test_split(X_poly, y,
test_size=0.3, random_state=123)
# 正規化係數 alpha
alphas = [0, 1e3, 1e6, 1e9, 1e12]
# Visualization
fig, axes = plt.subplots(5, 2, figsize=(12, 16))
for i, alpha in enumerate(alphas):
  ridge = Ridge(alpha=alpha)
  ridge.fit(X_train, y_train)
```

```
    ax = axes[i, 0]
    plot_functions(labeled, ridge, d=degree, ax=ax)
    ax = axes[i, 1]
    plot_coefficients(ridge, ax=ax, alpha=alpha)
plt.show()
```

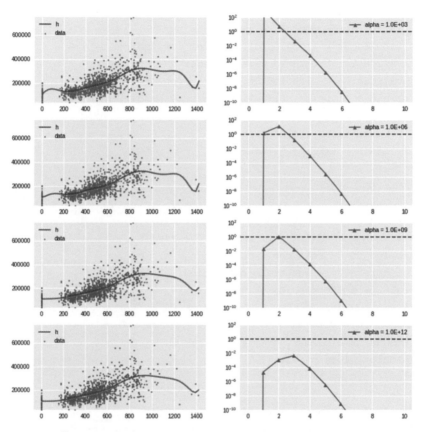

▶ 隨著正規化程度提高，h 函數趨近平滑、係數也變小

R 語言

在 R 語言引用 MASS 套件中的 `lm.ridge()` 函數可以實踐正規化迴歸模型。

```r
library(ggplot2)
library(gridExtra)
library(MASS)

get_train_validation <- function(labeled_df, validation_size=0.3) {
  m <- nrow(labeled_df)
  row_indice <- 1:m
  shuffled_row_indice <- sample(row_indice)
  labeled_df <- labeled_df[shuffled_row_indice, ]
  validation_threshold <- as.integer(validation_size * m)
  validation <- labeled_df[1:validation_threshold, ]
  train <- labeled_df[(validation_threshold+1):m, ]
  return(list(
    validation = validation,
    train = train
  ))
}


labeled_url <- "https://storage.googleapis.com/kaggle_datasets/House-
Prices-Advanced-Regression-Techniques/train.csv"
labeled_df <- read.csv(labeled_url)
split_result <- get_train_validation(labeled_df)
train <- split_result$train
X_vec <- seq(min(train$GarageArea), max(train$GarageArea), length.out = 50)


lambdas <- c(0, 1e2, 1e4, 1e6)
function_plots <- list()
coef_plots <- list()
d <- 10
for (i in 1:length(lambdas)) {
  ridge <- lm.ridge(SalePrice ~ poly(GarageArea, degree = d), lambda =
lambdas[i], data = train)
  new_data <- poly(as.matrix(X_vec), degree = d)
  #ones <- as.matrix(rep(1, times = nrow(new_data)))
  y_vec <- cbind(1, new_data) %*% coef(ridge)
  function_df <- data.frame(GarageArea = X_vec, SalePrice = y_vec)
  gg <- ggplot(labeled_df, aes(x = GarageArea, y = SalePrice)) +
    geom_point(size = 0.5) +
    geom_line(data = function_df, aes(x = GarageArea, y = SalePrice), color
= "#ff00ff") +
```

```
    xlab("") +
    ylab("") +
    theme(axis.ticks.x = element_blank(),
          axis.ticks.y = element_blank())
  function_plots[[i]] <- gg
  coefs <- abs(ridge$coef)
  thetas <- 1:d
  coef_df <- data.frame(thetas = thetas, coefs = coefs)
  gg <- ggplot(coef_df, aes(x = thetas, y = coefs)) +
    geom_line() +
    geom_point() +
    scale_y_continuous(trans = "log") +
    xlab("") +
    ylab("") +
    scale_x_continuous(breaks = 1:10) +
    geom_hline(yintercept = 5000, color = "red", lty = 2) +
    theme(axis.ticks.x = element_blank(),
          axis.ticks.y = element_blank())
  coef_plots[[i]] <- gg
}
grid.arrange(function_plots[[1]], coef_plots[[1]],
             function_plots[[2]], coef_plots[[2]],
             function_plots[[3]], coef_plots[[3]],
             function_plots[[4]], coef_plots[[4]],
             ncol = 2)
```

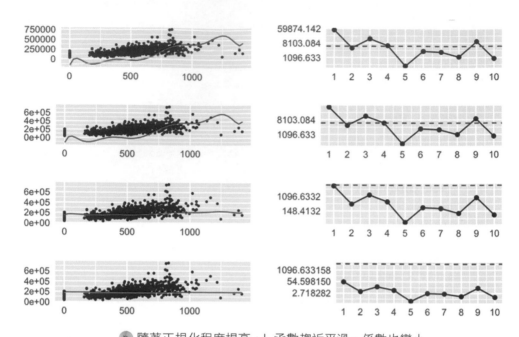

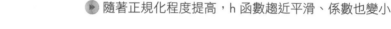
隨著正規化程度提高，h 函數趨近平滑、係數也變小

 小結

本章我們使用艾姆斯房價資料集，來簡介如何在 Python 與 R 語言的
環境中自訂或引用現成函數，以標準化變數的單位量級、使用均方誤
差評估與比較迴歸模型、利用納入更多變數與建立次方向精進評估、
利用交叉驗證消弭資料切割的變異，以及正規化迴歸模型避免過度配
適。

## Chapter 15

尋找羅吉斯迴歸的係數

A computer program is said to learn from experience E with respect to some class of tasks T and performance measure P if its performance at tasks in T, as measured by P, improves with experience E.

Tom Mitchel

歷經尋找迴歸模型的係數與迴歸模型的評估，我們對資料科學團隊面對的機器學習問題，包含切割資料用於訓練驗證及測試、標準化單位量級、尋找迴歸模型係數、交叉驗證評估模型表現與正規化避免過度配適，已具備一定程度的瞭解，接著要探討監督式學習中的另一個分支：分類模型（Classification Model）。

15-1 關於分類模型

機器學習是透過輸入資料將預測或挖掘特徵能力內化於電腦程式之中的方法，模型涵蓋三個元素：資料（Experience）、任務（Task）與評估（Performance），以一個船難乘客生存預測模型為例，它的三要素是：

✦ 資料（Experience）：一定數量具備年齡、性別、社經地位和生存與否等變數的乘客資訊

✦ 任務（Task）：利用模型辨識測試資料中沒有生存與否標籤的觀測值

✦ 評估（Performance）：模型預測的分類正確率

以及一個但書：隨著資料增加，分類正確率應該要上升。

15-2 學習資料集

本文我們會在 Python 與 R 語言中使用部分鐵達尼號資料中的觀測值與變數藉此瞭解機器學習與分類模型的二三事，取得鐵達尼號資料以後會發現在有標籤與無標籤的資料中都有部分遺漏值，值得注意的是，參加競賽的時候應該對訓練、驗證與測試資料實施相同原則的遺漏值填補（Imputations），在學習階段刪去標籤資料的遺漏值是比較便捷的作法。

Although there was some element of luck involved in surviving the sinking, some groups of people were more likely to survive than others, such as women, children, and the upper-class.

Kaggle

繪製一個橫軸為票價（Fare）縱軸為年齡（Age）的散佈圖，並將生存與死亡以不同的顏色標記表示；如果將分類模型的目標一言以蔽之，就是找到一個決策邊界能夠將生存與死亡的顏色標記在散佈圖上區隔開來，在這個決策邊界之下，正確分類（藍色點落在藍色區域、紅色點落在紅色區域）的資料點愈多、錯誤分類（藍色點落在紅色區域、紅色點落在藍色區域）的資料點愈少，就表示分類模型的表現愈佳。

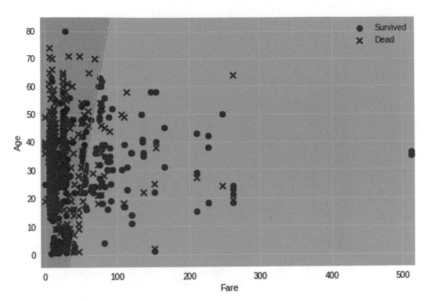

▶ 找到一個決策能夠將生存與死亡的顏色標記在散佈圖上區隔開來

Python

```
import pandas as pd
import matplotlib.pyplot as plt

labeled = pd.read_csv("https://storage.googleapis.com/kaggle_datasets/
Titanic-Machine-Learning-from-Disaster/train.csv")
# Removed observations without Age
labeled = labeled[~labeled["Age"].isna()]
survived = labeled[labeled["Survived"] == 1]
dead = labeled[labeled["Survived"] == 0]
plt.scatter(survived["Fare"], survived["Age"], label="Survived",
color="blue", marker="o", alpha=0.5)
plt.scatter(dead["Fare"], dead["Age"], label="Dead", color="red",
marker="x", alpha=0.5)
plt.xlabel("Fare")
plt.ylabel("Age")
plt.legend()
plt.show()
```

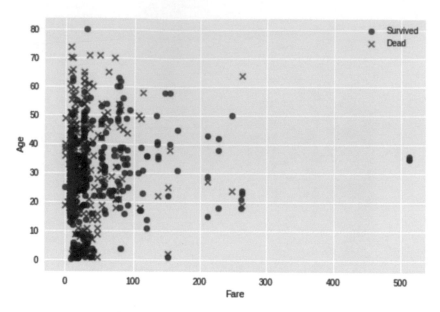

▶ 將生存與死亡以不同的顏色標記區隔

R 語言

```
library(ggplot2)

labeled <- read.csv("https://storage.googleapis.com/kaggle_datasets/
Titanic-Machine-Learning-from-Disaster/train.csv")
# Removed observations without Age
labeled <- labeled[!is.na(labeled$Age), ]
labeled$Survived <- as.character(labeled$Survived)
ggplot(labeled, aes(x = Fare, y = Age, color = Survived)) +
  geom_point() +
  xlab("Fare") +
  ylab("Age") +
  scale_color_hue(labels = c("Dead", "Survived")) +
  theme(legend.title = element_blank())
```

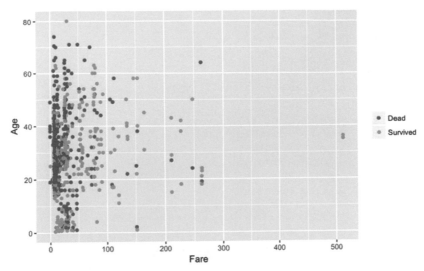

▶ 將生存與死亡以不同的顏色標記區隔

15-3 Sigmoid 函數

從迴歸模型過渡到基礎的分類模型是羅吉斯迴歸模型，雖然其名稱具有迴歸兩字，但實際是個不折不扣的分類模型，將迴歸模型所獲得的數值輸出經過 Sigmoid 函數（亦稱作 Logistic 函數）映射至 0 到 1 之間，成為連續型的機率輸出。

$$\hat{y} = h(X) = X\theta$$
$$g(\hat{y}) = g(h(X)) = g(X\theta)$$
$$\text{where } g(z) = \frac{1}{1 + e^{-z}}$$

▶ 將迴歸模型所獲得的數值輸出映射至 0 到 1 之間

Python

```
import numpy as np
import matplotlib.pyplot as plt
```

```python
def sigmoid(z):
    return 1/(1 + np.exp(-z))

x_arr = np.linspace(-10, 10)
y_arr = np.array(list(map(sigmoid, x_arr)))
plt.plot(x_arr, y_arr)
plt.xticks([-10, 0, 10], ["$-\infty$", "$0$", "$\infty$"])
plt.yticks([0, 0.5, 1], ["0", "0.5", "1"])
plt.xlabel("$X\\theta$")
plt.ylabel("$g(X\\theta)$")
plt.title("Sigmoid Function")
plt.show()
```

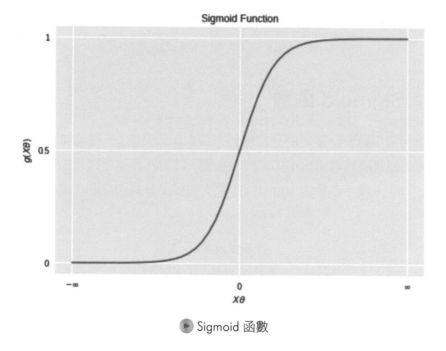

▶ Sigmoid 函數

R 語言

```r
library(ggplot2)

sigmoid <- function(z) {
```

```
    return(1/(1 + exp(-z)))
}

ggplot(data.frame(x = c(-10, 10)), aes(x = x)) +
  stat_function(fun = sigmoid, geom = "line") +
  xlab("z") +
  ylab("Sigmoid(z)") +
  scale_y_continuous(breaks = c(0, 0.5, 1)) +
  ggtitle("Sigmoid Function")
```

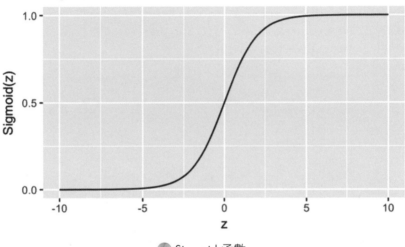

▶ Sigmoid 函數

15-4　羅吉斯迴歸的成本函數

在迴歸模型中我們面對的成本函數為均方誤差，在分類模型中則要設計一個
成本函數可以讓成本在正確預測（分類為生存的乘客實際生存、分類為死亡
的乘客實際死亡）的情境中趨近於零，在錯誤預測（分類為生存的乘客實際
死亡、分類為死亡的乘客實際生存）的情境中趨近於無限大，透過對數函數
可以設計出符合這樣需求的成本函數。

Python

```python
import numpy as np
import matplotlib.pyplot as plt

x_arr = np.linspace(0, 1)
y_arr_0 = -np.log(x_arr)
y_arr_1 = -np.log(1 - x_arr)
fig, axes = plt.subplots(1, 2, figsize=(12, 4))
axes[0].plot(x_arr, y_arr_0)
axes[0].set_title("$y=1,-\log(g(\hat{y}))}$")
axes[0].set_xlabel("$g(\hat{y})$")
axes[1].plot(x_arr, y_arr_1)
axes[1].set_title("$y=0, -\log(1 - g(\hat{y}))$")
axes[1].set_xlabel("$g(\hat{y})$")
plt.show()
```

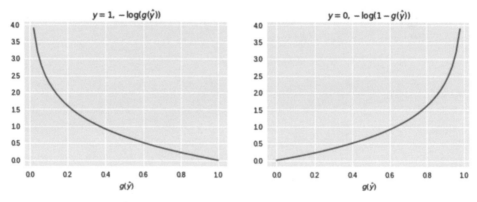

透過對數函數設計出符合需求的成本函數

R 語言

```r
library(ggplot2)
library(gridExtra)

log_function_1 <- function(x) {
  return(-log(x))
}
```

```
log_function_0 <- function(x) {
  return(-log(1 - x))
}

x_vec <- seq(0, 1, length.out = 50)
gg1 <- ggplot(data.frame(x = x_vec), aes(x = x)) +
  stat_function(fun = log_function_1, geom = "line")
gg2 <- ggplot(data.frame(x = x_vec), aes(x = x)) +
  stat_function(fun = log_function_0, geom = "line")
grid.arrange(gg1, gg2, nrow = 1, ncol = 2)
```

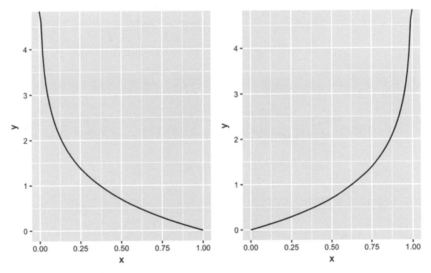

▶ 透過對數函數設計出符合需求的成本函數

將符合需求兩個成本函數整合為一個成本函數：

$$J(\theta) = \frac{1}{m} \sum_{i=1}^{m} \left[-y^{(i)} \, log\,(g(\hat{y}^{(i)})) - (1 - y^{(i)}) \, log\,(1 - g(\hat{y}^{(i)})) \right]$$

$$J(\theta) = \frac{-1}{m} \sum_{i=1}^{m} \left[y^{(i)} \, log\,(g(\hat{y}^{(i)})) + (1 - y^{(i)}) \, log\,(1 - g(\hat{y}^{(i)})) \right]$$

▶ 將符合需求兩個成本函數整合為一個成本函數

經過這樣整合設計，在實際值為 1 的時候使用前半段成本函數：

$$J(\theta) = \frac{-1}{m} \sum_{i=1}^{m} y^{(i)} \, log\,(g(\hat{y}^{(i)}))$$

▶ 在實際值為 1 的時候使用前半段成本函數

在實際值為 0 的時候使用後半段成本函數：

$$J(\theta) = \frac{-1}{m} \sum_{i=1}^{m} (1 - y^{(i)}) \, log\,(1 - g(\hat{y}^{(i)}))$$

▶ 在實際值為 0 的時候使用後半段成本函數

將整合後的成本函數寫為矩陣運算的外觀（Vectorized form）：

$$J(\theta) = \frac{-1}{m} \left(\left(log\,(g(X\theta))^T y + (log\,(1 - g(X\theta))^T (1 - y) \right)$$

▶ 寫為矩陣運算的外觀

將整合後的成本函數以程式表達：

```python
import numpy as np

def sigmoid(z):
  return 1/(1 + np.exp(-z))

def cost_function(X, y, thetas):
  m = X.shape[0]
  h = sigmoid(X.dot(thetas))
  J = -1*(1/m)*(np.log(h).T.dot(y)+np.log(1-h).T.dot(1-y))
  # log(0) approached -Inf results in NaN
  if np.isnan(J[0]):
    return(np.inf)
  else:
    return(J[0])
```

15-5 尋找羅吉斯迴歸的係數

接著我們要對成本函數偏微分係數向量，藉此獲得梯度遞減演算法中每次迭代所需要更新的梯度（Gradient），對係數向量偏微分之前我們先利用對數函數的特性（對數相除時可寫為分子對數函數減去分母對數函數），整理寫為矩陣運算外觀的成本函數：

$$log\big(g(X\theta)\big) = log\Big(\frac{1}{1+e^{-X\theta}}\Big) = log1 - log(1+e^{-X\theta}) = -log(1+e^{-X\theta})$$

$$log\big(1-g(X\theta)\big) = log\Big(1-\frac{1}{1+e^{-X\theta}}\Big) = log\Big(\frac{e^{-X\theta}}{1+e^{-X\theta}}\Big) = -X\theta - log(1+e^{-X\theta})$$

▶ 利用對數函數的特性整理寫為矩陣運算外觀的成本函數

將前述兩個部分代回成本函數中整理：

$$J(\theta) = \frac{-1}{m}\Big(\big(log\,(g(X\theta))^T y + \big(log\,(1-g(X\theta))^T(1-y)\big)$$

$$J(\theta) = \frac{-1}{m}\Big(\big(-log(1+e^{-X\theta})\big)^T y + \big(-X\theta - log(1+e^{-X\theta})\big)^T(1-y)\Big)$$

$$J(\theta) = \frac{-1}{m}\Big(-(X\theta)^T + (X\theta)^T y - log(1+e^{-X\theta})^T\Big)$$

$$J(\theta) = \frac{-1}{m}\Big((X\theta)^T y - (log(e^{X\theta}) + log(1+e^{-X\theta}))^T\Big)$$

$$J(\theta) = \frac{-1}{m}\Big((X\theta)^T y - (log(1+e^{X\theta}))^T\Big)$$

▶ 將前述兩個部分代回成本函數中整理

然後是對成本函數偏微分係數向量，這裡會應用微分對數函數的特性與連鎖律：

$$\frac{\partial J(\theta)}{\partial \theta} = \frac{-1}{m}\Big(X^T y - \big(\frac{e^{X\theta}X}{1+e^{X\theta}}\big)^T\Big) = \frac{-1}{m}\Big(X^T y - \big(\frac{1}{1+e^{-X\theta}}\big)X^T\Big) = \frac{1}{m}X^T\Big(\frac{1}{1+e^{-X\theta}} - y\Big)$$

$$\frac{\partial J(\theta)}{\partial \theta} = \frac{1}{m}X^T(g(X\theta) - y)$$

▶ 對成本函數偏微分係數向量

偏微分以後得到了梯度遞減演算法中每次迭代所需要更新的梯度計算公式，可以程式表達：

```python
import numpy as np

def sigmoid(z):
  return 1/(1 + np.exp(-z))


def gradient(X, y, thetas):
  m = y.size
  h = sigmoid(X.dot(thetas.reshape(-1,1)))
  grad =(1/m)*X.T.dot(h-y)
  return(grad.ravel())
```

現在我們手邊已經有羅吉斯迴歸模型的成本函數與計算不同係數所對應的梯度函數，接著只需要初始化一組係數向量（通常設定為零）就可以仰賴梯度遞減演算法尋找一組能讓成本函數最小化的係數向量，運用 scipy.optimize 模組中的 `minimize()` 函數，找尋票價（Fare）和年齡（Age）的係數向量（當然還包括了常數項係數。）

```python
import numpy as np
import pandas as pd
from sklearn.model_selection import train_test_split
from scipy.optimize import minimize

def sigmoid(z):
  return 1/(1 + np.exp(-z))


# Must put thetas as the first arg
def cost_function(thetas, X, y):
  m = X.shape[0]
  h = sigmoid(X.dot(thetas))
  J = -1*(1/m)*(np.log(h).T.dot(y)+np.log(1-h).T.dot(1-y))
  # log(0) approached -Inf results in NaN
  if np.isnan(J[0]):
    return(np.inf)
  else:
```

```
    return(J[0])

# Must put thetas as the first arg
def gradient(thetas, X, y):
  m = y.size
  h = sigmoid(X.dot(thetas.reshape(-1,1)))
  grad =(1/m)*X.T.dot(h-y)
  return(grad.ravel())

labeled = pd.read_csv("https://storage.googleapis.com/kaggle_datasets/
Titanic-Machine-Learning-from-Disaster/train.csv")
# Removed observations without Age
labeled = labeled[~labeled["Age"].isna()]
train, validation = train_test_split(labeled, test_size=0.3,
random_state=123)
X_train = train.loc[:, ["Age", "Fare"]].values
ones = np.ones(X_train.shape[0]).reshape(-1, 1)
X_train = np.concatenate([ones, X_train], axis=1)
y_train = train.loc[:, "Survived"].values.reshape(-1, 1)
initial_thetas = np.zeros(X_train.shape[1])
res = minimize(cost_function, initial_thetas, args=(X_train, y_train),
method=None, jac=gradient, options={'maxiter':400})
thetas = res.x.reshape(-1, 1)
print(thetas)
## [[-0.62176132]
##  [-0.01014703]
##  [ 0.01692017]]
```

獲得彌足珍貴的係數向量以後，將它與驗證資料相乘並輸入 Sigmoid 函數
就可以獲得預測值。

```
import numpy as np
import pandas as pd
from sklearn.model_selection import train_test_split
from scipy.optimize import minimize

def sigmoid(z):
  return 1/(1 + np.exp(-z))
```

```python
# Must put thetas as the first arg
def cost_function(thetas, X, y):
  m = X.shape[0]
  h = sigmoid(X.dot(thetas))
  J = -1*(1/m)*(np.log(h).T.dot(y)+np.log(1-h).T.dot(1-y))
  # log(0) approached -Inf results in NaN
  if np.isnan(J[0]):
    return(np.inf)
  else:
    return(J[0])


# Must put thetas as the first arg
def gradient(thetas, X, y):
  m = y.size
  h = sigmoid(X.dot(thetas.reshape(-1,1)))
  grad =(1/m)*X.T.dot(h-y)
  return(grad.ravel())


labeled = pd.read_csv("https://storage.googleapis.com/kaggle_datasets/
Titanic-Machine-Learning-from-Disaster/train.csv")
# Removed observations without Age
labeled = labeled[~labeled["Age"].isna()]
train, validation = train_test_split(labeled, test_size=0.3,
random_state=123)
X_train = train.loc[:, ["Age", "Fare"]].values
ones = np.ones(X_train.shape[0]).reshape(-1, 1)
X_train = np.concatenate([ones, X_train], axis=1)
y_train = train.loc[:, "Survived"].values.reshape(-1, 1)
initial_thetas = np.zeros(X_train.shape[1])
res = minimize(cost_function, initial_thetas, args=(X_train, y_train),
method=None, jac=gradient, options={'maxiter':400})
thetas = res.x.reshape(-1, 1)
X_validation = validation.loc[:, ["Age", "Fare"]].values
ones = np.ones(X_validation.shape[0]).reshape(-1, 1)
X_validation = np.concatenate([ones, X_validation], axis=1)
y_hat = np.dot(X_validation, thetas)
print("Before Sigmoid transform:")
print(y_hat[:5])
g_y_hat = sigmoid(y_hat)
```

```
print("After Sigmoid transform:")
print(g_y_hat[:5])
## Before Sigmoid transform:
## [[-0.41524398]
##  [-0.78135263]
##  [-0.78939634]
##  [-0.65171855]
##  [ 1.03819849]]
## After Sigmoid transform:
## [[0.39765538]
##  [0.31402844]
##  [0.3122983 ]
##  [0.34260237]
##  [0.73850225]]
```

15-6 Step 函數

將迴歸模型輸出使用 Sigmoid 函數映射到 0 至 1 之間後，最後一步是利用 Step 函數將機率映射為 0 與 1 兩個離散值，常用的門檻是 0.5，如果機率大於等於 0.5 則給予 1，否則給予 0。

$$H(g(X\theta)) = \begin{cases} 1 & \text{if } g(X\theta) \geq 0.5 \\ 0 & \text{otherwise} \end{cases}$$

```
import numpy as np
import matplotlib.pyplot as plt

x_arr_0 = np.arange(0, 0.5, 0.01)
x_arr_1 = np.arange(0.5, 1, 0.01)
y_arr_0 = np.where(x_arr_0 >= 0.5, 1, 0)
y_arr_1 = np.where(x_arr_1 >= 0.5, 1, 0)
plt.plot(x_arr_0, y_arr_0, color="b")
plt.plot(x_arr_1, y_arr_1, color="b")
plt.scatter([0.5], [0], facecolors='none', edgecolors='b')
plt.scatter([0.5], [1], color='b')
plt.xticks([0, 0.5, 1])
```

```
plt.yticks([0, 1])
plt.xlabel("$g(X\\theta)$")
plt.title("Step Function")
plt.show()
```

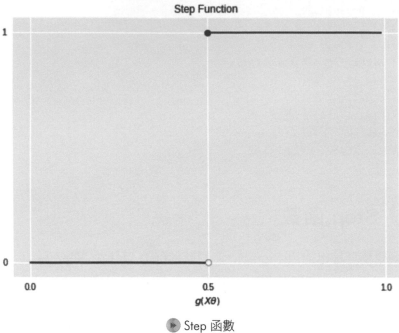

Step 函數

```
import numpy as np
import pandas as pd
from sklearn.model_selection import train_test_split
from scipy.optimize import minimize

def sigmoid(z):
  return 1/(1 + np.exp(-z))

# Must put thetas as the first arg
def cost_function(thetas, X, y):
  m = X.shape[0]
  h = sigmoid(X.dot(thetas))
  J = -1*(1/m)*(np.log(h).T.dot(y)+np.log(1-h).T.dot(1-y))
  # log(0) approached -Inf results in NaN
  if np.isnan(J[0]):
```

```
      return(np.inf)
  else:
    return(J[0])

# Must put thetas as the first arg
def gradient(thetas, X, y):
  m = y.size
  h = sigmoid(X.dot(thetas.reshape(-1,1)))
  grad =(1/m)*X.T.dot(h-y)
  return(grad.ravel())


def step(g_y_hat, threshold=0.5):
  return np.where(g_y_hat >= threshold, 1, 0).reshape(-1, 1)

labeled = pd.read_csv("https://storage.googleapis.com/kaggle_datasets/
Titanic-Machine-Learning-from-Disaster/train.csv")
# Removed observations without Age
labeled = labeled[~labeled["Age"].isna()]
train, validation = train_test_split(labeled, test_size=0.3, random_state=123)
X_train = train.loc[:, ["Age", "Fare"]].values
ones = np.ones(X_train.shape[0]).reshape(-1, 1)
X_train = np.concatenate([ones, X_train], axis=1)
y_train = train.loc[:, "Survived"].values.reshape(-1, 1)
initial_thetas = np.zeros(X_train.shape[1])
res = minimize(cost_function, initial_thetas, args=(X_train, y_train),
method=None, jac=gradient, options={'maxiter':400})
thetas = res.x.reshape(-1, 1)
X_validation = validation.loc[:, ["Age", "Fare"]].values
ones = np.ones(X_validation.shape[0]).reshape(-1, 1)
X_validation = np.concatenate([ones, X_validation], axis=1)
y_hat = np.dot(X_validation, thetas)
print("Before Sigmoid transform:")
print(y_hat[:5])
g_y_hat = sigmoid(y_hat)
print("After Sigmoid transform:")
print(g_y_hat[:5])
y_pred = step(g_y_hat)
print("After Step transform:")
print(y_pred[:5])
## Before Sigmoid transform:
```

```
## [[-0.41524398]
##  [-0.78135263]
##  [-0.78939634]
##  [-0.65171855]
##  [ 1.03819849]]
## After Sigmoid transform:
## [[0.39765538]
##  [0.31402844]
##  [0.3122983 ]
##  [0.34260237]
##  [0.73850225]]
## After Step transform:
## [[0]
##  [0]
##  [0]
##  [0]
##  [1]]
## True condition:
## [[1]
##  [0]
##  [1]
##  [1]
##  [0]]
```

將預測值與驗證資料的前五實際值相比，可以觀察到除了第二筆資料是正確分類（預測死亡、實際死亡，學名為 True Negative）；第一、第三以及第四筆資料是錯誤分類（預測死亡、實際生存，學名為 False Negative）；第五筆資料為錯誤分類（預測生存、實際死亡，學名為 False Positive）。

15-7 使用模組與套件尋找係數

我們已經知道如何透過梯度遞減（Gradient Descent）尋找羅吉斯迴歸的係數；接著可以使用 Python 與 R 語言中豐富的函數來協助這個任務。

Python

在 Python 中我們引用 sklearn.linear_model 中的 `LogisticRegression()` 來尋找係數，Scikit-Learn 中的函數呼叫方式一致，都先初始化物件，再利用 `.fit()` 方法投入訓練資料。

```python
import numpy as np
import pandas as pd
from sklearn.model_selection import train_test_split
from sklearn.linear_model import LogisticRegression


def sigmoid(z):
  return 1/(1 + np.exp(-z))


def step(g_y_hat, threshold=0.5):
  return np.where(g_y_hat >= threshold, 1, 0).reshape(-1, 1)


labeled = pd.read_csv("https://storage.googleapis.com/kaggle_datasets/
Titanic-Machine-Learning-from-Disaster/train.csv")
# Removed observations without Age
labeled = labeled[~labeled["Age"].isna()]
train, validation = train_test_split(labeled, test_size=0.3,
random_state=123)
X_train = train.loc[:, ["Age", "Fare"]].values
y_train = train.loc[:, "Survived"].values
logistic_clf = LogisticRegression()
logistic_clf.fit(X_train, y_train)
fit_intercept = logistic_clf.intercept_.reshape(-1, 1)
fit_coef = logistic_clf.coef_.reshape(-1, 1)
thetas = np.concatenate([fit_intercept, fit_coef])
X_validation = validation.loc[:, ["Age", "Fare"]].values
ones = np.ones(X_validation.shape[0]).reshape(-1, 1)
X_validation = np.concatenate([ones, X_validation], axis=1)
y_hat = np.dot(X_validation, thetas)
g_y_hat = sigmoid(y_hat)
y_pred = step(g_y_hat)
y_true = validation.loc[:, "Survived"].values.reshape(-1, 1)
print("Thetas from sklearn:")
print(thetas)
```

```
print("Before Sigmoid transform:")
print(y_hat[:5])
print("After Sigmoid transform:")
print(g_y_hat[:5])
print("After Step transform:")
print(y_pred[:5])
print("True condition:")
print(y_true[:5])
## Thetas from sklearn:
## [[-0.58965696]
##  [-0.01094766]
##  [ 0.01680808]]
## Before Sigmoid transform:
## [[-0.40012884]
##  [-0.80026166]
##  [-0.78308464]
##  [-0.63243339]
##  [ 1.0436855 ]]
## After Sigmoid transform:
## [[0.40128138]
##  [0.30996955]
##  [0.31365546]
##  [0.34695898]
##  [0.7395605 ]]
## After Step transform:
## [[0]
##  [0]
##  [0]
##  [0]
##  [1]]
## True condition:
## [[1]
##  [0]
##  [1]
##  [1]
##  [0]]
```

R 語言

在 R 語言中我們利用內建的 `glm()` 函數來尋找係數。

```r
get_train_validation <- function(labeled_df, validation_size=0.3,
random_state=123) {
  m <- nrow(labeled_df)
  row_indice <- 1:m
  set.seed(random_state)
  shuffled_row_indice <- sample(row_indice)
  labeled_df <- labeled_df[shuffled_row_indice, ]
  validation_threshold <- as.integer(validation_size * m)
  validation <- labeled_df[1:validation_threshold, ]
  train <- labeled_df[(validation_threshold+1):m, ]
  return(list(
    validation = validation,
    train = train
  ))
}

sigmoid <- function(z) {
  return(1/(1 + exp(-z)))
}

step <- function(g_y_hat, threshold = 0.5) {
  return(ifelse(g_y_hat >= threshold, yes = 1, no = 0))
}

labeled <- read.csv("https://storage.googleapis.com/kaggle_datasets/
Titanic-Machine-Learning-from-Disaster/train.csv")
# Removed observations without Age
labeled <- labeled[!(is.na(labeled$Age)), ]
split_data <- get_train_validation(labeled)
train <- split_data$train
validation <- split_data$validation
logistic_clf <- glm(Survived ~ Age + Fare, data = train, family = "binomial")
thetas <- as.matrix(logistic_clf$coefficients)
X_validation <- as.matrix(validation[, c("Age", "Fare")])
ones <- as.matrix(rep(1, times = nrow(X_validation)))
X_validation <- cbind(ones, X_validation)
```

```
y_hat <- X_validation %*% thetas
g_y_hat <- sigmoid(y_hat)
y_pred <- step(g_y_hat)
y_true <- validation$Survived
print("Thetas from glm():")
print(thetas)
print("Before Sigmoid transform:")
print(y_hat[1:5])
print("After Sigmoid transform:")
print(g_y_hat[1:5])
print("After Step transform:")
print(y_pred[1:5])
print("True condition:")
print(y_true[1:5])
## [1] "Thetas from glm():"
##                     [,1]
## (Intercept) -0.49961899
## Age         -0.01364591
## Fare         0.01398677
## [1] "Before Sigmoid transform:"
## [1] -0.7763935 -0.7050698 -0.8786190 -0.2014215  0.1313069
## [1] "After Sigmoid transform:"
## [1] 0.3150977 0.3306892 0.2934640 0.4498142 0.5327797
## [1] "After Step transform:"
## [1] 0 0 0 0 1
## [1] "True condition:"
## [1] 0 1 0 0 1
```

15-8 在散佈圖繪製決策邊界

完成尋找係數的任務之後，我們可以將羅吉斯迴歸模型的決策邊界
（Decision Boundary）繪製到散佈圖上，繪製方法是在散佈圖的平面上均
勻地打出密集的網格，然後將這些網格視作驗證資料輸入模型獲得分類結
果，接著再利用等高線圖（Contour Plot）將每一個網格的分類結果以不同
顏色呈現在散佈圖之上。

Python

在 Python 中我們運用 NumPy 模組中的 `meshgrid()` 函數在散佈圖平面上打出均勻密集的網格。

```python
import numpy as np
import pandas as pd
import matplotlib.pyplot as plt
from sklearn.model_selection import train_test_split
from sklearn.linear_model import LogisticRegression


def sigmoid(z):
  return 1/(1 + np.exp(-z))


def step(g_y_hat, threshold=0.5):
  return np.where(g_y_hat >= threshold, 1, 0).reshape(-1, 1)


labeled = pd.read_csv("https://storage.googleapis.com/kaggle_datasets/
Titanic-Machine-Learning-from-Disaster/train.csv")
# Removed observations without Age
labeled = labeled[~labeled["Age"].isna()]
survived = labeled[labeled["Survived"] == 1]
dead = labeled[labeled["Survived"] == 0]
train, validation = train_test_split(labeled, test_size=0.3,
random_state=123)
X_train = train.loc[:, ["Fare", "Age"]].values
y_train = train.loc[:, "Survived"].values
logistic_clf = LogisticRegression()
logistic_clf.fit(X_train, y_train)
fit_intercept = logistic_clf.intercept_.reshape(-1, 1)
fit_coef = logistic_clf.coef_.reshape(-1, 1)
thetas = np.concatenate([fit_intercept, fit_coef])
# Decision boundary plot
fare_min, fare_max = labeled["Fare"].min(), labeled["Fare"].max()
age_min, age_max = labeled["Age"].min(), labeled["Age"].max()
fare_arr = np.linspace(fare_min - 5, fare_max + 5, 1000)
age_arr = np.linspace(age_min - 5, age_max + 5, 1000)
xx, yy = np.meshgrid(fare_arr, age_arr)
ones = np.ones(xx.size).reshape(-1, 1)
```

```
X_grid = np.concatenate([ones, xx.reshape(-1, 1), yy.reshape(-1, 1)], axis=1)
y_grid = np.dot(X_grid, thetas)
g_y_grid = sigmoid(y_grid)
y_grid_pred = step(g_y_grid)
Z = y_grid_pred.reshape(xx.shape)
plt.scatter(survived["Fare"], survived["Age"], label="Survived",
marker="o", color="blue")
plt.scatter(dead["Fare"], dead["Age"], label="Dead", marker="x", color="red")
plt.contourf(xx, yy, Z, alpha=0.4, cmap=plt.cm.coolwarm_r)
plt.legend(loc="upper right")
plt.xlabel("Fare")
plt.ylabel("Age")
plt.show()
```

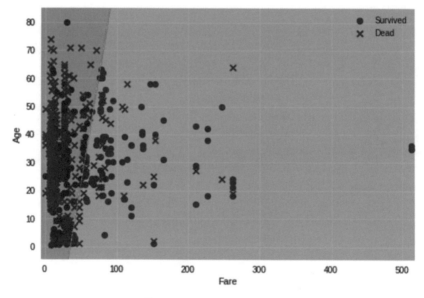

▶ 在散佈圖繪製決策邊界

R 語言

在 R 語言中我們運用 expand.grid() 函數在散佈圖平面上打出均勻密集的
網格。

```r
get_train_validation <- function(labeled_df, validation_size=0.3,
random_state=123) {
  m <- nrow(labeled_df)
  row_indice <- 1:m
  set.seed(random_state)
  shuffled_row_indice <- sample(row_indice)
  labeled_df <- labeled_df[shuffled_row_indice, ]
  validation_threshold <- as.integer(validation_size * m)
  validation <- labeled_df[1:validation_threshold, ]
  train <- labeled_df[(validation_threshold+1):m, ]
  return(list(
    validation = validation,
    train = train
  ))
}

sigmoid <- function(z) {
  return(1/(1 + exp(-z)))
}

step <- function(g_y_hat, threshold = 0.5) {
  return(ifelse(g_y_hat >= threshold, yes = 1, no = 0))
}

labeled <- read.csv("https://storage.googleapis.com/kaggle_datasets/
Titanic-Machine-Learning-from-Disaster/train.csv")
# Removed observations without Age
labeled <- labeled[!(is.na(labeled$Age)), ]
#survived <- labeled[labeled$Survived == 1, ]
#dead <- labeled[labeled$Survived == 0, ]
split_data <- get_train_validation(labeled)
train <- split_data$train
logistic_clf <- glm(Survived ~ Fare + Age, data = train, family = "binomial")
thetas <- as.matrix(logistic_clf$coefficients)
# Decision boundary plot
fare_min <- min(labeled$Fare)
fare_max <- max(labeled$Fare)
age_min <- min(labeled$Age)
age_max <- max(labeled$Age)
res <- 200
fare_vec <- seq(fare_min - 5, fare_max + 5, length.out = res)
```

```
age_vec <- seq(age_min - 5, age_max + 5, length.out = res)
gd <- expand.grid(fare_vec, age_vec)
X_grid <- as.matrix(gd)
ones <- rep(1, times = nrow(X_grid))
X_grid <- cbind(ones, X_grid)
y_grid <- X_grid %*% thetas
g_y_grid <- sigmoid(y_grid)
y_grid_pred <- step(g_y_grid)
Z <- matrix(y_grid_pred, nrow = res)
contour(fare_vec, age_vec, Z, labels = "", xlab = "", ylab = "", axes=FALSE)
points(labeled$Fare, labeled$Age, col = ifelse(labeled$Survived == 1,
rgb(86, 180, 233, maxColorValue = 255), rgb(213, 94, 0, maxColorValue =
255)), pch = ifelse(labeled$Survived == 1, 16, 4), lwd = 2)
points(gd, pch = "." , cex = 1.2, col = alpha(ifelse(Z == 1,
"cornflowerblue", "coral"), 0.4))
box()
```

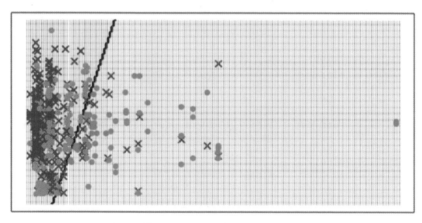

▶ 在散佈圖繪製決策邊界

 小結

本章我們使用鐵達尼號資料中的觀測值與變數，來簡介關於分類模型、學習資料集、Sigmoid 函數、羅吉斯迴歸的成本函數、尋找羅吉斯迴歸的係數、Step 函數、使用模組與套件尋找係數，還有在散佈圖繪製決策邊界。

Chapter 16

分類模型的評估

A computer program is said to learn from experience E with respect to some class of tasks T and performance measure P if its performance at tasks in T, as measured by P, improves with experience E.

Tom Mitchel

在尋找羅吉斯迴歸的係數中我們瞭解如何使用在 Python 與 R 語言的環境中尋找羅吉斯迴歸模型的係數，並且運用散佈圖（Scatter Plot）與等高線圖（Contour Plot）完成決策邊界圖（Decision Boundary Plot）繪製，藉此以視覺化方式觀察資料點的正確分類與錯誤分類，對分類模型有更多的瞭解。接著我們會應用準確率（Accuracy）來評估分類模型在驗證資料集上的表現，準確率愈高代表決策邊界愈能有效地區隔資料；藉由比較不同模型的準確率，資料科學家團隊可以挑選出適合部署至正式環境的分類模型，精進評估的方式除了在訓練資料中納入新變數以及增加變數的次方項以外，還包含像是應用不同的成本函數（變更分類演算法）和集成學習（納入多個分類演算法）等進階方法。

在試圖提高準確率的過程中也會發現羅吉斯迴歸模型面臨新的挑戰，像是建立非線性決策邊界、伴隨非線性決策邊界帶來的過度配適以及多元分類模型，這時資料科學團隊會引進高次項係數、正規化與 One-vs.-all 等技巧來因應。

16-1 學習資料集

機器學習是透過輸入資料將預測或挖掘特徵能力內化於電腦程式之中的方法，模型涵蓋三個元素：資料（Experience）、任務（Task）與評估（Performance）以及一個但書。

以一個船難乘客生存預測模型為例，它的三要素是：

✦ 資料（Experience）：一定數量具備年齡、性別、社經地位和生存與否等變數的乘客資訊

✦ 任務（Task）：利用模型辨識測試資料中沒有生存與否標籤的觀測值

✦ 評估（Performance）：模型預測的分類正確率

	PassengerId	Survived	Pclass	Name	Sex	Age	SibSp	Parch	Ticket	Fare	Cabin	Embarked
0	1	0	3	Braund, Mr. Owen Harris	male	22.0	1	0	A/5 21171	7.2500	NaN	S
1	2	1	1	Cumings, Mrs. John Bradley (Florence Briggs Th...	female	38.0	1	0	PC 17599	71.2833	C85	C
2	3	1	3	Heikkinen, Miss. Laina	female	26.0	0	0	STON/O2. 3101282	7.9250	NaN	S
3	4	1	1	Futrelle, Mrs. Jacques Heath (Lily May Peel)	female	35.0	1	0	113803	53.1000	C123	S
4	5	0	3	Allen, Mr. William Henry	male	35.0	0	0	373450	8.0500	NaN	S

▶ 船難乘客生存預測模型

以一個辨識 0 到 9 手寫數字圖片辨識的分類模型為例，它的三要素是：

✦ 資料（Experience）：一定數量的手寫數字圖片，每一張圖片有 784 個變數紀錄 28 X 28 每個像素的灰階色彩強度和 0 到 9 的標籤

✦ 任務（Task）：利用模型辨識測試資料中沒有 0 到 9 標籤的觀測值

✦ 評估（Performance）：模型預測的分類正確率

	label	pixel0	pixel1	pixel2	pixel3	pixel4	pixel5	pixel6	pixel7	pixel8	...	pixel774	pixel775	pixel776
0	1	0	0	0	0	0	0	0	0	0	...	0	0	0
1	0	0	0	0	0	0	0	0	0	0	...	0	0	0
2	1	0	0	0	0	0	0	0	0	0	...	0	0	0
3	4	0	0	0	0	0	0	0	0	0	...	0	0	0
4	0	0	0	0	0	0	0	0	0	0	...	0	0	0

5 rows × 785 columns

▶ 手寫數字圖片辨識的分類模型

兩個學習資料的但書皆是隨著資料增加，分類正確率應該要上升。

16-2 混淆矩陣

評估分類結果的指標很多，這些指標皆源自混淆矩陣（Confusion Matrix），在二元分類模型中這是 2 x 2 的表格，第一象限是預測生存、實際死亡的乘客數（False Positive，FP）；第二象限是預測生存、實際生存的乘客數（True Positive，TP）；第三象限是預測死亡、實際生存的乘客數（False Negative，FN）；第四象限是預測死亡、實際死亡的乘客數（True Negative，TN）。

		True condition	
	Total population	Condition positive	Condition negative
Predicted condition	Predicted condition positive	True positive, Power	False positive, Type I error
	Predicted condition negative	False negative, Type II error	True negative

▶ 混淆矩陣，圖片來源：Wikipedia

最簡易且直觀的分類評估為準確率（Accuracy），計算方法是將正確分類的個數除以所有驗證資料的觀測值個數：

$$Accuracy = \frac{TP + TN}{TP + TN + FP + FN}$$

▶ 準確率

我們可以延續尋找羅吉斯迴歸的係數自行計算鐵達尼號資料基於羅吉斯迴歸模型所獲得的混淆矩陣和準確率。

Python

```python
import numpy as np
import pandas as pd
from sklearn.model_selection import train_test_split
from sklearn.linear_model import LogisticRegression

labeled = pd.read_csv("https://storage.googleapis.com/kaggle_datasets/
Titanic-Machine-Learning-from-Disaster/train.csv")
# Removed observations without Age
labeled = labeled[~labeled["Age"].isna()]
train, validation = train_test_split(labeled, test_size=0.3, random_state=123)
X_train = train.loc[:, ["Age", "Fare"]].values
y_train = train.loc[:, "Survived"].values
# Fit Logistic regression classifier
clf = LogisticRegression()
clf.fit(X_train, y_train)
X_validation = validation.loc[:, ["Age", "Fare"]].values
y_validation = validation.loc[:, "Survived"].values
y_hat = clf.predict(X_validation)
# Calculating confusion matrix
nunique_labels = len(set(y_train))
conf_mat_shape = (nunique_labels, nunique_labels)
conf_mat = np.zeros(conf_mat_shape, dtype=int)
for actual, predict in zip(y_hat, y_validation):
  conf_mat[actual, predict] += 1
# Calculating accuracy
accuracy = (conf_mat[0, 0] + conf_mat[1, 1])/conf_mat.sum()
```

```
print(conf_mat)
print("Accuracy: {:.2f}%".format(accuracy*100))
## [[121  10]
##  [ 63  21]]
## Accuracy: 66.05%
```

在 Python 中只要呼叫 sklearn.metrics 模組中的 confusion_matrix() 與 accuracy_score() 兩個函數即可獲得分類模型的混淆矩陣和準確率,能有效節省額外計算的時間。

```
import numpy as np
import pandas as pd
from sklearn.model_selection import train_test_split
from sklearn.linear_model import LogisticRegression
from sklearn.metrics import confusion_matrix, accuracy_score

labeled = pd.read_csv("https://storage.googleapis.com/kaggle_datasets/
Titanic-Machine-Learning-from-Disaster/train.csv")
# Removed observations without Age
labeled = labeled[~labeled["Age"].isna()]
train, validation = train_test_split(labeled, test_size=0.3,
random_state=123)
X_train = train.loc[:, ["Age", "Fare"]].values
y_train = train.loc[:, "Survived"].values
# Fit Logistic regression classifier
clf = LogisticRegression()
clf.fit(X_train, y_train)
X_validation = validation.loc[:, ["Age", "Fare"]].values
y_validation = validation.loc[:, "Survived"].values
y_hat = clf.predict(X_validation)
# Calculating confusion matrix
conf_mat = confusion_matrix(y_validation, y_hat)
# Calculating accuracy
accuracy = accuracy_score(y_validation, y_hat)
print(conf_mat)
print("Accuracy: {:.2f}%".format(accuracy*100))
## [[121  10]
##  [ 63  21]]
## Accuracy: 66.05%
```

R 語言

```r
get_train_validation <- function(labeled_df, validation_size=0.3,
random_state=123) {
  m <- nrow(labeled_df)
  row_indice <- 1:m
  set.seed(random_state)
  shuffled_row_indice <- sample(row_indice)
  labeled_df <- labeled_df[shuffled_row_indice, ]
  validation_threshold <- as.integer(validation_size * m)
  validation <- labeled_df[1:validation_threshold, ]
  train <- labeled_df[(validation_threshold+1):m, ]
  return(list(
    validation = validation,
    train = train
  ))
}


sigmoid <- function(z) {
  return(1/(1 + exp(-z)))
}


step <- function(g_y_hat, threshold = 0.5) {
  return(ifelse(g_y_hat >= threshold, yes = 1, no = 0))
}


labeled <- read.csv("https://storage.googleapis.com/kaggle_datasets/
Titanic-Machine-Learning-from-Disaster/train.csv")
# Removed observations without Age
labeled <- labeled[!(is.na(labeled$Age)), ]
split_data <- get_train_validation(labeled)
train <- split_data$train
validation <- split_data$validation
logistic_clf <- glm(Survived ~ Fare + Age, data = train, family = "binomial")
thetas <- as.matrix(logistic_clf$coefficients)
Fare_validation <- as.matrix(validation$Fare)
Age_validation <- as.matrix(validation$Age)
ones <- rep(1, times = nrow(Fare_validation))
X_validation <- cbind(ones, Fare_validation, Age_validation)
y_hat <- X_validation %*% thetas
```

```
g_y_hat <- sigmoid(y_hat)
y_pred <- step(g_y_hat)
# Calculating confusion matrix
conf_mat <- table(validation$Survived, y_pred)
# Calculating accuracy
accuracy <- sum(diag(conf_mat)) / sum(conf_mat)
sprintf("Accuracy: %.2f%%", accuracy*100)
conf_mat
```

16-3 建立非線性決策邊界

假如資料科學團隊認為一個直線的決策邊界無法有效將兩種分類的資料點
做區隔。

Python

在不更動分類演算法的情況下 Python 可以引用 sklearn.preprocessing 模
組的 PolynomialFeatures() 函數將高次項加入訓練資料中，並繼續使用羅
吉斯迴歸這個分類演算法。

```
import numpy as np
import pandas as pd
import matplotlib.pyplot as plt
from sklearn.model_selection import train_test_split
from sklearn.linear_model import LogisticRegression
from sklearn.metrics import confusion_matrix, accuracy_score
from sklearn.preprocessing import PolynomialFeatures

def plot_decision_boundary(xlab, ylab, clf, labeled,
pos_label="Survived", neg_label="Dead", clf_target="Survived",
degree=1):
  xx_min, xx_max = labeled[xlab].min(), labeled[xlab].max()
  yy_min, yy_max = labeled[ylab].min(), labeled[ylab].max()
  xx_arr = np.linspace(xx_min - 5, xx_max + 5, 1000)
  yy_arr = np.linspace(yy_min - 5, yy_max + 5, 1000)
  xx, yy = np.meshgrid(xx_arr, yy_arr)
```

```python
    X_grid = np.concatenate([xx.reshape(-1, 1), yy.reshape(-1, 1)], axis=1)
    X_grid_poly = PolynomialFeatures(degree).fit_transform(X_grid)
    Z = clf.predict(X_grid_poly).reshape(xx.shape)
    pos = labeled[labeled[clf_target] == 1]
    neg = labeled[labeled[clf_target] == 0]
    plt.scatter(pos[xlab], pos[ylab], label=pos_label, marker="o", color="blue")
    plt.scatter(neg[xlab], neg[ylab], label=neg_label, marker="x", color="red")
    plt.contourf(xx, yy, Z, alpha=0.4, cmap=plt.cm.coolwarm_r)
    plt.legend()
    plt.xlabel(xlab)
    plt.ylabel(ylab)

labeled = pd.read_csv("https://storage.googleapis.com/kaggle_datasets/
Titanic-Machine-Learning-from-Disaster/train.csv")
# Removed observations without Age
labeled = labeled[~labeled["Age"].isna()]
train, validation = train_test_split(labeled, test_size=0.3,
random_state=123)
X_train = train.loc[:, ["Fare", "Age"]].values
# Polynomial features
d = 6
X_train_poly = PolynomialFeatures(d).fit_transform(X_train)
y_train = train.loc[:, "Survived"].values
# Fit Logistic regression classifier
clf = LogisticRegression()
clf.fit(X_train_poly, y_train)
# Decision boundary plot
plot_decision_boundary("Fare", "Age", clf, labeled, degree=d)
plt.show()
```

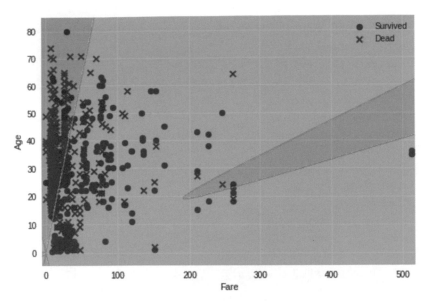

▶ 建立非線性決策邊界

R 語言

在 R 語言中透過 polym(raw = TRUE) 函數將高次項加入訓練資料中。

```r
library(scales)

get_train_validation <- function(labeled_df, validation_size=0.3,
random_state=123) {
  m <- nrow(labeled_df)
  row_indice <- 1:m
  set.seed(random_state)
  shuffled_row_indice <- sample(row_indice)
  labeled_df <- labeled_df[shuffled_row_indice, ]
  validation_threshold <- as.integer(validation_size * m)
  validation <- labeled_df[1:validation_threshold, ]
  train <- labeled_df[(validation_threshold+1):m, ]
  return(list(
    validation = validation,
    train = train
))
```

```
}

sigmoid <- function(z) {
  return(1/(1 + exp(-z)))
}

step <- function(g_y_hat, threshold = 0.5) {
  return(ifelse(g_y_hat >= threshold, yes = 1, no = 0))
}

decision_boundary_plot <- function(xlab, ylab, clf, labeled, clf_target =
"Survived") {
  fare_min <- min(labeled[, xlab])
  fare_max <- max(labeled[, xlab])
  age_min <- min(labeled[, ylab])
  age_max <- max(labeled[, ylab])
  res <- 200
  fare_vec <- seq(fare_min - 5, fare_max + 5, length.out = res)
  age_vec <- seq(age_min - 5, age_max + 5, length.out = res)
  gd <- expand.grid(fare_vec, age_vec)
  names(gd) <- c(xlab, ylab)
  y_prob <- predict.glm(clf, newdata = gd, type = "response")
  y_pred <- ifelse(y_prob >= 0.5, 1, 0)
  Z <- matrix(y_pred, nrow = res)
  contour(fare_vec, age_vec, Z, labels = "", xlab = "", ylab = "",
          axes=FALSE)
  points(labeled[, xlab], labeled[, ylab],
          col = ifelse(labeled[, clf_target] == 1,
                       rgb(86, 180, 233, maxColorValue = 255),
                       rgb(213, 94, 0, maxColorValue = 255)),
          pch = ifelse(labeled[, clf_target] == 1, 16, 4), lwd = 2)
  points(gd, pch = "." , cex = 1.2,
          col = alpha(ifelse(Z == 1, "cornflowerblue", "coral"), 0.4))
  box()
}

labeled <- read.csv("https://storage.googleapis.com/kaggle_datasets/
Titanic-Machine-Learning-from-Disaster/train.csv")
# Removed observations without Age
```

```
labeled <- labeled[!(is.na(labeled$Age)), ]
split_data <- get_train_validation(labeled)
train <- split_data$train
d <- 6
logistic_clf <- glm(Survived ~ polym(Fare, Age, degree = d, raw = TRUE),
data = train, family = "binomial")
# Decision boundary plot
decision_boundary_plot("Fare", "Age", logistic_clf, labeled)
```

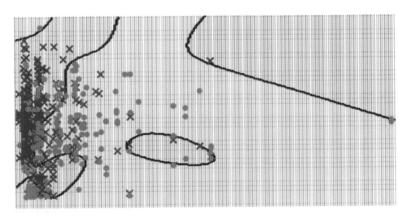

▶️ 建立非線性決策邊界

16-4 正規化（Regularization）

當分類模型開始建立高次項以及納入多個變數之後，我們發現交叉驗證的準確率在某個高次項後開始穩定下降，這時與迴歸模型中的議題相似再度面對過度配適（Over-fitting），h 函數對訓練資料太熟悉，以致決策邊界對於區分訓練資料的類別表現非常突出，但是喪失了對驗證資料、測試資料的區分類別能力，過度配適的模型被資料科學團隊以**低誤差**（Low bias）和**高變異**（High variance）形容。

```
import numpy as np
import pandas as pd
import matplotlib.pyplot as plt
```

```python
from sklearn.linear_model import LogisticRegression
from sklearn.preprocessing import PolynomialFeatures
from sklearn.model_selection import cross_val_score

labeled = pd.read_csv("https://storage.googleapis.com/kaggle_datasets/
Titanic-Machine-Learning-from-Disaster/train.csv")
# Removed observations without Age
labeled = labeled[~labeled["Age"].isna()]
X = labeled.loc[:, ["Fare", "Age"]].values
y = labeled.loc[:, "Survived"].values
d = 10
poly_degrees = list(range(1, d+1))
cv_accuracies = []
for poly_d in poly_degrees:
  X_poly = PolynomialFeatures(poly_d).fit_transform(X)
  # Get cross validated train/valid accuracy
  clf = LogisticRegression()
  cv_acc = np.array(cross_val_score(clf, X_poly, y)).mean()
  cv_accuracies.append(cv_acc)

plt.plot(cv_accuracies, marker="o")
plt.xticks(range(d), poly_degrees)
plt.title("Cross-validated accuracies")
plt.xlabel("Degrees")
plt.ylabel("CV Accuracy")
plt.show()
```

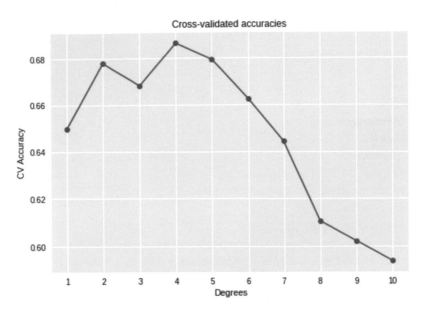

▶️ 交叉驗證的準確率在某個高次項後開始穩定下降

與迴歸模型相同,資料科學團隊使用正規化來避免模型產生過度配適,核心精神是在成本函數增加一個懲罰項(penalty),使得在考量最小化成本函數的前提之下最佳化過程會限制任何一個係數變得太高,其中常見的一種正規化方式為 Ridge,懲罰項的係數同長由使用者自行輸入一個自然數,如果設定的數值愈高,即正規化程度愈高;若設定為零,表示不作正規化,一如原本的分類模型。

$$J(\theta) = \frac{-1}{m}\Big(\big(log\,(g(X\theta))^T y + (\,log\,(1 - g(X\theta))^T(1 - y)\big)\Big) + \frac{\lambda}{2m}\sum_{j=1}^{n}\theta_j^2$$

$$\frac{\partial J(\theta)}{\partial \theta_j} = \frac{1}{m}X^T(g(X\theta) - y) + \frac{\lambda}{m}\theta_j$$

▶️ Ridge 正規化

```python
import numpy as np

def sigmoid(z):
    return 1/(1 + np.exp(-z))
```

```python
def cost_function_regularized(X, y, thetas, Lambda):
  m = y.size
  h = sigmoid(X.dot(thetas))
  J = -1*(1/m)*(np.log(h).T.dot(y)+np.log(1-h).T.dot(1-y)) +
(Lambda/(2*m))*np.sum(np.square(thetas[1:]))
  if np.isnan(J):
    return np.inf
  else:
    return J


def get_gradient(X, y, thetas, Lambda):
  m = y.size
  h = sigmoid(X.dot(thetas))
  zero_arr = np.array([0]).reshape(-1, 1)
  regularized_thetas = np.concatenate([zero_arr, thetas])
  grad = (1/m)*X.T.dot(h-y) + (Lambda/m)*regularized_thetas
  return grad.reshape(-1, 1)
```

在 Python 中引用 sklearn.linear_model 模組中的 `RidgeClassifier()` 函數可以實踐正規化的羅吉斯迴歸模型，我們比較不同正規化程度下的決策邊界外觀，能觀察到在懲罰項係數 Lambda 愈大的情況下，即便在高次方項（六次方項）設定下，決策邊界的非線性特徵也會漸趨不明顯。

```python
import numpy as np
import pandas as pd
import matplotlib.pyplot as plt
from sklearn.model_selection import train_test_split
from sklearn.preprocessing import PolynomialFeatures
from sklearn.linear_model import RidgeClassifier


def sigmoid(z):
  return 1/(1 + np.exp(-z))


def step(g_y_hat, threshold=0.5):
  return np.where(g_y_hat >= threshold, 1, 0).reshape(-1, 1)


def plot_decision_boundary(xlab, ylab, thetas, labeled, pos_label=
"Survived", neg_label="Dead", clf_target="Survived", poly_d=6, axes=None):
```

```
    xx_min, xx_max = labeled[xlab].min(), labeled[xlab].max()
    yy_min, yy_max = labeled[ylab].min(), labeled[ylab].max()
    xx_arr = np.linspace(xx_min - 5, xx_max + 5, 1000)
    yy_arr = np.linspace(yy_min - 5, yy_max + 5, 1000)
    xx, yy = np.meshgrid(xx_arr, yy_arr)
    X_grid = np.concatenate([[xx.reshape(-1, 1), yy.reshape(-1, 1)], axis=1)
    X_grid_poly = PolynomialFeatures(poly_d).fit_transform(X_grid)
    Z = step(sigmoid(np.dot(X_grid_poly, thetas))).reshape(xx.shape)
    pos = labeled[labeled[clf_target] == 1]
    neg = labeled[labeled[clf_target] == 0]
    if axes == None:
        axes = plt.gca()
    axes.scatter(pos[xlab], pos[ylab], label=pos_label, marker="o", color="blue")
    axes.scatter(neg[xlab], neg[ylab], label=neg_label, marker="x", color="red")
    axes.contourf(xx, yy, Z, alpha=0.4, cmap=plt.cm.coolwarm_r)
    axes.legend()
    axes.set_xlabel(xlab)
    axes.set_ylabel(ylab)


labeled = pd.read_csv("https://storage.googleapis.com/kaggle_datasets/
Titanic-Machine-Learning-from-Disaster/train.csv")
# Removed observations without Age
labeled = labeled[~labeled["Age"].isna()]
train, validation = train_test_split(labeled, test_size=0.3,
random_state=123)
X_train = train.loc[:, ["Fare", "Age"]].values
X_train_poly = PolynomialFeatures(6).fit_transform(X_train)
y_train = train.loc[:, "Survived"].values
ridge_clf = RidgeClassifier()
ridge_clf.fit(X_train_poly, y_train)
thetas = np.concatenate([ridge_clf.intercept_.reshape(-1, 1),
ridge_clf.coef_[0, 1:].reshape(-1, 1)])


# Decision boundary plots
fig, axes = plt.subplots(2, 3, sharey=True, figsize=(17, 10))
for i, alpha in enumerate([0, 1, 1e3, 1e6, 1e9, 1e12]):
    ridge_clf = RidgeClassifier(alpha=alpha)
    ridge_clf.fit(X_train_poly, y_train)
    thetas = np.concatenate([ridge_clf.intercept_.reshape(-1, 1),
ridge_clf.coef_[0, 1:].reshape(-1, 1)])
```

```
  plot_decision_boundary("Fare", "Age", thetas, labeled,
axes=axes.ravel()[i])
  axes.ravel()[i].set_title("Lambda: {:.0e}".format(ridge_clf.alpha))
plt.tight_layout()
```

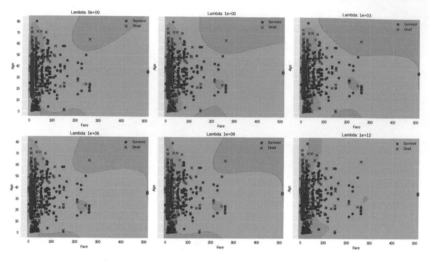

▶▶ 比較不同正規化程度下的決策邊界外觀

16-5 多元分類

從鐵達尼號資料中我們所預測的分類標籤是 Survived 變數，這個變數僅有 0
與 1 兩個值，也就是所謂的二元分類（Binary Classification）；事實上羅吉
斯迴歸模型從 Sigmoid、Step 函數一直到對數組成的成本函數，皆是設計為
了解決二元分類的問題。然而面對手寫數字資料時候，所預測的分類標籤變
為 label 變數，這個變數有 0 到 9 共十個值，意即所謂的多元分類
（Multi-class Classification。）

```
import pandas as pd

titanic = pd.read_csv("https://storage.googleapis.com/kaggle_datasets/
Titanic-Machine-Learning-from-Disaster/train.csv")
```

```
digit_recognizer =
pd.read_csv("https://storage.googleapis.com/kaggle_datasets/Digit-Recog
nizer/train.csv")
unique_digits = digit_recognizer["label"].unique()
unique_digits.sort()
print("Binaray classification:")
print(titanic["Survived"].unique())
print("Multi-class classification:")
print(unique_digits)
## Binaray classification:
## [0 1]
## Multi-class classification:
## [0 1 2 3 4 5 6 7 8 9]
```

手寫數字的圖片是 28 x 28 解析度，可以把前一百個觀測值的 784 個特徵重新整理外觀為（28, 28）再顯示出來，並在左下角印出圖片的數字標籤。

```
import numpy as np
import pandas as pd
import matplotlib.pyplot as plt

digit_recognizer =
pd.read_csv("https://storage.googleapis.com/kaggle_datasets/Digit-Recog
nizer/train.csv")
fig, axes = plt.subplots(10, 10, figsize=(8, 8))
fig.subplots_adjust(hspace=0.1, wspace=0.1)

for i, ax in enumerate(axes.flat):
  digit = digit_recognizer.iloc[i, 1:].values.reshape(28, 28)
  ax.imshow(digit, cmap='binary', interpolation='nearest')
  ax.text(0.05, 0.05, str(digit_recognizer["label"][i]),
          transform=ax.transAxes, color='green')
  ax.set_xticks([])
  ax.set_yticks([])
```

▶ 將前一百個觀測值顯示出來

這是否意味著我們無法將設計為處理二元分類的羅吉斯迴歸模型應用至手寫數字圖片辨識呢？不是的，在對迴歸應用 Sigmoid 函數之後，資料科學團隊會獲得一個介於 0 到 1 之間的值，將其視為被歸類為分類 1 的機率，第一次將數字 0 視作為分類 1（或稱為陽性 Positive），數字 1 到 9 視作為分類 0（或稱為陰性 Negative）；第二次將數字 1 視作分類 1，數字 0、2 到 9 視作為分類 0；第三次將數字 2 視作分類 1，數字 0、1、3 到 9 視作分類 0，以此類推重複操作 10 個回合的二元分類，我們就能獲得每一個觀測值被辨識為 10 個數字的個別機率，比對這些個別機率之後以最高者作為預測，這個技巧稱之為 One-vs.-all，協助資料科學團隊將二元分類問題延伸應用至多元分類。

$$y \in \{0, 1, 2, 3, 4, 5, 6, 7, 8, 9\}$$
$$p^0 = g(X\theta) = p(y = 0|X; \theta)$$
$$p^1 = g(X\theta) = p(y = 1|X; \theta)$$
$$\cdots$$
$$p^9 = g(X\theta) = p(y = 9|X; \theta)$$
$$\text{Prediction: } max(p^0, p^1, \ldots, p^9)$$

▶ One-vs.-all 技巧

Python

```python
import numpy as np
import pandas as pd
from sklearn.model_selection import train_test_split
from sklearn.linear_model import LogisticRegression

def sigmoid(z):
  return 1/(1 + np.exp(-z))

digits =
pd.read_csv("https://storage.googleapis.com/kaggle_datasets/Digit-Recog
nizer/train.csv")
unique_digits = digits["label"].unique()
unique_digits.sort()
train, validation = train_test_split(digits, test_size=0.3,
random_state=123)
X_train = train.loc[:, "pixel0":"pixel783"].values
X_valid = validation.loc[:, "pixel0":"pixel783"].values
ones = np.ones(X_valid.shape[0]).reshape(-1, 1)
X_valid = np.concatenate([ones, X_valid], axis=1)
y_train = train.loc[:, "label"].values
# One vs. all
all_probs = np.zeros((X_valid.shape[0], unique_digits.size))
for digit_label in unique_digits:
  y_train_recoded = np.where(y_train == digit_label, 1, 0)
  clf = LogisticRegression()
  clf.fit(X_train, y_train_recoded)
```

```python
    thetas = np.concatenate([clf.intercept_.reshape(-1, 1),
clf.coef_.reshape(-1, 1)])
    y_prob = sigmoid(np.dot(X_valid, thetas))
    all_probs[:, digit_label] = y_prob.ravel()
print(all_probs.argmax(axis=1))
## [2 2 0 ... 9 6 3]
```

R 語言

```r
get_train_validation <- function(labeled_df, validation_size=0.3,
random_state=123) {
  m <- nrow(labeled_df)
  row_indice <- 1:m
  set.seed(random_state)
  shuffled_row_indice <- sample(row_indice)
  labeled_df <- labeled_df[shuffled_row_indice, ]
  validation_threshold <- as.integer(validation_size * m)
  validation <- labeled_df[1:validation_threshold, ]
  train <- labeled_df[(validation_threshold+1):m, ]
  return(list(
    validation = validation,
    train = train
  ))
}

sigmoid <- function(z) {
  return(1/(1 + exp(-z)))
}

digits <-
read.csv("https://storage.googleapis.com/kaggle_datasets/Digit-Recogniz
er/train.csv")
unique_digits <- unique(digits$label)
unique_digits <- sort(unique_digits)
split_data <- get_train_validation(digits)
train <- split_data$train
validation <- split_data$validation
# One vs. all
```

```
all_probs <- matrix(0, nrow(validation), length(unique_digits))
for (unique_digit in unique_digits) {
  train$label_encoded <- ifelse(train$label == unique_digit, 1, 0)
  logistic_clf <- glm(label_encoded ~ .-label, data = train, family =
"binomial")
  y_prob <- matrix(predict(logistic_clf, newdata = validation, type =
"response"))
  all_probs[, unique_digit + 1] <- y_prob
}
head(max.col(all_probs), n = 10)
## [1]  3  3 10  3  9  8  3  2  1 10
```

不論 Python 或者 R 語言都已經將 One-vs.-all 內建在羅吉斯迴歸的函數中，資料科學團隊可以直接將其應用於多元分類模型的問題，並不需要自行加入 One-vs.-all 的技巧。

小結

本章使用部分鐵達尼號資料與手寫數字資料，來簡介學習資料集、如何在 Python 與 R 語言的環境中自行計算，或用內建函數取得分類模型的混淆矩陣、納入高次項係數來建立非線性的決策邊界、在成本函數增加懲罰項以避免分類模型過度配適、還有 One-vs.-all，將二元分類模型延展至多元分類應用。

## Chapter 17

互動式圖表及 R 語言

The world is discussed in terms of feelings and ideologies rather than as an area of knowledge.

Hans Rosling

經過如何獲取資料、如何掌控資料、如何探索資料以及如何預測資料,我 們已經掌握將資料導入 Python 與 R 的分析環境,利用撰寫程式整理成符合 分析所需的樣式,通過視覺化探索資料的特徵,還有使用機器學習對未知 資料進行數值或分類標籤的預測等技巧。接下來資料科學專案僅剩下最後 一哩路,也就是向其他團隊的成員解釋專案中的發現,如果能夠有效地向 合作部門(像是產品、行銷與管理團隊等)精準地傳達分析結果,將能顯著 為資料科學專案的成果加值,提升資料科學團隊在組織內的價值。

如何溝通資料的篇章主要探討能協助團隊傳達資料科學分析專案的技術以 及工具,如何透過它們幫助一個對於專案毫無涉獵的人,快速且輕鬆地了 解專案發現了哪些有趣且有價值的事情。專案的價值會在將對資料的理解傳達 給其他團隊成員時發揮得更淋漓盡致。這些受眾可能不具備資料科學的背景 知識,也沒有時間深入研究資料,為了幫助他們快速理解專案,值得我們 投入大量時間與精神讓專案情節能夠簡單易懂,多數的溝通中文字比表格 稍差、表格又略不如靜態圖形、靜態圖形略遜於互動式圖表。

17-1 Hans Rosling、Gapminder 與 Factfulness

被 Bill Gates 大力推薦、譽為是他「人生中閱讀過最重要的作品之一，帶領讀者清晰認識世界的指南」，Factfulness 一書是由瑞典 Karolinska 醫學院的國際衛生學教授 Hans Rosling(1948–2017) 所著，Hans Rosling 創辦 Gapminder 基金會，他最著名的 TED Talk: The Best Stats You've Ever Seen 被資料科學愛好者奉為視覺化溝通的典範；利用 4 分鐘、使用 1 張互動式圖表、援引超過 12 萬列資料、清晰傳達全世界 200 多個國家、近 200 年的財富及健康演變趨勢。

https://youtu.be/jbkSRLYSojo

17-2 瀏覽最終成品

我們希望利用 Plotly、Shiny 與 R 語言複製出 Gapminder 視覺化，點選連結可以在往後閱讀前先瀏覽最終成品：

https://yaojenkuo.shinyapps.io/R_gapminder_replica/
https://youtu.be/pPP7Lhr9yck

17-3 關於 Plotly 與 Shiny

Plotly 是來自加拿大蒙特婁的新創公司，這個團隊為 R 語言，Python、JavaScript 開發並且維護極受歡迎的開源互動視覺化模組與套件，主要產品包含 Plotly.js、Plotly.R、Plotyly.py 與 Dash。Plotly.R 能有效幫助 R 語言使用者不需要額外去學習 JavaScript 就能夠建立出互動性、具備 D3.js 及 WebGL 特性的圖表。

Shiny 是一個 R 語言套件，由 RStudio 開發及維護，透過 Shiny 能夠直接從 R 建置互動式的網頁應用程式，進而在網頁上部署、嵌入 RMarkdown 文件或設計儀表板。

17-4 繪製 Plotly 氣泡圖

首先安裝兩個套件 gapminder 與 plotly。

```
install.packages(c("gapminder", "plotly"))
library(gapminder)
library(plotly)
```

gapminder 套件會給我們一個關於預期壽命，人均 GDP 與國家人口數等變數的 Gapminder 資料摘錄版本，這個摘錄版本僅有 1704 個觀測值、6 個變數，涵括 1952 至 2007 年中每五年、142 個國家的快照。

```
# Library packages
# install.packages(c("gapminder", "plotly"))
library(gapminder)
library(plotly)

# About gapminder data
gapminder_dim <- dim(gapminder)
gapminder_years <- unique(gapminder$year)
gapminder_n_countries <- length(unique(gapminder$country))
sprintf("這個摘錄版本僅有 %d 個觀測值、%d 個變數，涵括 %d 至 %d 年中每五年、%d 個
國家的快照。",
        gapminder_dim[1], gapminder_dim[2], min(gapminder_years),
max(gapminder_years), gapminder_n_countries)
## [1] "這個摘錄版本僅有 1704 個觀測值、6 個變數，涵括 1952 至 2007 年中每五年、
142 個國家的快照。"
```

至於 plotly 套件則能夠讓我們呼叫 `plot_ly()` 函數，藉由調整參數就能夠繪製具有基礎互動效果的視覺化，氣泡圖與 gapminder 資料的對應關係為：

- ✦ X 軸變數：gdpPercap
- ✦ Y 軸變數：lifeExp
- ✦ 氣泡大小：pop
- ✦ 氣泡顏色：continent

值得注意的技巧是在 X 軸應用 log scale 避免多數的氣泡擠在左邊，並利用圓面積公式調整氣泡大小。

```r
# Library packages
# install.packages(c("gapminder", "plotly"))
library(gapminder)
library(plotly)

# Bubble chart
bubble_radius <- sqrt(gapminder$pop / pi)
gapminder %>%
  plot_ly(x = ~gdpPercap, y = ~lifeExp,
        size = ~pop, type = "scatter", mode = "markers",
        color = ~continent, text = ~country, hoverinfo = "text",
        sizes = c(min(bubble_radius), max(bubble_radius))) %>%
  layout(xaxis = list(type = "log"))
```

以 plot_ly() 函數繪製出來的圖形所包含的基礎互動效果有：

✦ Hover：滑鼠游標移至圖形上會提示資訊

✦ Zoom In/Out：可以將圖形放大或縮小

✦ Filter：可以選取部分資料觀察

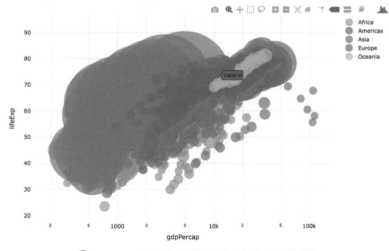

⏩ Hover：滑鼠游標移至圖形上會提示資訊

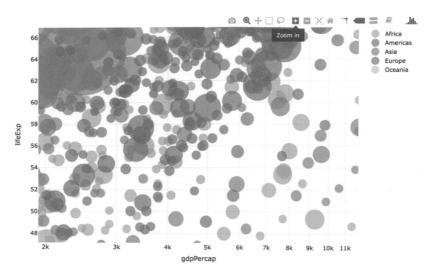

▶ Zoom In/Out：可以將圖形放大或縮小

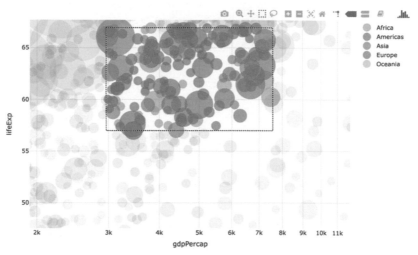

▶ Filter：可以選取部分資料觀察

接著安裝套件 shiny。

```r
install.packages("shiny")
library(shiny)
```

Shiny 套件可以讓我們編寫單一檔案的 app.R 或者多檔案的 ui.R 與 server.R
建立網頁應用程式；Shiny 與 Plotly 套件整合得很完善，能夠允許使用者呼
叫 renderPlotly() 讓 plot_ly() 繪製具有基礎互動效果的圖形呈現在
Shiny 網頁應用程式之中。

```r
# app.R
# Library packages
# install.packages(c("gapminder", "plotly", "shiny"))
library(gapminder)
library(plotly)
library(shiny)

# Globar variables
bubble_radius <- sqrt(gapminder$pop / pi)

# Define UI for application
ui <- fluidPage(
    # Application title
    titlePanel("R Gapminder Replica"),
    # Plotly rendering
    mainPanel(
        plotlyOutput("gapminder")
    )
)

# Define server logic
server <- function(input, output) {
    output$gapminder <- renderPlotly({
        gapminder %>%
            plot_ly(x = ~gdpPercap, y = ~lifeExp,
                    size = ~pop, type = "scatter", mode = "markers",
                    color = ~continent, text = ~country, hoverinfo = "text",
                    sizes = c(min(bubble_radius), max(bubble_radius))) %>%
            layout(xaxis = list(type = "log"))
    })
}

# Run the application
shinyApp(ui = ui, server = server)
```

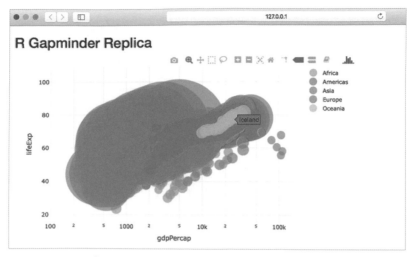

▶ 在 Shiny 網頁應用程式中繪製 Plotly 圖形

17-5 加入時間軸滑桿篩選年份

目前的氣泡圖設置將 1952 至 2007 每隔五年共 11 個時間點的資料點快照全部都顯示出來，因此我們需要加入一個時間軸滑桿（Timeframe slider）篩選資料的顯示，在 Plotly.R 中只需要於 `plot_ly()` 函數中加入參數 `frame = ~year` 就可以完成。

```r
# Library packages
# install.packages(c("gapminder", "plotly"))
library(gapminder)
library(plotly)

# Bubble chart
bubble_radius <- sqrt(gapminder$pop / pi)
range_gdpPercap <- log10(range(gapminder$gdpPercap) + c(-200, 20000))
range_lifeExp <- range(gapminder$lifeExp) + c(-30, 30)

gapminder %>%
  plot_ly(x = ~gdpPercap, y = ~lifeExp,
      size = ~pop, type = "scatter", mode = "markers",
```

```
        color = ~continent, text = ~country, frame = ~year, hoverinfo = "text",
        sizes = c(min(bubble_radius), max(bubble_radius))) %>%
layout(xaxis = list(type = "log",
                    range = range_gdpPercap),
       yaxis = list(range = range_lifeExp))
```

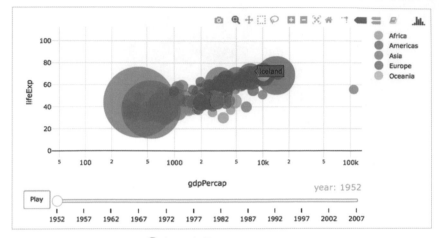

▶️ 加入參數 frame = ~year

如果是使用 Shiny 套件提供的時間軸滑桿，可以呼叫 sliderInput() 函數，記得加入參數 animate = TRUE 即可擁有跟 Ploty.R 相似的播放功能。值得注意的地方是，為避免每一次年份更動都重新渲染（re-rendering）氣泡圖，可以將時間軸滑桿所連動的資料篩選用 reactive() 函數包裝起來。

```
# app.R
# Library packages
# install.packages(c("gapminder", "plotly", "shiny"))
library(gapminder)
library(plotly)
library(shiny)
library(dplyr)

# Globar variables
bubble_radius <- sqrt(gapminder$pop / pi)
unique_year <- unique(gapminder$year)
```

```r
range_gdpPercap <- log10(range(gapminder$gdpPercap) + c(-200, 20000))
range_lifeExp <- range(gapminder$lifeExp) + c(-30, 30)

# Define UI for application
ui <- fluidPage(
  # Application title
  titlePanel("R Gapminder Replica"),
  # Sidebar panel
  sidebarLayout(
    # Silder input
    sidebarPanel(
      sliderInput(
        "year",
        "Year:",
        min = min(gapminder$year),
        max = max(gapminder$year),
        value = min(gapminder$year),
        step = unique_year[2] - unique_year[1],
        sep = "",
        animate = TRUE
      )
    ),
    # Plotly rendering
    mainPanel(
      plotlyOutput("gapminder_bubble")
    )
  )

)

# Define server logic
server <- function(input, output) {
  # reactive filtering
  reactive_gapminder <- reactive(
    gapminder %>%
      filter(year == input$year)
  )
  output$gapminder_bubble <- renderPlotly({
    reactive_gapminder() %>%
      plot_ly(x = ~gdpPercap, y = ~lifeExp,
```

```
                    size = ~pop, type = "scatter", mode = "markers",
                    color = ~continent, text = ~country, hoverinfo = "text",
                    sizes = c(min(bubble_radius), max(bubble_radius))) %>%
         layout(xaxis = list(type = "log",
                             range = range_gdpPercap),
                yaxis = list(range = range_lifeExp))
    })
}


# Run the application
shinyApp(ui = ui, server = server)
```

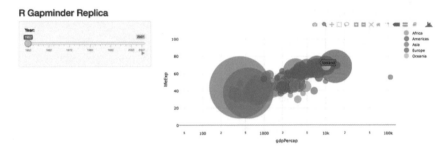

▶ 使用 Shiny 套件提供的時間軸滑桿

17-6 加入複選框清單篩選洲別

目前的氣泡圖設置將 Asia、Europe、Africa、Americas 與 Oceania 五個洲的的資料點全部顯示出來，因此需要一個能篩選洲別資料的控制元件，常見對類別資料篩選的使用者介面元件有下拉式選單（Dropdown list）、 選項按鈕（Radio buttons）與複選框清單（Checkbox list）；由於下拉式選單及選項按鈕應用的情境都是單選，故使用複選框清單較合乎篩選洲別的需求。

呼叫 `checkboxGroupInput()` 函數可以建立複選框清單，只要使用 Shiny 套件的使用者見面元件都必須考慮圖形重新渲染（re-rendering）的議題，因此這裡我們同樣將複選框清單所連動的資料篩選用 `reactive()` 函數包裝起來，由於 Plotly.R 建立時間軸滑感相對簡易、Shiny 套件有提供複選框清單元件，我們採取讓 Plotly.R 與 Shiny 套件分別負責時間軸滑桿及複選框清單。

另外一個值得注意的細節是，當洲別的複選框清單沒有被勾選，因為圖形上沒有任何資訊可以提示會導致錯誤訊息：

```
Error in : Column `hoverinfo` must be length 0, not 1
```

為了避免圖形出現錯誤，我們在 renderPlotly() 函數中加入 Shiny 套件的驗證函數 validate()，如此在沒有選擇任何一個洲別資料的時候會出現提示訊息： Check at least one continent!

```r
# app.R
# Library packages
# install.packages(c("gapminder", "plotly", "shiny"))
library(gapminder)
library(plotly)
library(shiny)
library(dplyr)

# Globar variables
bubble_radius <- sqrt(gapminder$pop / pi)
unique_continents <- unique(gapminder$continent)
range_gdpPercap <- log10(range(gapminder$gdpPercap) + c(-200, 20000))
range_lifeExp <- range(gapminder$lifeExp) + c(-30, 30)

# Define UI for application
ui <- fluidPage(
  # Application title
  titlePanel("R Gapminder Replica"),
  # Sidebar panel
  sidebarLayout(
    # CheckboxGroup input
    sidebarPanel(
      checkboxGroupInput(
        "continents",
```

```
        "Continents:",
        choices = unique_continents,
        selected = unique_continents
      )
    ),
    # Plotly rendering
    mainPanel(
      plotlyOutput("gapminder_bubble")
    )
  )
)


# Define server logic
server <- function(input, output) {
  # reactive filtering
  reactive_gapminder <- reactive(
    gapminder %>%
      filter(continent %in% input$continents)
  )
  output$gapminder_bubble <- renderPlotly({
    validate(
      need(input$continents, 'Check at least one continent!')
    )
    reactive_gapminder() %>%
      plot_ly(x = ~gdpPercap, y = ~lifeExp,
              size = ~pop, type = "scatter", mode = "markers",
              color = ~continent, text = ~country, frame = ~year, hoverinfo = "text",
              sizes = c(min(bubble_radius), max(bubble_radius))) %>%
      layout(xaxis = list(type = "log",
                          range = range_gdpPercap),
             yaxis = list(range = range_lifeExp))
  })
}


# Run the application
shinyApp(ui = ui, server = server)
```

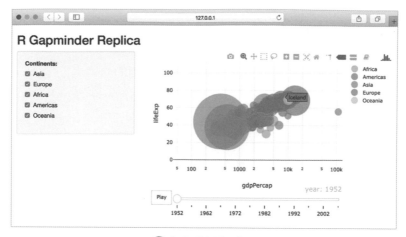

▶ 加入複選框清單

▶ 在沒有選擇任何一個洲別資料的時候會出現提示訊息

17-7 部署 Shiny 網頁應用程式

將 Shiny 套件的網頁應用程式部署並能透過網址分享最簡單的方式為透過
shinyapps.io，shinyapps.io 是由 RStudio 團隊開發並維運的雲端服務平
台，可以讓使用者快速地透過四個步驟分享 Shiny 網頁應用程式：

1. 安裝並載入 rsconnect 套件

2. 申請一個 shinyapps.io 帳號

3. 設定 rsconnect

4. 一鍵部署

安裝與載入 rconnect 套件與其他套件的操作相同：

```r
install.packages('rsconnect')
library(rsconnect)
```

前往 shinyapps.io 申請一個帳號：

▶ 前往 shinyapps.io 申請一個帳號

▶ 申請後取得帳號、密碼與憑證

利用 rsconnect 的 `setAccountInfo()` 函數設定帳號、密碼與憑證：

```
rsconnect::setAccountInfo(name="<ACCOUNT>", token="<TOKEN>",
secret="<SECRET>")
```

最後使用 RStudio 提供使用者「一鍵部署」到 shinyapps.io 的功能：

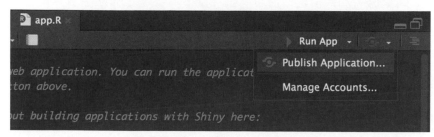

▶ 於 RStudio 點選發佈應用程式

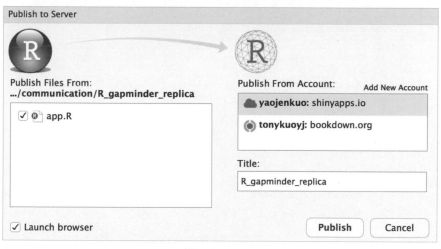

▶ 點選發佈

大功告成，我們成功將複製的 Gapminder 視覺化 Shiny 應用程式部署到 shinyapps.io，並透過一個網址與他人分享：

https://yaojenkuo.shinyapps.io/R_gapminder_replica/

小結

本章我們從 Gapminder 創辦人、Factfulness 一書作者 Hans Rosling 的視覺化典範切入主題，先瀏覽最終互動視覺化的成品，接著簡介 Plotly 與 Shiny 這兩個套件，繪製 Plotly 氣泡圖，加入時間軸滑桿篩選年份，加入複選框清單篩選洲別，與部署 Shiny 網頁應用程式。

Chapter 18

互動式圖表及 Python

The world is discussed in terms of feelings and ideologies rather than as an area of knowledge.

Hans Rosling

在互動式圖表及 R 語言中我們以 Plotly、Shiny 與 R 語言複製了一個輕量的互動 Gapminder 圖表，能夠讓使用者操控元件的氣泡圖，具備一些常見的使用者介面工具：

- ✦ Hover：滑鼠游標移至圖形上會提示資訊
- ✦ Zoom In/Out：將圖形放大或縮小
- ✦ Filter：選取部分資料觀察
- ✦ Slider：單選呈現不同年份的資料快照或以動畫依時序播放
- ✦ Checkbox List：篩選呈現不同洲別的資料點

這篇文章我們打算使用 Dash 與 Python 來複製同一個互動 Gapminder 圖表。

18-1 瀏覽最終成品

我們希望利用 Dash 與 Python 複製出 Gapminder 視覺化，點選連結可以在向下閱讀前先瀏覽最終成品：

https://dash-gapminder.herokuapp.com

18-2 關於 Plotly 與 Dash

Plotly 是來自加拿大蒙特婁的新創公司，這個團隊為 R 語言，Python、JavaScript 開發並且維護極受歡迎的開源互動視覺化模組與套件，主要產品包含 Plotly.js、Plotly.R、Plotyly.py 與 Dash。

Dash 是建構於 Plotly.js、React.js 與 Flask 之上的 Python 網頁應用程式框架，能夠將常見的使用者介面元件包含像是下拉式選單、滑桿或圖形與 資料分析應用快速地連結起來，讓以 Python 為主的資料科學團隊不需要 JavaScript 也可以建立出具備高度互動性的圖表與儀表板。

18-3 取得 Gapminder 資料

和互動式圖表及 R 語言相同，我們繼續使用一個關於預期壽命，人均 GDP 與國家人口數等變數的 Gapminder 資料摘錄版本，這個摘錄版本僅有 1704 個觀測值、6 個變數，涵括 1952 至 2007 年中每 5 年、142 個國家的快照。

```python
import pandas as pd

csv_url = "https://storage.googleapis.com/learn_pd_like_tidyverse/
gapminder.csv"
gapminder = pd.read_csv(csv_url)
nrows, ncols = gapminder.shape
min_year = gapminder["year"].min()
max_year = gapminder["year"].max()
```

```
year_interval = gapminder["year"].unique()[1] -
gapminder["year"].unique()[0]
ncountries = gapminder["country"].nunique()
msg = "這個摘錄版本僅有 {} 個觀測值、{} 個變數，涵括 {} 至 {} 年中每 {} 年、{} 個
國家的快照"

print("變數名稱：")
print(list(gapminder.columns))
print(msg.format(nrows, ncols, min_year, max_year, year_interval,
ncountries))
## 變數名稱：
## ['country', 'continent', 'year', 'lifeExp', 'pop', 'gdpPercap']
## 這個摘錄版本僅有 1704 個觀測值、6 個變數，涵括 1952 至 2007 年中每 5 年、142 個
國家的快照
```

18-4　安裝 Dash

在終端機以 `pip install` 指令安裝三個模組：dash、dash-html-components 與 dash-core-components。

```
# Terminal
pip install dash==0.26.5  # The core dash backend
pip install dash-html-components==0.12.0  # HTML components
pip install dash-core-components==0.28.0  # Supercharged components
```

Dash 套件是 Plotly 團隊於 2017 年 7 月推出的產品，目前處於主動快速更新的階段，可以訂閱 Plotly 團隊的 Medium 帳號關注開發訊息：

https://medium.com/@plotlygraphs

18-5 Dash 網頁應用程式的組成

一個典型的 Dash 網頁應用程式由兩部分所組成：

+ layout：網頁應用程式的主題、外觀及使用者介面元件，如果與 R 的 Shiny 套件對照就是在 ui.R 中撰寫的程式碼

+ callbacks：負責產生網頁應用程式的互動，如果與 R 的 Shiny 套件對照就是在 server.R 中撰寫的程式碼

我們接著會先利用 layout 部分繪製 Gapminder 氣泡圖主體，然後加入 callbacks 部分建立能夠與氣泡圖連動的滑桿（Slider）與複選框清單（Checkbox list）互動元件。

 18-6 繪製氣泡圖

首先將 Dash 網頁應用程式的外觀刻畫出來，我們使用一個 div 區塊，並在裡面包含一個 h1 標題與一個圖形；其中的 div 與 h1 以 dash_html_components 模組中的 Div() 與 H1() 函數創建，圖形呼叫 dash_core_components 模組中的 Graph() 函數創建，這個圖形區塊裡頭包含一個氣泡圖本體，是呼叫 plotly.graph_objs 模組中的 Scatter() 函數所創建，氣泡圖與資料的對應關係為：

+ X 軸變數：gdpPercap

+ Y 軸變數：lifeExp

+ 氣泡大小：pop

+ 氣泡顏色：continent

值得注意的技巧是在 X 軸應用 log scale 避免多數的氣泡擠在左邊，並利用圓面積公式調整氣泡大小。

```
import dash
import dash_core_components as dcc
import dash_html_components as html
import math
import pandas as pd
import plotly.graph_objs as go

app = dash.Dash()

df = pd.read_csv(

"https://storage.googleapis.com/learn_pd_like_tidyverse/gapminder.csv")
bubble_size = [math.sqrt(p / math.pi) for p in df["pop"].values]
df['size'] = bubble_size
sizeref = 2*max(df['size'])/(100**2)

app.layout = html.Div([
    html.H2(children='A Gapminder Replica with Dash'),
    dcc.Graph(
        id='gapminder',
        figure={
            'data': [
                go.Scatter(
                    x=df[df['continent'] == i]['gdpPercap'],
                    y=df[df['continent'] == i]['lifeExp'],
                    text=df[df['continent'] == i]['country'],
                    mode='markers',
                    opacity=0.7,
                    marker={
                        'size': df[df['continent'] == i]['size'],
                        'line': {'width': 0.5, 'color': 'white'},
                        'sizeref': sizeref,
                        'symbol': 'circle',
                        'sizemode': 'area'
                    },
                    name=i
                ) for i in df.continent.unique()
            ],
            'layout': go.Layout(
                xaxis={'type': 'log', 'title': 'GDP Per Capita'},
```

```
                yaxis={'title': 'Life Expectancy'},
                margin={'l': 40, 'b': 40, 't': 10, 'r': 10},
                legend={'x': 0, 'y': 1},
                hovermode='closest'
            )
        }
    )
])


if __name__ == '__main__':
    app.run_server(debug=True)
```

將程式碼編寫在 app.py 檔案之中，並且從終端機（Terminal）執行：

```
## Terminal
python app.py
## * Running on http://127.0.0.1:8050/ (Press CTRL+C to quit)
```

將 http://127.0.0.1:8050 複製貼到瀏覽器位址，就可以看到繪製完成的氣泡圖，由於我們是在 debug 模式下啟動伺服器 app.run_server (debug=True) 如果改動程式碼，會自動重啟服務，只要至 http://127.0.0.1:8050 按重新整理就可以觀看更新過後的網頁應用程式。以 plotly.graph_objs 模組繪製出來的圖形包含基礎的互動效果：

- ✦ Hover：滑鼠游標移至圖形上會提示資訊
- ✦ Zoom In/Out：可以將圖形放大或縮小
- ✦ Filter：可以選取部分資料觀察

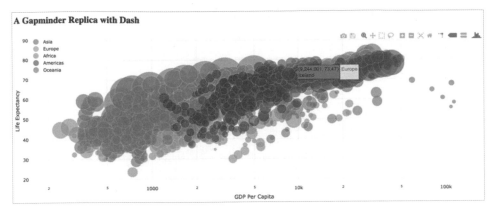

▶ Hover：滑鼠游標移至圖形上會提示資訊

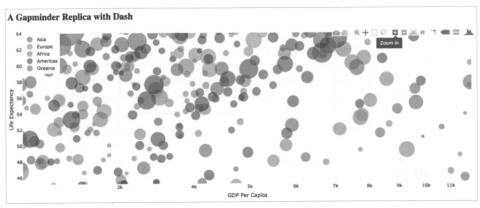

▶ Zoom In/Out：可以將圖形放大或縮小

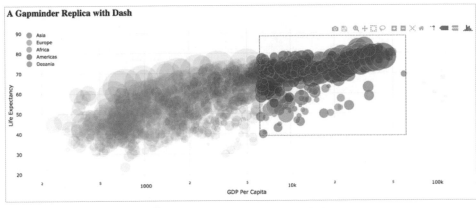

▶ Filter：可以選取部分資料觀察

在終端機按下 Ctrl + c 可以停止 Dash 網頁應用程式的服務。

 18-7 加入時間軸滑桿篩選年份

目前的氣泡圖設置將 1952 至 2007 每 5 年共 11 個時間點的資料快照全都顯示在塗上，因此需要加入一個時間軸滑桿（Timeframe slider）來篩選年份；滑桿可以利用 dash_core_components 模組中的 `Slider()` 函數創建，再加上 callback 操作連動圖形更新的功能。

Dash 的 callback 部分是以一個 Python Decorator 將 `update_figure()` 函數包裝起來，當時間軸滑桿的年份改變就會觸發 `update_figure()` 函數更新氣泡圖。值得注意的技巧是在 `Graph()` 函數中加入參數 `animate=True` 讓連動圖形更新的時候更加平滑。

```python
import dash
import dash_core_components as dcc
import dash_html_components as html
import math
import pandas as pd
import plotly.graph_objs as go


app = dash.Dash()


df = pd.read_csv(

"https://storage.googleapis.com/learn_pd_like_tidyverse/gapminder.csv")
bubble_size = [math.sqrt(p / math.pi) for p in df["pop"].values]
df['size'] = bubble_size
sizeref = 2*max(df['size'])/(100**2)


app.layout = html.Div([
    html.H2(children='A Gapminder Replica with Dash'),
    dcc.Graph(id='gapminder',
              animate=True
              ),
```

```python
    dcc.Slider(
        id='year-slider',
        min=df['year'].min(),
        max=df['year'].max(),
        value=df['year'].min(),
        step=None,
        marks={str(year): str(year) for year in df['year'].unique()}
    )
])


@app.callback(
    dash.dependencies.Output('gapminder', 'figure'),
    [dash.dependencies.Input('year-slider', 'value')])
def update_figure(selected_year):
    filtered_df = df[df.year == selected_year]
    traces = []
    for i in filtered_df.continent.unique():
        df_by_continent = filtered_df[filtered_df['continent'] == i]
        traces.append(go.Scatter(
            x=df_by_continent['gdpPercap'],
            y=df_by_continent['lifeExp'],
            text=df_by_continent['country'],
            mode='markers',
            opacity=0.7,
            marker={
                'size': df[df['continent'] == i]['size'],
                'line': {'width': 0.5, 'color': 'white'},
                'sizeref': sizeref,
                'symbol': 'circle',
                'sizemode': 'area'
            },
            name=i
        ))

    return {
        'data': traces,
        'layout': go.Layout(
            xaxis={'type': 'log', 'title': 'GDP Per Capita'},
            yaxis={'title': 'Life Expectancy', 'range': [20, 90]},
```

```
            margin={'l': 40, 'b': 40, 't': 10, 'r': 10},
            legend={'x': 0, 'y': 1},
            hovermode='closest'
        )
    }


if __name__ == '__main__':
    app.run_server(debug=True)
```

加入時間軸滑桿篩選年份

18-8 加入複選框清單或下拉式選單篩選洲別

複選框清單可以利用 dash_core_components 模組中的 Checklist() 函數
創建，再加上 callback 操作連動圖形更新的功能，Dash 的 callback 設計支
援一對多連動、多對一連動與多對多連動，我們要將時間軸滑桿與氣泡圖的
一對一連動進一步調整為時間軸滑桿、複選框清單與氣泡圖二對一連動，這
個調整需要在 Dash 的 callback 部分加入另一個輸入的依賴。

```
import dash
import dash_core_components as dcc
import dash_html_components as html
import math
import pandas as pd
import plotly.graph_objs as go


app = dash.Dash()


df = pd.read_csv(

"https://storage.googleapis.com/learn_pd_like_tidyverse/gapminder.csv")
bubble_size = [math.sqrt(p / math.pi) for p in df["pop"].values]
df['size'] = bubble_size
sizeref = 2*max(df['size'])/(100**2)
unique_continents = list(df["continent"].unique())
```

```
app.layout = html.Div([
    html.H2(children='A Gapminder Replica with Dash'),
    dcc.Checklist(
        id="continent-checklist",
        options=[
            {'label': i, 'value': i} for i in unique_continents
        ],
        values=unique_continents
    ),
    dcc.Graph(id='gapminder',
              animate=True
              ),
    dcc.Slider(
        id='year-slider',
        min=df['year'].min(),
        max=df['year'].max(),
        value=df['year'].min(),
        step=None,
        marks={str(year): str(year) for year in df['year'].unique()}
    )
])


@app.callback(
    dash.dependencies.Output('gapminder', 'figure'),
    [dash.dependencies.Input('year-slider', 'value'),
     dash.dependencies.Input('continent-checklist', 'values')])
def update_figure(selected_year, selected_continent):
    year_filtered_df = df[df.year == selected_year]
    filtered_df =
year_filtered_df[df.continent.isin(selected_continent)]
    traces = []
    for i in filtered_df.continent.unique():
        df_by_continent = filtered_df[filtered_df['continent'] == i]
        traces.append(go.Scatter(
            x=df_by_continent['gdpPercap'],
            y=df_by_continent['lifeExp'],
            text=df_by_continent['country'],
            mode='markers',
            opacity=0.7,
```

```
            marker={
                'size': df[df['continent'] == i]['size'],
                'line': {'width': 0.5, 'color': 'white'},
                'sizeref': sizeref,
                'symbol': 'circle',
                'sizemode': 'area'
            },
            name=i
    ))

    return {
        'data': traces,
        'layout': go.Layout(
            xaxis={'type': 'log', 'title': 'GDP Per Capita'},
            yaxis={'title': 'Life Expectancy', 'range': [20, 90]},
            margin={'l': 40, 'b': 40, 't': 10, 'r': 10},
            legend={'x': 0, 'y': 1},
            hovermode='closest'
        )
    }


if __name__ == '__main__':
    app.run_server(debug=True)
```

加入複選框清單篩選洲別

特別值得一提的是，Dash 使用者介面工具所提供的下拉式選單（Dropdown
list）不僅支援單一輸入的選擇，還同時支援多個輸入，只要在
dash_core_components 模組中的 Checklist() 函數增加 multi=True 這
個參數，就能將預設單選的下拉式選單擴增為多選的下拉式選單，達到複
選框清單的相同功能。

```
import dash
import dash_core_components as dcc
import dash_html_components as html
import math
import pandas as pd
```

```
import plotly.graph_objs as go

app = dash.Dash()

df = pd.read_csv(

"https://storage.googleapis.com/learn_pd_like_tidyverse/gapminder.csv")
bubble_size = [math.sqrt(p / math.pi) for p in df["pop"].values]
df['size'] = bubble_size
sizeref = 2*max(df['size'])/(100**2)
unique_continents = list(df["continent"].unique())

app.layout = html.Div([
    html.H2(children='A Gapminder Replica with Dash'),
    dcc.Dropdown(
        id="continent-dropdown",
        options=[
            {'label': i, 'value': i} for i in unique_continents
        ],
        value=unique_continents,
        multi=True
    ),
    dcc.Graph(id='gapminder',
            animate=True
            ),
    dcc.Slider(
        id='year-slider',
        min=df['year'].min(),
        max=df['year'].max(),
        value=df['year'].min(),
        step=None,
        marks={str(year): str(year) for year in df['year'].unique()}
    )
])


@app.callback(
    dash.dependencies.Output('gapminder', 'figure'),
    [dash.dependencies.Input('year-slider', 'value'),
     dash.dependencies.Input('continent-dropdown', 'value')])
```

```python
def update_figure(selected_year, selected_continent):
    year_filtered_df = df[df.year == selected_year]
    filtered_df = year_filtered_df[df.continent.isin(selected_continent)]
    traces = []
    for i in filtered_df.continent.unique():
        df_by_continent = filtered_df[filtered_df['continent'] == i]
        traces.append(go.Scatter(
            x=df_by_continent['gdpPercap'],
            y=df_by_continent['lifeExp'],
            text=df_by_continent['country'],
            mode='markers',
            opacity=0.7,
            marker={
                'size': df[df['continent'] == i]['size'],
                'line': {'width': 0.5, 'color': 'white'},
                'sizeref': sizeref,
                'symbol': 'circle',
                'sizemode': 'area'
            },
            name=i
        ))

    return {
        'data': traces,
        'layout': go.Layout(
            xaxis={'type': 'log', 'title': 'GDP Per Capita'},
            yaxis={'title': 'Life Expectancy', 'range': [20, 90]},
            margin={'l': 40, 'b': 40, 't': 10, 'r': 10},
            legend={'x': 0, 'y': 1},
            hovermode='closest'
        )
    }


if __name__ == '__main__':
    app.run_server(debug=True)
```

加入下拉式選單篩選洲別

18-9 部署 Dash 網頁應用程式

截至目前為止，我們的互動 Gapminder 圖表在本機上已經開發完成，它是一個在 localhost 上運行的 Dash 網頁應用程式，如果希望透過一個網址來分享給其他團隊、部門的成員，最簡易的方式為將網頁應用程式部署到雲端服務，Dash 背後的伺服器引擎是 Flask，一個使用 Python 編寫的輕量級網站應用框架（microframework），這也是部署 Dash 網頁應用程式很簡單原因，因為幾乎每個雲端服務商都支援 Flask 的部署；其中又以雲端服務商 Heroku 所提供的部署方式最為簡單，只需要準備妥當這三個前置作業：

✦ 一組 Heroku 帳號

✦ Git

✦ Python 虛擬環境 virtualenv（或 conda env）

就可以依照以下步驟將互動 Gapminder 圖表部署至 Heroku 雲端伺服器：

步驟一：建立新的資料夾

```
# Terminal
mkdir python_gapminder_replica
cd python_gapminder_replica
```

步驟二：啟動 git 與名稱為 dash 的虛擬環境，並且在虛擬環境中安裝所有 dash 網頁應用程式所依賴的套件、模組

```
# Terminal
git init                      # initializes an empty git repo
virtualenv dash               # create a virtual env named dash
source dash/bin/activate       # activate this env
pip install dash dash-renderer dash-core-components dash-html-components
plotly pandas
pip install gunicorn
```

步驟三：在資料中建立 `app.py`、`.gitignore`、`requirement.txt` 與 `Procfile` 這四個檔案

✦ app.py：互動 Gapminder 圖表的 Dash 網頁應用程式

```python
# For Heroku Deployment
import dash
import dash_core_components as dcc
import dash_html_components as html
import math
import pandas as pd
import plotly.graph_objs as go

app = dash.Dash()

df = pd.read_csv(
    "https://storage.googleapis.com/learn_pd_like_tidyverse/
gapminder.csv")
bubble_size = [math.sqrt(p / math.pi) for p in df["pop"].values]
df['size'] = bubble_size
sizeref = 2*max(df['size'])/(100**2)
unique_continents = list(df["continent"].unique())

server = app.server # For Heroku Deployment

app.layout = html.Div([
    html.H2(children='A Gapminder Replica with Dash'),
    dcc.Dropdown(
        id="continent-dropdown",
        options=[
            {'label': i, 'value': i} for i in unique_continents
        ],
        value=unique_continents,
        multi=True
    ),
    dcc.Graph(id='gapminder',
              animate=True
              ),
    dcc.Slider(
        id='year-slider',
```

```
        min=df['year'].min(),
        max=df['year'].max(),
        value=df['year'].min(),
        step=None,
        marks={str(year): str(year) for year in
df['year'].unique()}
    )
])


@app.callback(
    dash.dependencies.Output('gapminder', 'figure'),
    [dash.dependencies.Input('year-slider', 'value'),
     dash.dependencies.Input('continent-dropdown', 'value')])
def update_figure(selected_year, selected_continent):
    year_filtered_df = df[df.year == selected_year]
    filtered_df = year_filtered_df[df.continent.isin(selected_continent)]
    traces = []
    for i in filtered_df.continent.unique():
        df_by_continent = filtered_df[filtered_df['continent'] == i]
        traces.append(go.Scatter(
            x=df_by_continent['gdpPercap'],
            y=df_by_continent['lifeExp'],
            text=df_by_continent['country'],
            mode='markers',
            opacity=0.7,
            marker={
                'size': df[df['continent'] == i]['size'],
                'line': {'width': 0.5, 'color': 'white'},
                'sizeref': sizeref,
                'symbol': 'circle',
                'sizemode': 'area'
            },
            name=i
        ))

    return {
        'data': traces,
        'layout': go.Layout(
            xaxis={'type': 'log', 'title': 'GDP Per Capita'},
```

```
            yaxis={'title': 'Life Expectancy', 'range': [20, 90]},
            margin={'l': 40, 'b': 40, 't': 10, 'r': 10},
            legend={'x': 0, 'y': 1},
            hovermode='closest'
        )
    }


if __name__ == '__main__':
    app.run_server()
```

✦ .gitignore：註記不需要 git 版本管控的檔案

```
# .gitignore
venv
*.pyc
.DS_Store
.env
```

✦ Procfile：Heroku 雲端服務所需要的檔案

```
# Procfile
web: gunicorn app:server
```

✦ requirement.txt：註記 Python 虛擬環境所使用模組與套件的檔案，
在終端機使用 pip freeze > requirements.txt 指令來建立

完成步驟三，資料夾會有四個檔案，其中 .gitignore 是隱藏檔案。

▶ 資料夾會有四個檔案

步驟四：安裝 Heroku CLI、登入 Heroku、部署 Dash 應用程式

✦ 安裝 Heroku CLI

　參考 https://devcenter.heroku.com/articles/heroku-cli 依不同作業系統安裝 Heroku CLI。

✦ 登入 Heroku：在終端機輸入 heroku login 指令，並依照提示輸入自己的帳號與密碼

```
# Terminal
heroku login
Enter your Heroku credentials.
Email: YOUREMAIL@example.com
Password (typing will be hidden):
Authentication successful.
```

✦ 部署 Dash 網頁應用程式

```
# Terminal
heroku create dash-gapminder
git add . # add all files to git
git commit -m 'Initial app boilerplate'
git push heroku master # deploy code to heroku
heroku ps:scale web=1  # run the app with a 1 heroku "dyno"
heroku open
```

成功完成了部署 Dash 網頁應用程式：https://dash-gapminder.herokuapp.com！

 小結

在本章，我們首先瀏覽最終成品，接著簡介 Plotly 團隊所開發的 Dash 產品、取得 Gapminder 摘錄版本資料、安裝 Dash、Dash 網頁應用程式的組成、繪製氣泡圖、加入時間軸滑桿篩選年份、加入複選框清單或下拉式選單篩選洲別，與如何在 Heroku 部署 Dash 網頁應用程式。

進擊的資料科學｜Python 與 R 的應用實作

作　　者：郭耀仁
企劃編輯：江佳慧
文字編輯：詹祐甯
設計裝幀：張寶莉
發 行 人：廖文良

發 行 所：碁峰資訊股份有限公司
地　　址：台北市南港區三重路 66 號 7 樓之 6
電　　話：(02)2788-2408
傳　　真：(02)8192-4433
網　　站：www.gotop.com.tw
書　　號：AEL018600
版　　次：2019 年 07 月初版
建議售價：NT$580

國家圖書館出版品預行編目資料

進擊的資料科學：Python 與 R 的應用實作 / 郭耀仁著. -- 初版.
-- 臺北市：碁峰資訊, 2019.07
　面；　　公分
ISBN 978-986-502-182-5(平裝)
1.資料探勘　2.Python(電腦程式語言)　3.電腦程式設計
312.74　　　　　　　　　　　　　　　　108010033

讀者服務

- 感謝您購買碁峰圖書，如果您對本書的內容或表達上有不清楚的地方或其他建議，請至碁峰網站：「聯絡我們」\「圖書問題」留下您所購買之書籍及問題。(請註明購買書籍之書號及書名，以及問題頁數，以便能儘快為您處理)
http://www.gotop.com.tw

- 售後服務僅限書籍本身內容，若是軟、硬體問題，請您直接與軟體廠商聯絡。

- 若於購買書籍後發現有破損、缺頁、裝訂錯誤之問題，請直接將書寄回更換，並註明您的姓名、連絡電話及地址，將有專人與您連絡補寄商品。